21 世纪高等院校机械设计制造及其自动化专业系列教材

机械制造基础

（上册）

陈仪先　梅顺齐　主　编

王国顺　柳　洁　副主编

段正澄　主　审

中国水利水电出版社

内 容 提 要

本教材是 21 世纪高等学校机械设计制造及其自动化专业系列教材之一。本教材是根据全国专业调整会议的精神,结合全国多所大专院校实施教育部下达的"工程制图和机械基础系列课程教学内容与课程体系改革"的教改内容的实际经验和需求,在原有《金属工艺学》、《机械制造基础》等教材的基础上,大胆创新、勇于改革而写成的,全面贯彻了扩大知识面、扩宽专业口径的思想,是数十位教学和科研第一线教师们多年教学成果的结晶。

本教材注重基础、强调工艺和实践环节。在具体内容上大幅度地增加了近年来在新材料、新工艺、新技术等方面的最新科技成果。根据许多院校专业设置的需要,本教材分为上、下两册,上册主要内容有常见金属材料、非金属材料的改性处理、金属的液态成型工艺、金属的塑性成型工艺、金属的焊接成型工艺、机械零件材料及其成型方法的选用。

本书叙述简明、概念清楚、内容丰富;配有大量精选的习题。特别适合作为高等院校机械设计制造及其自动化专业的教学用书,同时也可以作为机械类其他专业和近机械专业以及从事机械设计制造的工程技术人员参考用书。

本书配有电子教案,此教案用 PowerPoint 制作,可以任意修改。

图书在版编目（CIP）数据

机械制造基础. 上册 / 陈仪先等主编. —北京：中国水
利水电出版社，2004 (2016.8 重印)
(21 世纪高等院校机械设计制造及其自动化专业系列教材)
ISBN 978-7-5084-2420-0

Ⅰ. 机… Ⅱ.陈… Ⅲ.机械制造－高等学校－教材
Ⅳ.TH

中国版本图书馆 CIP 数据核字（2004）第 108302 号

书 名	21世纪高等院校机械设计制造及其自动化专业系列教材 机械制造基础（上册）
作 者	陈仪先 梅顺齐 主编 王国顺 柳 洁 副主编 段正澄 主 审
出版发行	中国水利水电出版社 （北京市海淀区玉渊潭南路 1 号 D 座 100038） 网址：www.waterpub.com.cn E-mail: mchannel@263.net（万水） sales@waterpub.com.cn 电话：（010）68367658（发行部）、82562819（万水）
经 售	北京科水图书销售中心（零售） 电话：（010）88383994、63202643、68545874 全国各地新华书店和相关出版物销售网点
排 版	北京万水电子信息有限公司
印 刷	三河市鑫金马印装有限公司
规 格	184mm×260mm 16 开本 18 印张 441 千字
版 次	2005 年 1 月第 1 版 2016 年 8 月第 8 次印刷
印 数	17001—19000 册
定 价	25.00 元

21 世纪高等院校机械设计制造及其自动化专业系列教材编委会名单

前　言

在 21 世纪,世界机械工业的发展进入了前所未有的高速阶段,与其他行业相比,机械工业的发展具有地位化、规模化、全球化和高技术化的特点。21 世纪初机械制造业的重要特征表现在它的全球化、网络化、虚拟化、智能化以及环保协调的绿色制造等,而柔性化、灵捷化、智能化、信息化便成为 21 世纪初机械制造业发展的总趋势。传统的教材显然已经满足不了机械工业发展的需要。近年来,高等教育的发展也迫切需要对教材进行不断的革新和完善。

武汉地区十多所高校的教师在中国水利水电出版社的组织下,经过三年的共同探讨,编写了"21 世纪高等院校机械设计制造及其自动化专业系列教材"。系列教材的主要特色是:内容丰富,既保证了较扎实的理论基础知识,又反映了本学科领域的新理论、新技术和新方法,更指明了本学科研究发展的趋向;知识面宽,符合教育法规定的培养有创新能力、宽口径、复合型人才的要求;结构新颖、合理,系统性强,有利于组织教学和自修。

《机械制造基础》是系列教材的第一部,分为上、下两册,本书将传统的工程材料和金属工艺学部分内容进行了综合处理,在原工程材料、金属工艺学内容的基础上去粗取精,部分内容适当地加深与拓宽。本书从开拓学生现代成型新技术发展视野、提高学生的综合素质和对市场经济适应性的目的出发,删除了传统教材的陈旧内容,突出了工艺方法和相关主要设备的基本原理,而淡化了机械设备和工艺装备的详细结构,重点培养学生分析零件结构工艺性和选择工艺方法的能力。

上册以金属材料、金属材料热处理和金属材料的成形方法为主要研究对象。尽管目前在机械制造业中金属材料还占有主导地位,但是非金属材料(塑料、橡胶、陶瓷和复合材料等)以其无可比拟的优越性,必将得到越来越广泛的应用。因此,在本册中也对非金属材料的性能及成形方法进行了讨论。此外,还介绍了机械零件材料及成形方法选用的具体原则,并给出了典型的示例,对各种材料的成形工艺方法进行了归纳和总结,为学生学习后续课程和进行专业课程设计以及今后的实际工作奠定了扎实的基础。

下册主要以金属切削加工过程为主要研究对象,围绕着金属切削加工工艺系统,从金属切削原理、金属切削刀具、金属切削机床、机械制造工艺过程等不同方面来研究零件加工精度与工件材料、刀具、加工方法、工艺过程诸相关因素之间的关系。同时,对零件的工艺性问题进行了讨论。随着新材料的不断涌现,以及人们对高精度、高效率的追求,新的加工方法及设备层出不穷,因此在本册中也对一些精密加工和特种加工方法及设备进行了介绍。主要包括:电火花加工、超声波加工、电解加工和激光加工等。

本书每章都配有精选的习题,教师可以根据具体情况适当布置课后作业。

本书在编写过程中参考了众多工程材料及机械制造基础教材和其他文献资料,结合了多位作者多年的教学实践经验,在此对他们表示深深的谢意!

　　本书在编写风格上力求简明扼要,重点突出、语言精练。注重突出基本概念,同时也强调实际应用。在内容的安排和章节次序上尽量满足宽口径教学的需要。然而由于各个高校发展的不平衡和侧重点的不同,教师在选用此教材时可以根据具体需要对授课内容适当进行调整。我们建议使用 24 学时讲授工程材料部分,24 学时讲授成形方法,32 学时讲授金属切削加工部分。

　　机械制造基础是机械类专业学生的必修课程。本课程具有很强的实践性,必须在实践的基础上进行课堂教学。学习课程之前应修完《工程制图》、《金工实习》等先行课程。

　　本书可供高等学院机械设计制造及其自动化及其相关专业、近机械类专业作为教材选用,也可供有关工程技术人员作为参考读物。

　　本书由陈仪先、梅顺齐任主编,王国顺、柳洁任副主编。全书由段正澄主审。参加本书大纲讨论和编写工作的还有陶云堂、华中平、张业鹏、郑晓、肖华、戴锦春、翁晓红、周子瑾等。江平、邓聪、庞红丽、谢红等在文字编排和插图处理等方面做了大量工作。在此,对他们表示感谢!中国水利水电出版社计算机编辑室的全体编辑对本书的出版过程给与了很大的帮助,对他们的敬业精神我们非常敬佩。

　　由于时间仓促,加之作者水平有限,本书一定存在诸多的错误和不足,敬请大家批评指正!

编　者
2004 年 8 月

目　录

绪　论

　　随着全球经济一体化进程的加快和中国加入世界贸易组织,我国的工业发展在受到越来越大的竞争压力和严峻挑战的同时也得到难得的发展机会。当前,金属制造业仍然是影响国民经济发展和提高人民生活水平的主要产业。

　　工程材料及机械制造基础是一门研究工程材料加工工艺方法的综合性技术学科。它是发展国民经济的重要基础学科之一。其发展与产业化对国民经济的发展有很大的影响。

　　我国是发现和应用金属材料最早的国家。从远在新石器时代的仰韶文化(距今约 6000年)开始,就已会炼制和应用黄铜。商周时期,青铜冶炼、铸造技术已达到很高的水平。安阳出土的司母戊大方鼎,重 875kg,高 133cm、长 110cm、宽 79cm,造型精致,美观瑰丽,距今已有 3000 多年的历史。战国时已经开始大量使用铁器并广泛应用于辅铲、滑轮、绞车以及各种兵器、战车和战船中。秦汉时期,金属材料的冶铸、锻焊技术已达到相当高的水平,出现了齿轮和链条等传动系统。从秦公一号墓出土的铁铲、铁权,比世界上发现最早的铁器工具要早 1800 多年。与此同时,我国劳动人民在长期的生产实践中,总结出一套较为完整的金属加工工艺经验,例如,在东汉班固的《汉书》、宋代沈括的《梦溪笔谈》、明代宋应星的《天工开物》等著作中,都记载了冶炼、铸造,锻焊和热处理等各种金属加工方法,尤其是《天工开物》,可谓是一部金属材料加工工艺的百科全书,是世界上最早的有关金属加工工艺科学的著作,反映了我国劳动人民在金属制造工艺方面的卓越成就。

　　近些年来,我国的机械制造技术和材料加工工艺等都有了很大的发展,已经建成了机械制造、冶金、交通运输、石油化工、航空航天、精密仪表等许多现代化的工业生产基地,为工业、农业、科技、国防提供了大量的机械产品和设备,为国民经济的发展奠定了坚实的基础。同时,现代化的机械制造先进技术在我国已得到了广泛的应用。

　　工程材料及机械制造基础(热加工)的主要内容包括:工程材料、金属材料的改性处理、金属的液态成型、金属的塑性成型、金属的焊接成型 4 部分。学习本课程的主要目的是使学生了解常用工程材料的性能及其加工工艺,并为后续课程的学习和进行课程设计、毕业设计等打下必要的基础,也为今后从事技术工作奠定机械制造方面的加工工艺基础。由于本课程实践性较强,因而在学习前应通过教学实习获得热加工的各种方法及所用设备和工具等的感性知识,掌握初步的实践技能。

　　本课程的主要任务是使学生掌握以下基本内容:

　　(1) 了解常用工程材料的主要性能,应用范围和选用原则。

　　(2) 初步掌握各种主要热加工方法的基本原理特点和应用范围。

　　(3) 初步掌握零件的结构工艺性和常用工程材料的加工工艺。

　　(4) 了解对各种金属进行热加工所用的设备和工具的基本特点。

　　本课程是一门重要的技术基础课,注意在掌握理论知识的同时做到理论联系实际,重视在实践性教学环节中培养和提高自己的能力,以便为以后从事技术工作打下坚实的基础。

第1章 金属材料的基本知识

材料是人类赖以生存与发展、征服和改造自然的物质基础。在人类社会漫长的发展过程中,材料一直被认为是社会发展的标志,每一种新材料的发现和应用都把人类改造自然的能力提高到一个新的水平。材料是现代文明的三大支柱之一。

进入21世纪,材料科学蓬勃发展,新材料新技术层出不穷,极大地推动了科学技术和国民经济的发展。对于工科学生,适当了解现代材料的发展方向,具有极其重要的意义。

工程材料可分为金属材料、高分子材料、陶瓷材料及复合材料等四大类。

金属材料在现代生产及人们的日常生活中占有极其重要的地位。金属材料的品种繁多、性能各异,并能通过适当的工艺改变其性能。金属材料的性能由材料的成分、组织及加工工艺来确定。掌握各种材料的性能对材料的选择、加工、应用,以及新材料的开发都有着非常重要的作用。

1.1 金属材料的性能

金属材料的性能可分为使用性能和工艺性能两大类。使用性能是指材料的力学性能、物理性能和化学性能;工艺性能则是指材料的铸造性能、锻造性能、焊接性能和切削加工性能。

1.1.1 金属材料的力学性能

材料的力学性能是指材料在外力作用下产生变形和破断的特性。材料的力学性能主要有弹性、强度、塑性、硬度、冲击韧性和疲劳强度等。

1.弹性和刚度

金属材料受外力作用时产生变形,当外力去掉后能恢复其原来形状的性能称为弹性。这种随外力消除而消除的变形,称为弹性变形。

图1-1是低碳钢的应力—应变曲线($\sigma - \varepsilon$曲线)。图中 A 点对应的应力 σ_e 为不产生永久变形的最大应力,称为弹性极限。OA'段为直线,这部分应力与应变成比例,所以点 A'所对应的应力 σ_p 称为比例极限。

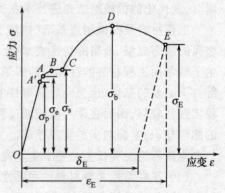

图1-1 低碳钢拉伸的应力—应变曲线

材料在弹性范围内,应力与应变成正比,其比值 $E = \sigma/\varepsilon$ 称为弹性模量,单位为 MPa。弹性模量 E 标志着材料抵抗弹性变形的能力,用以表示材料的刚度。E 值的大小主要取决于各种材料的本性,一些处理方法(如热处理、冷热加工、合金化等)对它影响很小。需要注意的是,材料的刚度不等于零件的刚度,零件的刚度除与材料的刚度有关外,还与零件的结构有关。提高零件刚度的方法有增加横截面面积、改变截面形状及选用弹性模量较大的材料。

2.强度

在外力作用下,材料抵抗塑性变形和破断的能力称为强度。常用的强度性能指标主要是屈服强度和抗拉强度。

(1)屈服强度(σ_s、$\sigma_{0.2}$)。

在图 1 - 1 上,当曲线超过 A 点后,若卸去外加载荷,则试样会留下不能恢复的残余变形,这种不能随载荷去除而消失的残余变形称为塑性变形。当曲线达到 B 点时,曲线出现应变增加而应力不变的现象称为屈服。屈服时的应力称为屈服强度,记为 σ_s,单位 MPa。

对没有明显的屈服现象的材料,国家标准规定用试样标距长度产生 0.2% 塑性变形时的应力值作为该材料的屈服强度,以 $\sigma_{0.2}$ 表示。

机械零件在使用时,一般不允许发生塑性变形,所以屈服强度是大多数机械零件设计时选材的主要依据,也是评定金属材料承载能力的重要力学性能指标。

(2)抗拉强度 σ_b。

材料在断裂前所承受的最大应力值称为抗拉强度或强度极限,用 σ_b 表示,单位 MPa。在图 1 - 1 中的 D 点所对应的应力值即为 σ_b。屈服强度与抗拉强度的比值 σ_s/σ_b 称为屈强比。屈强比小,工程构件的可靠性高,说明即使外载荷或某些意外因素使金属变形,也不至于立即断裂。但若屈强比过小,则材料强度的有效利用率太低。

一些对变形要求不高的机件,常以 σ_b 作为设计与选材的依据。

3.塑性

材料在外力作用下,产生永久残余变形而不断裂的能力,称为塑性。工程上常用延伸率和断面收缩率作为材料的塑性指标。

(1)延伸率 δ。

试样在拉断后的相对伸长量称为延伸率,用符号 δ 表示,即

$$\delta = \frac{L_1 - L_0}{L_0} \times 100\%$$

式中　L_0——试样原始标距长度;

　　　L_1——试样拉断后的标距长度。

(2)断面收缩率 ψ。

试样被拉断后横截面积的相对收缩量称为断面收缩率,用符号 ψ 表示,即

$$\psi = \frac{A_0 - A_1}{A_1} \times 100\%$$

式中　A_0——试样原始的横截面积;

　　　A_1——试样拉断处的横截面积。

延伸率和断面收缩率的值越大,表明材料的塑性越好。塑性对材料进行冷塑性变形有重要意义。此外,工件的偶然过载,可因塑性变形而防止突然断裂;工件的应力集中处,也可因塑性变形使应力松弛,从而使工件不至于过早断裂。这就是大多数机械零件除要求一定强度指标外,还要求一定塑性指标的道理。

材料的 δ 和 ψ 值越大,塑性越好。两者相比,用 ψ 表示塑性更接近材料的真实应变。

4.硬度

硬度是材料抵抗局部塑性变形的能力。硬度也反映材料抵抗其他物体压入的能力。通常材料的强度越高,硬度也越高。工程上常用的硬度指标有布氏硬度、洛氏硬度和维氏硬度等。

(1) 布氏硬度 HBS(W)。

布氏硬度的测量方法如图 1 - 2 所示。用一定载荷 P,将直径为 D 的球体(淬火钢球或硬质合金球)压入被测材料的表面,保持一定时间后卸去载荷,测量被测表面上所形成的压痕直径 d,由此计算压痕的球缺面积 S,其单位面积所受的载荷称为布氏硬度。布氏硬度值 $HB = P /S$。

布氏硬度的单位为 kgf/mm^2。当测试压头为淬火钢球时,只能测试布氏硬度小于 450 的材料,以 HBS 表示;当测试压头为硬质合金时,可测试布氏硬度为 450 ~ 650 的材料,以 HBW 表示。

在测定材料的布氏硬度时,应根据材料的种类和试样的厚度选择球体材质、球体直径 D、施加载荷 P 和载荷保持时间等。

布氏硬度试验是由瑞典的布利涅尔(J. B. Brinell)于 1900 年提出来的。

(2) 洛氏硬度 HR。

洛氏硬度的测量方法如图 1 - 3 所示。将标准压头用规定压力压入被测材料的表面,根据压痕深度来确定硬度值。根据压头的材料及所加的负荷不同又可分为 HRA、HRB、HRC 三种。表 1 - 1 为洛氏硬度的测试要求及其应用范围。

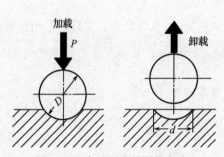

图 1 - 2　布氏硬度的测量方法

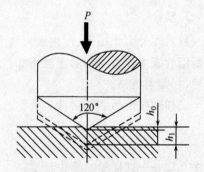

图 1 - 3　洛氏硬度的测量方法

表 1 - 1　洛氏硬度的测试要求及其应用范围

洛氏硬度	压　　头	总载荷/N(kgf)	测量范围	应　　用
HRC	120°金刚石圆锥体	1,470(150)	20 ~ 47HRC	调质钢、淬火钢等
HRA	120°金刚石圆锥体	588(60)	70HRA	硬质合金、表面淬火层或渗碳层等
HRB	Φ1.588mm 钢球	980(100)	25 ~ 100HRB	有色金属和退火钢、正火钢等

洛氏硬度操作简便、迅速,应用范围广,压痕小,硬度值可直接从表盘上读出,所以得到更为广泛的应用。其缺点是:由于压痕小,测量误差稍大,因此常在工件不同部位测量数次取平均值。

洛氏硬度是由美国的洛克威尔(S. P. Rockwell 和 H. M. Rockwell)于 1919 年提出来的。

（3）维氏硬度 HV。

维氏硬度的测量原理与布氏硬度相同，不同点是压头为一相对面夹角为 136°金刚石正四方棱锥体，所加负荷为 $5\sim120$ kgf（$49.03\sim1176.80$ N）。它所测定的硬度值比布氏、洛氏硬度精确，压入深度浅，适于测定经表面处理零件的表面层的硬度，改变负荷可测定从极软到极硬的各种材料的硬度，但测定过程比较麻烦。图 1-4 为维氏硬度测试示意图。在用规定的压力 P 将金刚石压头压入被测试件表面并保持一定时间后卸去载荷，测量压痕投影的两对角线的平均长度 d，据此计算出压痕的表面积 S，最后求出压痕表面积上平均压力（P/S），以此作为被测材料的维氏硬度值。其计算公式如下：

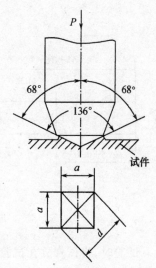

$$HV = \frac{P}{S} = \frac{P}{\dfrac{d^2}{2\sin68°}} = 1.8544\,\frac{P}{d^2} \qquad (1-1)$$

图 1-4　维氏硬度测量示意图

采用维氏硬度测量硬度时，为保证试验的精确性，要求被测表面的粗糙度低，因而测试面的准备工作较麻烦。

维氏硬度试验是由英国的史密斯（R. L. Smith）和桑德兰德（G. E. Sandland）于 1925 年提出来的。

5. 冲击韧性 a_k

冲击韧性是在冲击载荷作用下，材料抵抗冲击力的作用而不被破坏的能力，通常用冲击吸收功 A_k 和冲击韧性 a_k 指标来度量。

有些机件在工作时要受到高速作用的载荷冲击，如锻压机的锤杆、冲床的冲头、汽车变速齿轮、飞机的起落架等。瞬时冲击引起的应力和应变要比静载荷时引起的应力和应变大得多，因此在选择制造该类机件的材料时，必须考虑材料的抗冲击能力。为了讨论材料的冲击韧性 a_k 值，常采用一次冲击弯曲试验法。由于在冲击载荷作用下材料的塑性变形得不到充分发展，为了能灵敏地反映出材料的冲击韧性，通常采用带缺口的试样进行试验。标准冲击试样有两种，一种是夏比 U 形缺口试样，另一种是夏比 V 形缺口试样。同一条件下同一材料制作的两种试样，其 U 形试样的 a_k 值明显大于 V 形试样的 a_k，所以这两种试样的值 a_k 不能相互比较。图 1-5、图 1-6 是国家标准规定的一次弯曲冲击试样的尺寸及加工要求。

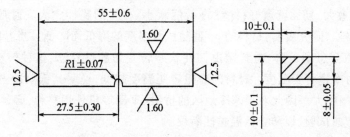

图 1-5　夏比 U 型缺口试样（梅氏试样）

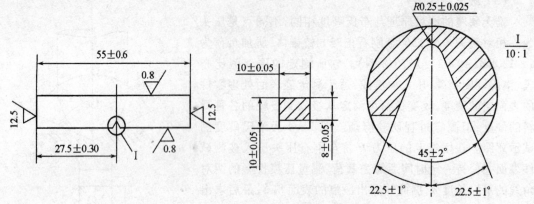

图 1-6　夏比 V 型缺口试样(夏氏试样)

试验时,将试样放在试验机两支座上,如图 1-7 所示。将重量为 G 的摆锤升至一定高度 H_1,如图 1-8 所示,使它获得位能 $G \cdot H_1$;再将摆锤释放,使其刀口冲向图 1-7 箭头所指试样缺口的背面;冲断试样后摆锤在另一边的高度为 H_2,相应位能为 $G \cdot H_2$,冲断试样前后的能量差即为摆锤冲断试样所消耗的功,或是试样变形和断裂所吸收的能量,称为冲击吸收功 A_k,即 $A_k = G \cdot H_1 - G \cdot H_2$,单位为 J。试验时,冲击功的数值可从冲击试验机的刻度标盘上直接读出。冲击吸收功除以试样缺口底部处横截面积 S 获得冲击韧性值 a_k,即 $a_k = A_k/S$,单位为 J/cm^2。有些国家(如美、英、日等国)直接用冲击吸收功 A k 作为冲击韧性指标。

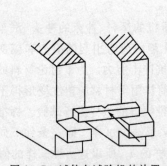

图 1-7　试件在试验机的放置

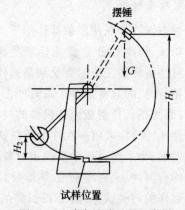

图 1-8　冲击试验过程示意图

材料的 a_k 值愈大,韧性就愈好;材料的 a_k 值愈小,材料的脆性愈大。通常把 a_k 值小的材料称为脆性材料。研究表明,材料的 a_k 值随试验温度的降低而降低。当温度降至某一数值或范围时,a_k 值会急剧下降,材料则由韧性状态转变为脆性状态,这种转变称为冷脆转变,相应温度称为冷脆转变温度。材料的冷脆转变温度越低,说明其低温冲击性能越好,允许使用的温度范围越大。因此对于寒冷地区的桥梁、车辆等机件用材料,必须作低温(一般为 -40℃)冲击弯曲试验,以防止低温脆性断裂。

6. 断裂韧性 KI

有的大型转动零件、高压容器、桥梁等,常在其工件应力远低于 σ_s 的情况下突然发生低应力脆断。产生这种现象的原因与机件内部存在着微裂纹和其他缺陷以及它们的扩展。工程上实际使用的材料中,存在一些由冶金和加工等过程产生的缺陷,这些缺陷都相当于裂纹或在使用中会发展为裂纹。

材料中存在裂纹时,在裂纹尖端就会产生应力集中,从而形成裂纹尖端应力场,按断裂力学分析,应力场的大小可用应力强度因子 K_I 来描述,其单位为 $MPa \cdot m^{1/2}$,脚标 I 表示 I 型裂纹强度因子。K_I 值的大小取决于裂纹尺寸(2d)和外加应力场 σ,它们之间的关系由下式表示:

$$K_I = Y_{\sigma} \sqrt{a} \tag{1-2}$$

式中:Y 为与裂纹形状、加载方式和试样几何尺寸有关的无量纲系数;σ 为外加应力场,单位为 MPa;a 为裂纹长度的一半,单位为 mm。

由上式可见,随应力的增大,K_I 不断增大,当 K_I 增大到某一定值时,这可使裂纹前沿的内应力大到足以使材料分离,从而导致裂纹突然扩展,材料快速发生断裂。这个应力强度因子的临界值,称为材料的断裂韧性,用 K_{IC} 表示。它反应材料有裂纹存在时,抵抗脆性断裂的能力,是强度和韧性的综合体现。K_{IC} 可通过试验来测定,它与材料成分、热处理及加工工艺等有关。

7. 疲劳强度

(1) 疲劳的概念。

工程上一些机件工作时受交变应力或循环应力作用,即使工作应力低于材料的屈服强度,但经过一定循环周次后仍会发生断裂,这样的断裂现象称之为疲劳。

疲劳断裂的过程是一个损伤积累的过程。起初,在零件的表面,有时在零件的内部存在一薄弱环节(如微裂纹),随着循环次数的增加,裂纹沿零件的某一截面向深处扩展,至某一时刻剩余截面承受不了所受的应力,便会产生突然断裂。由于疲劳断裂事先无明显的塑性变形的征兆,所以危险性很大。由如上分析可知,零件的疲劳断裂过程可分为裂纹产生、裂纹扩展和瞬间断裂三个阶段。

(2) 疲劳强度。

当零件所受的应力低于某一值时,即使循环周次无穷多也不发生断裂,称此应力值为疲劳强度或疲劳极限。材料的疲劳强度通过实验得到。用实验得到的交变应力大小 σ 和断裂循环周次 N 之间的关系绘制出图 1-9 所示的 $\sigma-N$ 之间的关系曲线,即疲劳曲线。疲劳曲线表明,随着应力 σ 的减小,循环次数 N 在增加,当应力 σ 降到一定值后,$\sigma-N$ 曲线趋于水平,这就意味着材料在此应力作用下无限次循环也不会产生断裂,此应力称为材料对称弯曲疲劳极限,用 σ_{-1} 表示,单位为 MPa。在疲劳强度的实验中,不可能把循环次数做到无穷大,而是规定一定的循环次数作为基数,超过这个基数就认为不再发生疲劳破坏。常用钢材的循环基数为 10^7,有色金属和某些超高强度钢的循环基数为 10^8。影响疲劳强度的因素甚多,

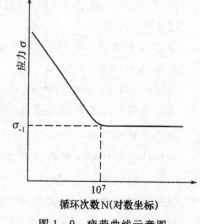

图 1-9　疲劳曲线示意图

其中主要有循环应力特性、温度、材料的成分和组织、表面状态、残留应力等。钢的疲劳强度约为抗拉强度的 40% ~50%，有色金属约为抗拉强度 25% ~50%。

1.1.2　金属材料的其他性能简介

1. 物理性能

材料的物理性能包括密度、熔点、导电性、导磁性、导热性及热膨胀性等。

(1) 密度。

密度 ρ 是指单位体积材料的质量。

抗拉强度与密度之比称为比强度；弹性模量与密度之比称为比弹性模量。在飞机和宇宙飞船上使用的结构材料，对比强度的要求特别高。

(1) 熔点。

熔点是指材料的熔化温度。通常，材料的熔点越高，其高温性能就越好。

(2) 热膨胀性。

材料的热膨胀性通常用线膨胀系数来 a_l 来表示。它表示材料温度每变化1℃时引起的材料长度上相对膨胀量的大小。对于精密仪器或机器的零件，热膨胀系数是一个非常重要的性能指标。在有两种以上材料组合成的零件中，常因材料的热膨胀系数相差大而导致零件的变形或破坏。

(3) 导热性。

热量会通过固体发生传递，材料的导热性用热导率(导热系数)λ 来表示，λ 表示当物体内的温度梯度为1℃/m 时，单位时间、单位面积时的传热量，其单位为 W/(m·K)。

材料导热性的好坏直接影响着材料的使用性能，如果零件材料的导热性太差，则零件在加热或冷却时，由于表面和内部产生温差，膨胀不同，就会产生变形或裂纹。热交换器等传热设备的零部件一般常用导热性好的材料(如铜、铝等)来制造。

通常，金属及合金的导热性远高于非金属材料。

(4) 导电性。

材料的导电性一般用电阻率(ρ)来表示，电阻率表示单位长度、单位面积导体的电阻，其单位为 Ω·m。电阻率越低，材料的导电性越好。根据电阻率数值的大小可把材料分为：

超导体：$\rho \to 0$

导体：$\rho = 10^{-8} \sim 10^{-5} \Omega \cdot m$

半导体：$\rho = 10^{-5} \sim 10^{7} \Omega \cdot m$

绝缘体：$\rho = 10^{7} \sim 10^{20} \Omega \cdot m$

通常金属的电阻率随温度的升高而增加，而非金属材料则与此相反。

2. 化学性能

材料的化学性能主要指耐腐蚀性、抗氧化性等。

(1) 耐腐蚀性。

耐腐蚀性是指材料抵抗各种介质侵蚀的能力。材料的耐蚀性常用每年腐蚀深度(渗蚀度)K_a(mm/a) 表示。对金属材料而言，其腐蚀形式主要有两种，一种是化学腐蚀，另一种是电化学腐蚀。化学腐蚀是金属直接与周围介质发生纯化学作用，例如钢的氧化反应。电化学腐蚀是金属在酸、碱、盐等电介质溶液中由于原电池的作用而引起的腐蚀。

（2）高温抗氧化性。

除了要在高温下保持基本力学性能外,还要具备抗氧化性能。所谓高温抗氧化性通常是指材料在迅速氧化后,能在表面形成一层连续而致密并与母体结合牢靠的膜,从而阻止进一步氧化的特性。

3. 工艺性能

材料的工艺性能是其机械性能、物理性能和化学性能的综合。工艺性能的好坏,直接影响到制造零件的工艺方法和质量以及制造成本。材料的工艺性能主要包括铸造性、可锻性、焊接性、切削加工性等。

（1）铸造性。

铸造性是指浇注铸件时,材料能充满比较复杂的铸型并获得优质铸件的能力。

对金属材料而言,评价铸造性能好坏的主要指标有流动性、收缩率、偏析倾向等。流动性好、收缩率小、偏析倾向小的材料其铸造性也好。一般来说,共晶成分的合金铸造性好。

（2）可锻性。

可锻性是指材料是否易于进行压力加工的性能。可锻性好坏主要以材料的塑性和变形抗力来衡量。一般来说,钢的可锻性较好,而铸铁不能进行任何压力加工。

（3）焊接性。

焊接性是指材料是否易于焊接在一起并能保证焊缝质量的性能,一般用焊接处出现各种缺陷的倾向来衡量。低碳钢具有优良持焊接性,而铸铁和铝合金的焊接性就很差。

（4）切削加工性。

切削加工性是指材料是否易于切削加工的性能。它与材料种类、成分、硬度、韧性、导热性及内部组织状态等许多因素有关。有利于切削的材料硬度为 160～230HB。切削加工性好的材料,切削容易,刀具磨损小,加工表面光洁。

1.2　金属的晶体构造和结晶过程

1.2.1　金属的晶体构造

自然界中的固体物质可分为两类:晶体和非晶体。金属及其合金以及大多数矿物等都是晶体。只有少数的固态物质是非晶体,如玻璃、松香等,它的原子排列较不规则。

1. 晶体的基本概念

晶体是指基原子规则排列的物体。

晶体结构是指晶体内部原子规则排列的方式。晶体结构不同,其性能往往相差很大。为了便于分析研究各种晶体中原子或分子的排列情况,通常把原子抽象为几何点,并用许多假想的直线连接起来,这样得到的三维空间几何格架,称为晶格,如图 1-10 所示。晶格中各边线的交点称为结点,晶格中各种不同方位的原子面,称为晶面。组成晶格的最基本几何单元称为晶胞。晶格可以看成由晶胞堆积而成。

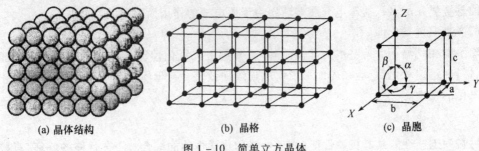

(a) 晶体结构　　　　　　　　(b) 晶格　　　　　　　　(c) 晶胞

图 1 – 10　简单立方晶体

晶胞的形状和大小是用晶粒的棱边长度 a、b、c 和棱边的夹角 α、β、γ 来表示的,见图 1 – 10c。晶胞的棱边长度 a、b、c 称为晶格常数,其大小以 Å(埃)为单位(1Å = 1 × 10⁻¹⁰ m)。当晶格常数 a = b = c,棱边夹角 α = β = γ = 90° 时,这种晶胞称为简单立方晶胞。具有简单立方晶胞的晶格叫做简单立方晶格。

2. 常见纯金属的晶格类型

图 1 – 11 为元素周期表中元素的晶体结构。

在金属元素中,除少数元素具有复杂的晶体结构外,大多数具有简单的晶体结构,常见的晶格类型有三种:体心立方晶格、面心立方晶格、密排六方晶格。

(1) 体心立方晶格(Body – centred cubic lattice,简称 b.c.c)

体心立方晶格的晶胞是一个立方体,原子分布在立方体的各结点和中心处,如图 1 – 12 所示。因其晶格常数 a = b = c,故只用一个常数 a 表示即可。该晶胞在其立方体的对角线方向上原子是紧密排列的,故由对角线长度($\sqrt{3}a$) 和对角线上分布的原子数量(2 个),就可以计算出原子的半径 r 为 $\frac{\sqrt{3}}{43}a$。由于晶格顶点上的原子同时为相邻的 8 个晶胞所公有,所以体心立方晶胞中的原子数目为 $\frac{1}{8}$ × 8 + 1 = 2 个。属于这类晶格的金属有 α – Fe、Cr、V、W、Mo、Nb 等。

(2) 面心立方晶格(Face – centred cubic lattice,简称 f.c.c)。

面心立方晶格的晶胞也是一个立方体,原子分布在立方体的各结点和各面的中心处,如图 1 – 13 所示。这种晶胞中,每个面的对角线上的原子紧密排列,故其原子半径 r 为 $\frac{\sqrt{2}}{4}a$;又因为面心中的原子为两个晶胞所共有,所以面心立方晶胞中的原子数目为 $\frac{1}{8}$ × 8 + $\frac{1}{2}$ × 6 = 4 个。属于这类晶格的金属有 γ – Fe、Al、Cu、Ni、Au、Ag、Pb 等。

(3) 密排立方晶格(Close – packed hexagonal lattice,简称 c.p.h)。

密排立方晶格的晶胞与简单六方晶胞不同,在由 12 个原子所构成的正六面体的上下两个六边形的中心各有一个原子,在上下底中间有三个原子,如图 1 – 14 所示。这种晶胞中,其晶格常数用正六边形边长 a 和立方体的高 c 来表示,两者的比值 c/a≈1.663,其原子半径 r = a/2;每个晶胞所包含的原子数为 12 × $\frac{1}{6}$ + 2 × $\frac{1}{6}$ + 3 = 6 个。属于这类晶格的金属有 Mg、Zn、Be、Cd 等。

原子序数　Fe 元素符号
26　2.54 原子直径
晶体结构　铁 $3d^64s^2$ 核外电子的分布

元素晶格代表符号
□面心立方　　⬡密排六方
■体心立方　　▨正方
▨金刚石型立方　◇菱形
田复杂立方　　∅单斜
□正交　　　　⬡六方

图 1-11　元素周期表中元素的晶体结构

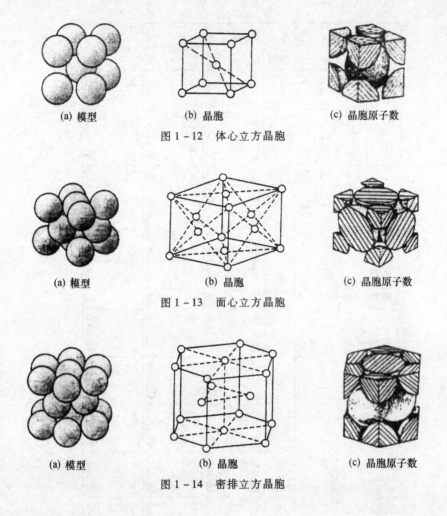

(a) 模型　　　　　(b) 晶胞　　　　　(c) 晶胞原子数

图 1 – 12　体心立方晶胞

(a) 模型　　　　　(b) 晶胞　　　　　(c) 晶胞原子数

图 1 – 13　面心立方晶胞

(a) 模型　　　　　(b) 晶胞　　　　　(c) 晶胞原子数

图 1 – 14　密排立方晶胞

3. 晶格的致密度及其晶面和晶向

(1) 晶格的致密度。

晶格的致密度是指其晶胞中所包含的原子所占的体积与该晶胞体积之比。例如,在体心立方晶格中,每个晶胞含有 2 个原子,原子半径 $r = \dfrac{\sqrt{3}}{4}$,晶胞体积为 a^3,故体心立方晶格的致密度为:$2 \times \dfrac{4}{3}\pi r^3 / a^3 = 2 \times \dfrac{4\pi}{3}\left(\dfrac{\sqrt{3}}{4}a\right)^3 / a^3 = 0.68$,即晶格中有 68% 的体积被原子所占据,其余为空隙。致密度用来评定晶体中原子排列的紧密程度。在定性评定晶体中原子排列的紧密程度时,还常应用"配位数"这一概念。所谓配位数即指晶格中任一原子周围所紧邻的最近且等距离的原子数。显然,配位数越大,原子排列也就越紧密。据此定义,体心立方晶格的配位数应为 8,这从该晶胞体心位置上的那个原子很容易看出来。当然,这对体心立方中任一顶点上的原子也应毫无例外,因为,立方体每个顶点上的原子都同时为它周围的 8 个晶胞所公有,即它周围 8 个晶胞中每个体心的原子与它都是最近邻且等距。三种典型金属晶格的各种数据总结于表 1 – 2。

表 1 - 2　三种典型金属晶格的数据

晶格类型	晶胞中的原子数	原子半径	配位数	致密度
体心立方	2	$\dfrac{\sqrt{3}}{4}a$	8	0.68
面心立方	4	$\dfrac{\sqrt{2}}{4}a$	12	0.74
密排六方	6	$\dfrac{1}{2}a$	12	0.74

（2）晶面指数及晶向指数。

晶体中各种方位上的原子面叫晶面,各种方向上的原子列叫晶向。在研究金属晶体结构的细节及其性能时,往往需要分析它们的各种晶面和晶向中原子分布的特点,因此有必要给各种晶面和晶向定出一定的符号,以表示出它们在晶体中的方位或方向。晶面的这种符号叫"晶面指数",晶向的符号叫"晶向指数"。

下面对立方晶系中的晶面与晶向进行讨论。

确定晶面指数的步骤如下:

1）设定晶格中某一原子为原点,通过该点平行于晶胞的三个棱边作 OX、OY、OZ 三个坐标轴,以晶格常数 a、b、c 分别作为相应的三个坐标轴上的量度单位,求出所需确定的晶面在三坐标轴上的截距（见图 1 - 15）。

2）将所得三截距之值变为倒数。

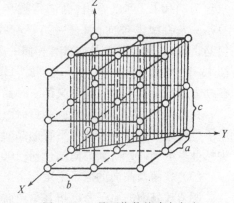

图 1 - 15　晶面指数的确定方法

3）再将这三个倒数按比例化为最小整数,并加上一圆括号,即为晶面指数。晶面指数的一般形式用（hkl）表示。

如图 1 - 15 所示带影线的晶面,其晶面指数的确定步骤为:① 取它与 *OX*、*OY*、*OZ* 三坐标轴的截距为 1、2、∞;② 三截距的倒数是:1、1/2、0;③ 化为最小整数后的晶面指数为:（210）。

图 1 - 16 为立方晶格中的晶面及指数。一个晶面指数（*hkl*）不是指一个晶面,而是指一组相互平行的晶面。这些晶面的指数相同,或数字相同,或正负号相反,如（010）与（010）

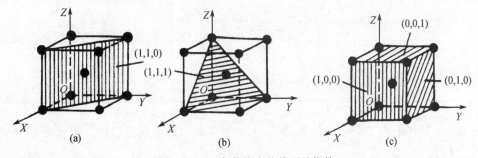

图 1 - 16　立方晶格中的晶面及指数

两个平行晶面。在立方晶系中还存在有许多原子排列完全相同且面间距相等、但相互并不平行的晶面组。这些晶面可以看成是性质相同的等同晶面,在晶体学上称为晶面族,用花括号表示$\{hkl\}$。如晶面族$\{100\}$包括了(100)、(010)、(001)等晶面。

晶向指数的确定方法是:

1) 以格中某一原子为原点,通过该点平行于晶胞的三棱边作 OX、OY、OZ 三个坐标轴,通过坐标原点引一直线,使其平行于所求的晶向。

2) 求出该直线上任意一点的三个坐标。

3) 将三个坐标值按比例化为最小整数,加一方括号,即为所求的晶面指数,其一般形式为$[uvw]$。

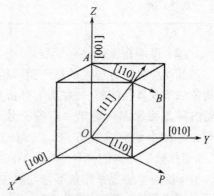

图 1 - 17　立方晶格中的三个重要晶向

如欲求图 1 - 17 中的 AB 晶向指数,可通过与其平行的 OP 直线上的任意一点的坐标化简而求出为$[110]$。可以看出,晶向指数所表示的不只是一条直线的位向,而是一组平行线的位向。换句话说,相互平行的晶向具有相同的晶向指数。图 1 - 17 中所示的$[100]$、$[110]$和$[111]$晶向为在立方晶格中具有最重要意义的三种晶向。

在晶体中,由于原子排列的对称性,存在许多原子排列完全相同但彼此不平行的晶向,在晶体学上,这些晶向是等同的,统称为晶向族,用尖括号表示$<uvw>$,如晶向族包括$[100]$、$[010]$、$[001]$、$[\overline{1}00]$、$[0\overline{1}0]$、$[00\overline{1}]$等六个晶向。

(3) 晶面及晶向的原子密度。

所谓某晶面的原子密度指其单位面积中的原子数,而晶向原子密度则指其单位长度上的原子数。在各种晶格中,不同晶面和晶向上的原子密度都是不同的。例如,在体心立方晶格中的各主要晶面和晶向的原子密度见表 1 - 3 所示。

表 1 - 3　体心立方晶格中各主要晶面和晶向的原子密度

晶面指数	晶面密度(原子数/面积)	晶向指数	晶向密度(原子数/长度)
(100)	$\dfrac{\frac{1}{4}\times 4}{a^2}=\dfrac{1}{a^2}$	$[100]$	$\dfrac{\frac{1}{2}\times 4}{a}=\dfrac{1}{a}$
(110)	$\dfrac{\frac{1}{4}\times 4+1}{\sqrt{2}a^2}=\dfrac{1.4}{a^2}$	$[110]$	$\dfrac{\frac{1}{2}\times 2}{\sqrt{2}a}=\dfrac{0.7}{a}$
(111)	$\dfrac{\frac{1}{6}\times 3}{\frac{\sqrt{3}}{2}a^2}=\dfrac{0.58}{a^2}$	$[111]$	$\dfrac{\frac{1}{2}\times 2+1}{\sqrt{3}a}=\dfrac{1.16}{a}$

由表 1 - 3 中可见,在体心立方晶格中,原子密度最大的晶面是(110),原子密度最大的晶向是$[111]$。

4. 晶体的各向异性

由于晶体中不同晶面和晶向上的原子密度不同,因而便造成了它在不同方向上的性能差异,晶体的这种"各向异性"的特点是它区别于非晶体的重要标志之一。例如,体心立方的 Fe 晶体,由于它在不同晶向上的原子密度不同,原子结合力不同,因而其弹性模量 E 便不同。在[111]方向 $E = 290000 MN/m^2$,在[100]方向 $E = 135000 MN/m^2$。许多晶体物质如石膏、云母、方解石等常沿一定的晶面易于破裂,具有一定的解理面,也就是这个道理。

晶体的各向异性不论在物理、化学或机械性能方面,即不论在弹性模量、破断抗力、屈服强度,或电阻、导磁率、线胀系数,以及在酸中的溶解速度等许多方面都会表现出来,并在工业上得到了应用,指导了生产,获得了优异性能的产品。如制作变压品的硅钢片,因它在不同的晶向的磁化能力不同,我们可通过特殊的轧制工艺,使其易磁化的[100]晶向平行于轧制方向从而得到优异的导磁率等。

1.2.2　金属的结晶过程

物质从液态到固态的转变过程称为"凝固"。通过凝固形成晶体的过程,称为结晶。结晶是原子由不规则排列状态,变为规则排列状态的过程。

1. 金属结晶时的过冷现象

将熔化的纯金属缓慢冷却,同时记录下温度随时间变化的关系,把得到的温度、时间绘制成曲线图,则得到如图 1-18 所示的冷却曲线。

从图中可以看出,在结晶前,液态金属的温度随时间延长均匀下降,当冷却到某一温度 T_1 时,随时间延长温度不再下降,冷却曲线出现了一段水平线。这条水平线就是实际结晶温度 T_1。因为结晶时放出结晶潜热,弥补了金属冷却时散失的热量,温度不再下降,冷却曲线出现了水平线段。当结晶完成后,因再没有结晶潜热弥补金属冷却时散失的热量,金属的温度又会随时间变化均匀下降。

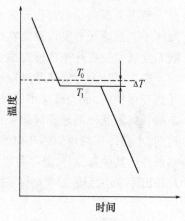

图 1-18　金属冷却曲线

图中的 T_0 为理论结晶温度,它是液态金属在无限缓慢冷却条件下的结晶温度。而实际生产中,液态金属都是以较快的速度冷却的,液态金属只能在理论结晶温度以下才开始结晶,这种实际结晶温度低于理论结晶温度的现象称为过冷,T_1 与 T_0 之差为过冷度 $\triangle T$,即 $\triangle T = T_0 - T_1$,冷却速度越快,$\triangle T$ 越大。特定金属的过冷度不是一个定值,它随冷却速度的变化而变化,冷却速度越大,过冷度越大,金属的实际结晶温度也就越低。

2. 结晶时的能量条件

为什么纯金属的结晶都具有一个严格不变的平衡结晶温度呢?这是因为它们的液体和晶体两者之间的能量在该温度下能够达到平衡的缘故。物质中能够自动向外界释放出其多余的或能够对外作功的这一部分能量叫做"自由能(G)"。自由能可表示为:

$$G = U - TS$$

式中:U 为系统内能,即系统中各种能量的总和;T 为势力学温度;S 为熵(系统中表征原子排列混乱程度的参数)。

对于固态金属和液态金属可将它们的自由能分别用 $G_固$ ($G_固 = U_固 - TS_固$)和 $G_液$ ($G_液 = U_液 - TS_液$)来表示。由于液体与晶体的结构不同,同一物质中它们在不同温度下的自由能变化是不同的,如图 1 - 19 所示,因此它们便会在一定的温度下出现一个平衡点,即理论结晶温度(T_0)。低于理论结晶温度时,由于液相的自由能($G_液$)高于固相晶体的自由能($G_固$),液体向晶体的转变便会使能量降低,于是便发生结晶;高于理论结晶温度时,由于液相

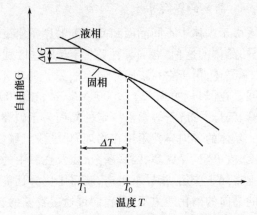

图 1 - 19　液体与晶体在不同温度下的自由能变化

的自由能($G_液$)低于固相晶体的自由能($G_固$),晶体将要熔化。换句话说,要使液体进行结晶,就必须使其温度低于理论结晶温度,造成液体与晶体间的自由能差($\triangle G = G_液 - G_固 > 0$),即具有一定的结晶推动力才行。可见过冷度是金属结晶的必要条件。

3. 结晶的过程

液态金属的结晶过程分为晶核形成和晶核的成长两个阶段。晶核的形成,一是由液态金属中一些原子自发地聚集在一起,按金属晶体的固有规律排列起来称为自发晶核;二是由液态金属中一些外来的微细固态质点而形成的,称为外来晶核。

图 1 - 20 为金属结晶过程示意图。当液体冷却到结晶温度后,一些短程有序的原子团开始变得稳定,成为极细小的晶体,称之为晶核。随后,液态金属的原子就以它为中心,按一定的几何形状不断地排列起来,形成晶体。晶体在各个方向生长的速度是不一致的,在长大初期,小晶体保持规则的几何外形,但随着晶核的长大,晶体逐渐形成棱角,由于棱角处的散热条件比其他部位好,晶体将沿棱角方向长大,从而形成晶轴,称为一次晶轴;晶轴继续长大,且长出许多小晶轴,二次晶轴、三次晶轴、…,成树枝状,当金属液体消耗完时,就形成晶粒。

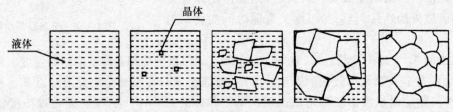

图 1 - 20　金属结晶过程示意图

在晶体成长的同时,又有新的晶核出现,它们也同样形成晶体。这样就有许多晶体同时在不同程度上长大着,当全部长大的晶体都互相抵触时,结晶过程就完成了。

由每个晶核长成的晶体称为晶粒,晶粒之间的接触面称为晶界。晶粒的外形是不规则的。因此,金属实际上是由很多大小、外形和晶格排列方向均不相同的晶粒所组成的多晶体。

晶粒的大小对金属的性能影响很大。因为晶粒小则晶界就多,而晶界增强了金属的结合力。因此,一般金属的晶粒越小,强度、塑性和韧性就越好。生产上常用增加冷却速度或

向液态金属加入某些难熔质点,以增加晶核数目,从而细化晶粒。

4. 影响晶核的形成和成长速率的因素

影响晶核的形成率和成长率的最重要因素是结晶时的过冷度和液体中的不熔杂质。

(1)过冷度的影响。

金属结晶时的冷却速度愈大,其过冷度便愈大,不同过冷度 $\triangle T$ 对晶核的形成率 N(晶核形成数目/s·mm^3)和成长率 G(mm/s)的影响如图 1-21 所示。过冷度等于零时,晶核的形成率和成长率均为零。随着过冷度的增加,晶核的形成率和成长率都增大,并各在一定的过冷度时达到一最大值。而后当过冷度再进一步增大时,它们又逐渐减小,直到在很大过冷度的情况下,两者又先后各趋于零。过冷度对晶核的形成率和成长率的这些影响,主要是因为在结晶过程中有两个相反的因素同时在起作用。其中之一即如前所述的晶体与液体的自由能差($\triangle G$),它是晶核的形成和成长的推动力;另一相反因素便是液体中原子迁移能力或扩散系数(D),这是形成晶核及其成长的必需条件,因为原子的扩散系数太小的话,晶核的形成和成长同样也是难以进行的。如图 1-22 所示,随着过冷度的增加,晶体与液体的自由能差便愈大,而液体中的原子扩散系数却迅速减小。由于这两种随过冷度不同而作相反变化的因素的综合作用,便使晶核的形成率和成长率与过冷度的关系上出现一个极大值。在过冷度较小时,虽然原子的扩散系数较大,但因为作为结晶推动力的自由能差较小,以致晶核的形成率和成长率便都较小;在过冷度较大时,虽然作为结晶推动力的自由能差很大,但由于原子的扩散在此情况下相当困难,故也难使晶核形成和成长;而只有两种因素在中等过冷情况下都不存在明显不利的影响时,晶核的形成率和成长率才会达到其极大值。

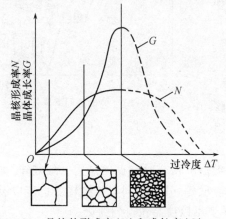

图 1-21　晶核的形成率(N)和成长率(G)
　　　　　与过冷度(△T)的关系

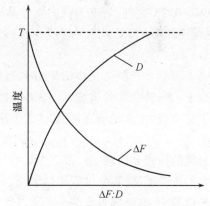

图 1-22　液体与晶体的自由能差(△F)和扩
　　　　　散系数(D)与过冷度(△T)的关系

在图 1-21 中,我们还从晶核的形成率与成长率之间的相对关系示意地表达出了几种不同过冷度下所得到的晶粒度的对比,从中可以得到一个十分重要的结论,即在一般工业条件下(图中曲线的前半部实线部分),结晶时的冷却速度愈大或过冷度愈大,时,金属的晶粒度便愈细。至于图 1-21 中曲线的后半部分,因为在工业实际中金属的结晶一般达不到这样的过冷度,故用虚线表示,但近年来通过对金属液滴施以每秒上万度的高速冷却发现,在高度过冷的情况下,其晶核的形成率和成长率确能再度减小为零,此时金属将不再通过结晶的方式发生凝固,而是形成非晶质的固态金属。

(2)未熔杂质的影响。

任何金属中总不免含有或多或少的杂质,有的可与金属一起熔化,有的则不能,而是呈未熔的固体质点悬浮于金属液体中。这些未熔的杂质,当其晶体结构在某种程度上与金属相近时,常可显著地加速晶核的形成,使金属的晶粒细化。因为当液体中有这种未熔杂质存在时,金属可以沿着这些现成的固体质点表面产生晶核,减小它暴露于液体中的表面积,使表面能降低,其作用甚至会远大于加速冷却增大过冷度的影响。

在金属结晶时,向液态金属中加入某种难溶杂质来有效地细化金属的晶粒,以达到提高其力学性能的目的,这种细化晶粒的方法叫做"变质处理",所加入的难溶杂质叫"变质剂"或"人工晶核"。

1.2.3　金属的同素异构转变

某些金属在不同温度和压力下呈现出不同的晶体结构,同一种固态的纯金属(或其他单相物质),在加热或冷却时发生由一种稳定状态到另一种晶体结构不同的稳定状态的转变,称为同素异构转变。此时除体积变化和热效应外还会发生其他性质改变。例如 Fe、Co、Sn、Mn 等元素都具有同素异构特性。

铁在结晶后继续冷却至室温的过程中,将发生两次晶格转变,其转变过程如图 1 - 23 所示。铁在 1394℃ 以上时具有体心立方晶格,称为 δ - Fe;冷却至 1394~912℃ 之间,转变为面心立方晶格称为 γ - Fe;继续冷却至 912℃ 以下又转变为体心立方晶格,称为 α - Fe。

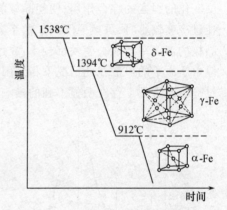

图 1 - 23　纯铁的同素异构转变

由于面心立方晶格比体心立方晶格排列紧密,所以由 γ - Fe 转变为同质量的 α - Fe 时,体积要膨胀而引起内应力,这是钢在淬火时变形开裂的原因之一。

金属的同素异构转变与液态金属的结晶过程类似。转变时遵循结晶的一般规律,如具有一定的转变温度,转变过程包括形核、长大两个阶段等。因此,同素异构转变也可以看做是一种结晶,有时也称为重结晶。通过同素异构转变可以使晶粒得到细化。

1.2.4　实际金属的晶体结构

1. 多晶体

以上研究金属的晶体结构时,是把晶体看成由原子按一定几何规律作周期性排列而成,即晶体内部的晶格位向是完全一致的,这种晶体称为单晶体。在工业生产中,只有经过特殊制作才能获得,如半导体工业中的单晶硅。

实际的金属都是由很多小晶体组成的,这些外形不规则的颗粒状小晶体称为晶粒。晶粒内部的晶格位向是均匀一致的,晶粒与晶粒之间,晶格位向却彼此不同。每一个晶粒相当于一个单晶体。晶粒与晶粒之间的界面称为晶界。这种由许多晶粒组成的晶体称为多晶体,如图 1-24 所示。

多晶体的性能在各个方向基本是一致的,这是由于多晶体中,虽然每个晶粒都是各向异性的,但它们的晶格位向彼此不同,晶体的性能在各个方向相互补充和抵消,再加上晶界的作用,因而表现出各向同性。这种各向同性被称伪各向同性。

图 1-24　多晶体结构

晶粒的尺寸很小,如钢铁材料的晶粒尺寸一般为 10^{-1} ~ 10^{-3} mm 左右,必须在显微镜下才能观察到。在显微镜下才能观察到的金属中晶粒的种类、大小、形态和分布称显微组织,简称组织。金属的组织对金属的力学性能有很大的影响。

2. 晶体缺陷

实际上每个晶粒内部,其结构也不是那么理想,存在着一些原子偏离规则排列的不完整性区域,这就是晶体缺陷。

根据晶体缺陷的几何形态特征,一般将它们分为以下三类:

(1) 点缺陷。

点缺陷的具体形式有如下三种:

1) 空位。晶格中某个原子脱离了平衡位置,形成空结点,称为空位。当晶格中的某些原子由于某种原因(如热振动等)脱离其晶格节点将产生此类点缺陷。这些点缺陷的存在会使其周围的晶格产生畸变。

2) 间隙原子。在晶格节点以外存在的原子,称为间隙原子。在金属的晶体结构中都存在着间隙,一些尺寸较少的原子容易进入晶格的间隙形成间隙原子。

3) 置换原子。杂质元素占据金属晶格的结点位置称为置换原子。当杂质原子的直径与金属原子的半径相当或较大时,容易形成置换原子。

三种点缺陷的形态如图 1-25 所示。

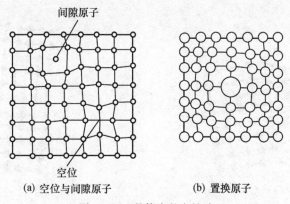

(a) 空位与间隙原子　　　　　(b) 置换原子

图 1-25　晶体中的点缺陷

(2) 线缺陷。

晶体中最普通的线缺陷就是位错,它是在晶体中某处有一列或若干列原子发生了有规律的错排现象。这种错排现象是晶体内部局部滑移造成的,根据局部滑移的方式不同,可形成不同类型的位错,如图1-26所示为常见的一种刃型位错。由于该晶体的右上部分相对于右下部分局部滑移,结果在晶格的上半部中挤出了一层多余的原子面 EFGH,好像在晶格中额外插入了半层原子面一样,该多余半原子面的边缘 EF 便是位错线。沿位错线的周围,晶格发生了畸变。

金属晶体中的位错很多,相互连结成网状分布。位错线的密度可用单位体积内位错线的总长度表示,通常为 $10^4 \sim 10^{12}\,\mathrm{cm/cm^3}$ 之间。位错密度愈大,塑性变形抗力愈大,因此,通过塑性变形,提高位错密度,是强化金属的有效途径之一。

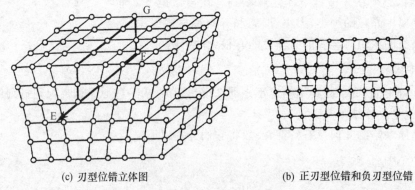

(c) 刃型位错立体图   (b) 正刃型位错和负刃型位错

图 1-26　刃型位错示意图

(3) 面缺陷。

面缺陷包括晶界和亚晶界。如前所述,晶界是晶粒与晶粒之间的界面,由于晶界原子需要同时适应相邻两个晶粒的位向,就必须从一种晶粒位向逐步过渡到另一种晶粒位向,成为不同晶粒之间的过渡层,因而晶界上的原子多处于无规则状态或两种晶粒位向的折中位置上(如图1-27所示)。另外,晶粒内部也不是理想晶体,而是由位向差很小的称为嵌镶块的小块所组成,称为亚晶粒,尺寸为 $10^{-4} \sim 10^{-6}\,\mathrm{cm}$。亚晶粒的交界称为亚晶界(如图1-28所示)。

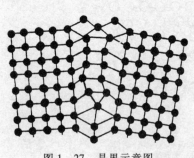

图 1-27　晶界示意图

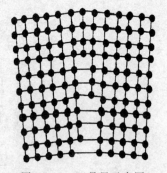

图 1-28　亚晶界示意图

实际金属中的缺陷对材料力学性能的影响如下:

点缺陷的存在,提高了材料的硬度和强度,降低了材料的塑性和韧性,增加位错密度可提高金属强度,但塑性随之降低;面缺陷能提高金属材料的强度和塑性;细化晶粒是改善金属力学性能的有效手段。

思 考 题

1. 说明下列力学性能指标的名称、单位及其含义：

    (1) σ_e；   (2) $\sigma_s(\sigma_{0.2})$；   (3) δ；   (4) σ_b；   (5) ψ；   (6) σ_{-1}

2. 弹性模量 E 的工程含义是什么？它和零件的刚度有什么关系？

3. δ 与 ψ 相比，这两个性能指标哪个能更准确地表达材料的塑性？

4. 何谓硬度？简述布氏硬度、洛氏硬度、维氏硬度的试验原理及应用范围。

5. 材料的断裂韧性 K_I 与冲击韧性 a_k 有什么不同？a_k 在加工生产中的实际用途是什么？

6. 一紧固螺栓使用后发现有塑性变形（伸长），试分析材料的哪些性能指标没有达到要求。

7. 试绘出低碳钢的应力—应变曲线，指出在曲线上哪点出现颈缩现象？如果拉断后试棒上没有颈缩，是否表示它没有发生塑性变形。

8. 疲劳破坏是怎样产生的？提高零件疲劳强度的方法有哪些？

9. 何谓晶体、晶胞、晶格的致密度、凝固、结晶、亚晶界、匀晶相图、枝晶偏析、共相晶图？

10. 简述金属常见的三种晶体结构基本特征。

11. 简述金属结晶时的过冷现象以及结晶过程。

12. 简述影响晶核的形成和成长速率的因素。

13. 什么是金属的同素异构转变？

14. 有哪些常见的晶体缺陷？简述晶体缺陷对材料力学性能的影响。

第2章　合金的结构和相图

纯金属在生活和生产中的应用十分广泛。主要的应用都是利用了纯金属的导电性、导热性、化学稳定性等性能。但由于纯金属种类有限,而且几乎所有的纯金属的强度、硬度、耐磨性等力学物理性能都比较差,不能满足人们对材料多样性的需要。通过合金化过程,可以显著地改变金属材料的结构、组织和性能,从而极大提高金属材料的力学、物理性能,同时其电、磁、耐蚀性等物理化学性能也得到了保持或提高。因此,同纯金属相比,合金的应用更为广泛。

由两种或两种以上的金属元素或金属元素和非金属元素组成的具有金属特性的物质称为合金。

2.1　合金中的相结构

合金的结晶与纯金属一样,也是通过形核及长大来完成的。由于合金中含有两种或两种以上的元素的原子,使生成的结晶物中往往含有不只一种组元的晶粒。在材料中,凡是化学成分相同、结构相同并与其他部分以界面分开的均匀组成部分称为相。合金结晶后可以是一种相,也可以是由若干种相所组成。合金中的组织是指合金中用肉眼或显微镜所观察到的材料的微观形貌,也称为显微组织。

不同的相形成不同的显微组织,不同的显微组织导致合金不同的性质。故要了解合金的性能首先必须了解合金中的相结构。固态合金中的相,按其晶格结构的基本属性来分,可以分为固溶体和化合物两大类。

2.1.1　固溶体

固态合金中,在一种元素的晶格结构中包含有其他元素的合金相称为固溶体。前一种元素称为溶剂元素,后一种元素称为溶质元素。固溶体的晶体结构仍保持溶剂金属的结构,溶质元素只引起晶格参数的改变。

溶质原子溶于固溶体中的量,称为固溶体的浓度。在一定条件下溶质元素在固溶体中的极限浓度叫做溶质在固溶体中的溶解度。

1. 固溶体的分类

按照溶质原子在固溶体中所处的位置,固溶体可分为间隙固溶体和置换固溶体。

（1）置换固溶体。当溶质原子代替了一部分溶剂原子而占据溶剂晶格的某些结点位置时,所形成的固溶体称为置换固溶体,如图 2-1 所示。按照溶质原子在溶剂中的溶解度是否有限制,置换固溶体以可分为有限固溶体和无限固溶体。当溶质原子和溶剂原子直径差别不大时,易形成置换固溶体。当两者直径差别增大时,则溶质原子在溶剂晶格中的溶解度减小。如果溶质原子和溶剂原子直径差别很小,两个元素在周期表中位置又靠近,且两者晶格类型又相同,则这两个组元往往能互相无限溶解,即可以任何比例形成置换固溶体,这种固溶体称为无限固溶体。如铁和铬形成具有体心立方晶格的无限固溶体,铁和镍形成具有面心立方晶格的无限固溶体。反之,则溶质在溶剂中的溶解度是有限的,这种固溶体称为有限固溶体。如铜和锌、铜和锡都形成有限固溶体。有限固溶体的溶解度还与合金相所处的环境,如温度和压力有关,一般情况下温度愈高,溶解度愈大。

（2）间隙固溶体。若溶质原子分布于溶剂晶格各结点之间的空隙中,所形成的固溶体称为间隙固溶体,如图 2 - 2 所示。

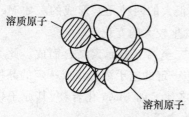

图 2 - 1　置换固溶体晶格结构示意图

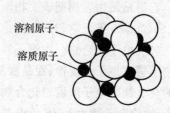

图 2 - 2　间隙固溶体晶格结构示意图

由于溶剂晶格的空隙有限,通常只有当溶质原子直径与溶剂原子直径之比小于 0.59 时,才能形成间隙固溶体。因此形成间隙固溶体的溶质原子都是原子直径较小的非金属元素,如氢、氧、氮、硼、碳等。如碳钢中的铁素体和奥氏体就是碳原子溶入 $\alpha - Fe$ 和 $\gamma - Fe$ 中所形成的两种间隙固溶体。

溶剂晶格中的间隙是有限的,故间隙固溶体只能形成有限固溶体。且间隙固溶体的溶解度一般都不大。

2. 固溶体的性能

由于溶质原子与溶剂原子的半径不同,会使固溶体的晶格发生畸变,如图 2 - 3 所示。这就使得位错移动阻力增大,表现为固溶体的强度和硬度升高、塑性和韧性有所下降。通过形成固溶体而使金属强度和硬度增加的现象称为固溶强化。固溶强化是提高合金机械性能的一种重要途径,并在金属材料的生产和研究中得到了极为广泛的应用。对综合力学性能要求较高,即强度、韧性和塑性之间有较好配合的结构材料,常以固溶体作为基本相。

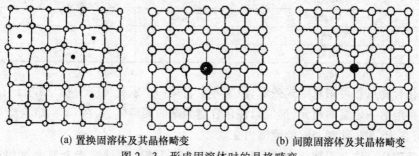

(a) 置换固溶体及其晶格畸变　　　　　　　(b) 间隙固溶体及其晶格畸变

图 2 - 3　形成固溶体时的晶格畸变

2.1.2　金属化合物及其性能

金属化合物是合金组元间发生相互作用而生成的一种新固相,其晶格类型和性质完全不同于原来的任一组元。金属化合物的特点是,除有离子键和共价键作用外,还有一定程度的金属键参与作用,从而使化合物具有明显的金属特性。金属化合物可以成为合金的组成相,如碳钢中的渗碳体 Fe_3C。除金属化合物外,合金中还有另一类为非金属化合物,没有金属键作用,没有金属特性,如 FeS、MnS。这里我们只研究金属化合物。

1. 金属化合物的种类

金属化合物的种类很多,常见的金属化合物可根据其形成条件及晶体结构分为以下三类:

(1) 正常价化合物。符合一般化合物的原子价规律,成分固定,并可用确定的化学式表示。它通常是由在周期表上相距较远、电化学性质相差很大的两种元素形成的。如 Mg_2Si、Mg_2Sn、Mg_2Pb 等。它们的晶体结构随化学组成不同会发生较大的变化。

(2) 电子化合物。由第一族元素、过渡族元素与第二至第五族元素结合而成。此类化合物不遵守原子价规律,而是服从电子浓度规律,即按照一定的电子浓度组成一定的晶格结构的化合物。电子浓度是化合物中价电子数与原子数之比。如 $CuZn$ 化合物,其原子数为 2,Cu 的价电子数为 1,Zn 价电子数为 2,故其电子浓度为 3/2。

在电子化合物中,当电子浓度为 $\frac{3}{2}\left(\frac{21}{14}\right)$ 时,形成体心立方晶格,称为 β 相;当电子浓度为 $\frac{21}{13}$ 时,形成复杂立方晶格,称为 γ 相;当电子浓度为 $\frac{7}{4}\left(\frac{21}{12}\right)$ 时,形成密排六方晶粒格,称为 ε 相。合金中常见电子化合物及其结构类型见表 2 - 1。

表 2 - 1　合金中常见电子化合物及其结构类型

合金系	电子浓度		
	$\frac{3}{2}\left(\frac{21}{14}\right)$ 相	$\frac{21}{13}\gamma$ 相	$\frac{7}{4}\left(\frac{21}{12}\right)\varepsilon$ 相
	晶 体 结 构		
	体 心 立 方 晶 格	复 杂 立 方 晶 格	密 排 六 方 晶 格
Gu - Zn	GuZn	Gu_5Zn_8	$GuZn_3$
Gu - Sn	Gu_5Sn	$Gu_{31}Sn_8$	Gu_3Sn
Gu - Al	Gu_3Al	Gu_9Al_4	Gu_5Al_3
Gu - Si	Gu_5Si	Gu_31Si_8	Gu_3Si
Fe - Al	FeAl		
Ni - Al	NiAl		

电子化合物虽然可用化学式表示,但实际上它是一个成分可变的相,在电子化合物的基础上可以再溶解一定量的组元,形成以该化合物为基的固溶体,如在 $Cu - Zn$ 合金中,β 相的含 Zn 量可在 36.8% 到 56.5% 的范围内变动。

(3) 间隙化合物。间隙化合物一般是由原子直径较大的过渡族金属元素(Fe、Cr、Mo、W、V 等)和原子直径较小的非金属元素(C、N、B、H 等)所组成。

根据晶体结构特点,间隙化合物又可分成简单结构的间隙化合物和复杂结构的化合物两类:

① 简单结构的间隙化合物。当非金属原子半径与金属原子半径之比小于 0.59 时,形

成的间隙化合物,具有体心立方、面心立方等简单晶格,称为间隙化合物,又称为间隙相。具有简单结构的间隙化合物有 VC、WC、TiC 等。图 2-4 是 VC 的晶格示意图。VC 为面心立方晶格,V 原子占据晶格的正常位置,而 C 原子则规则地分布在晶格的空隙之中。

　　② 具有复杂结构的间隙化合物。当非金属原子半径与金属原子半径之比大于 0.59 时,形成的间隙化合物,具有十分复杂的晶体结构,如 Fe_3C、$Cr_{23}C_5$、Cr_7C_3、Fe_4W_2C 等。图 2-5 是 Fe_3C 的晶格结构,碳原子构成一个正交晶格(即三个轴间夹角 $\alpha = \beta = \gamma = 90°$,三个晶格常数 $a \neq b \neq c$),在每个碳原子周围都有六个铁原子构成八面体,各个八面体的轴彼此倾斜一角度,每个八面体内都有一个碳原子,每个铁原子为两个八面体所共有。故 Fe_3C 中 Fe 与 C 原子数的比例为:

$$\frac{Fe}{C} = \frac{\frac{1}{2} \times 6}{1} = \frac{3}{1} = 3$$

因此可用 Fe_3C 这一化学式表示。Fe_3C 又称为渗碳体。

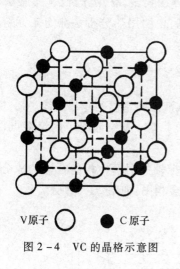

V原子 ○　　● C原子

图 2-4　VC 的晶格示意图

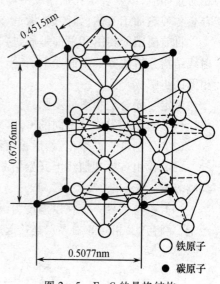

○ 铁原子
● 碳原子

图 2-5　Fe_3C 的晶格结构

2. 金属化合物的性能

　　由于金属化合物一般具有复杂的化合键和晶格结构,因而其熔点高且硬而脆。合金中的金属化合物使合金的强度、硬度和耐磨性提高,但会降低塑性和韧性。因此,它是碳钢、合金钢、硬质合金和许多有色合金的重要强化相。与固溶体适当配合,可以满足材料所需要的性能要求。如碳钢中的 Fe_3C、工具钢中的 VC、高速钢中的 W_2C、硬质合金中的 WC 和 TiC 等,提高了材料的强度、硬度、耐磨性和热硬性等。

2.1.3　二元合金相图的建立

　　合金结晶后得到何种组织与合金的成分、结晶过程等因素有关。不同成分的合金,在不同的温度条件下,得到的合金组织不同。可以是单相的固溶体或化合物,也可以是由几种不同的固溶体或由固溶体和化合物组成的多相组织。与纯金属的结晶相比,合金的结晶有如下特点：一是合金的结晶在很多情况下是在一个温度范围内完成的；另一个特点是合金的结晶不仅会发生晶体结构的变化，还会伴有成分的变化。

在下面的讨论中将用到以下这些概念：

组元：组成合金的最简单、最基本、能独立存在的物质称为组元。元素是组元。此外，在所研究问题范围内既不分解也不发生任何化学反应的稳定的化合物也是组元。

合金系：由两个或两个以上的组元按不同比例配制成的一系列不同成分的合金，称为合金系。

相图：表示合金系在平衡条件下，合金的状态与成分、温度之间相互关系的图形。所谓平衡，也称为相平衡，是指合金在相变过程中，原子能充分扩散，各相的成分相对质量保持稳定，不随时间改变的状态。在实际的加热或冷却过程中，控制十分缓慢的加热或冷却速度，就可以认为是接近了相平衡条件。

利用相图可以表示不同成分的合金、在不同的温度下，由哪些相组成、相的成分和相的相对量如何，以及合金在加热或冷却过程中可能发生的转变等。在生产实践中相图是制订合金各种热加工工艺，如铸造、锻造、焊接、热处理等工艺规范的重要依据。

目前使用的相图几乎都是通过实验测定的。实验的方法很多，有热分析法、膨胀法、X射线结构分析法等。下面以 Cu－Ni 合金相图的建立为例，说明用热分析法测定二元合金相图的步骤。

测定二元合金相图的步骤：

（1）配制几组成分不同的 Cu－Ni 合金。

（2）分别将它们熔化，然后极缓慢冷却，同时测定其从液态到室温的冷却曲线。

（3）找出各冷却曲线上开始结晶的温度点 TNi、1、2、3、4、TCu 及结晶终了的温度点（称为临界点）T_{Ni}、1′、2′、3′、4′、T_{Cu}；

（4）将各临界点标在以温度为纵坐标，以成分为横坐标轴的图形中相应合金的成分垂线上，并将意义相同的临界点连接起来，即得到 Cu－Ni 合金相图，如图 2－6 所示。

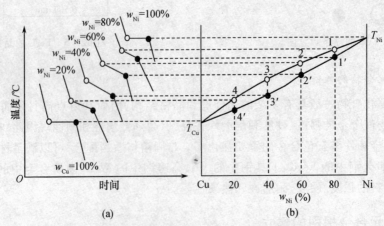

图 2－6　用热分析法建立 Cu－Ni 合金相图

图 2－6 中，纯铜和纯镍的冷却曲线上各有一水平线段，表明纯金属都是在恒温条件下结晶的。在固溶体合金的冷却曲线上没有水平线段，而是一段倾斜线段，相的两个转折点分

别表示开始结晶温度点 1、2、3、4 及结晶终了温度点 1′、2′、3′、4′,表明固溶体合金是在一定温度范围内通过不断降温完成结晶过程的。

在图 2 - 7 所示的 Cu - Ni 相图中,开始结晶温度点的连线称液相线,表示不同成分的 Cu - Ni 合金开始结晶的温度,结晶终了温度点连线称固相线,表示不同成分合金结晶终了的温度。

下面对几类最基本的二元合金相图进行分析。

1. 匀晶相图

组成二元合金的两组元在液态和固态均能无限互溶的合金系所形成的相图称二元匀晶相图。例如,Cu - Ni、Ag - Au、Fe - Cr、Fe - Ni、Cr - Mo、Mo - W 合金的相图都属于这类相图。下面以 Cu - Ni 合金相图为例分析这类相图的图形及结晶过程特点。

(1) 相图分析。

Cu - Ni 相图如图 2 - 7 所示。t_A 点为 Cu 的熔点(1083℃)、t_B 点为 Ni 的熔点(1452℃)。匀晶相图的图形较简单,只有两条曲线,即液相线 Al_1B,表示合金开始结晶温度,和固相线 $A\alpha_4B$ 表示合金结晶终了温度。液相线代表各种成分的合金在缓慢冷却时开始结晶的温度,或是在缓慢加热时合金熔化终了的温度。固相线则代表各种成分的合金冷却时结晶的终了温度,或加热时开始熔化的温度。两条线将相图分隔成三个相区,液相线以上是液相区(L),在液相区内各种成分的合金均为液态;固相线以下是单相 α 固溶体区 α,在此区域内各种成分的合金呈单相 α 固溶体状态;液、固两线之间是 L、α 两相并存区(L + α),在此区域内各种成分的合金正在进行结晶,由液相中结晶出 α 固溶体。其中,L 是铜与镍两组元形成的均匀的液相,α 则是铜与镍在固态下互溶形成的固溶体。

如果两组元之间能形成无限互溶,则由它们组成的二元合金均具有匀晶相图。

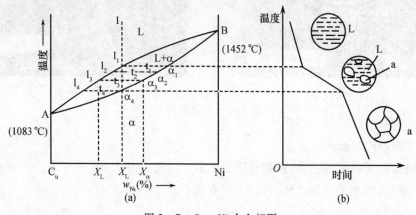

图 2 - 7　Cu - Ni 合金相图

(2)合金的平衡结晶过程。

形成匀晶相图的合金,结晶时都是从液相中结晶出单相固溶体,其转变可用 L⇌α,表示,从图 2 - 7 图中可看出,合金自液态缓冷至 1 点温度时,开始从 L 相中结晶出 α 相。随着温度下降,α 相不断增多,L 相不断减少,与此同时两相的成分也通过原子扩散不断改变,L 相成分沿液相线变化,α 相成分则沿固相线变化。如图 2 - 7 所示,t_1 温度时 L 相成分为 l_1,

α 相的成分为 α_1，t_2 温度时 L、α 相的成分为 l_2、$\alpha_2\cdots$。当温度降至固相线温度 2 时，结晶过程结束,可得到与原合金成分完全相同的单相 α 固溶体组织。

　　(3)杠杆定律。

　　如上所述,合金在 L+α 两相区结晶体随温度的变化其 L、α 两相的成分和相对量都在不断变化。当合金处于两相区内任一温度时,L、α 相的成分及两相的相对量可按下述方法确定:

　　1)两相成分的确定。

　　如图 2－7 所示,过温度(t_1)作水平线,该线与液相线交于 l_1 点,与固相线交于 α_1 点,点 l_1 在成分轴上的投影点即为 L 相的成分,α_1 在成分轴上的投影点即为 α 相的成分。

　　由 Cu－Ni 相图可知,先结晶出的 α 相含 Ni 量较高(如图 2－7)中的 l_1,后结晶出的 α 相含 Ni 量较低(如图 2－7 所示)中的 α_4。这种在一个晶粒内部化学成分不均匀的现象称为晶内偏析,也称为枝晶偏析。图 2－8 所示为 Cu－Ni 合金的铸态显微组织,图中白色枝干为先结晶出的含 Ni 量高的部分,暗黑色即为含 Ni 量低的部分。

　　枝晶偏析会严重影响合金的性能,使合金的塑性、韧性和耐蚀性下降。采用扩散退火方法可以消除或改善合金的枝晶偏析。具体过程是将铸件加热到低于固相线 100～200℃的温度,长时间保温,使原子扩散充分进行,以达到均匀成分的目的。也可以采用先锻造后退火的方法。

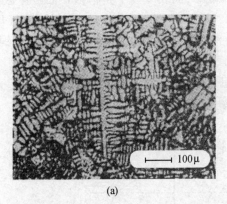
(a)

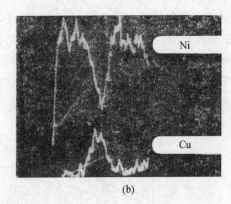
(b)

图 2－8　枝晶偏析

　　2)两平衡相相对量的确定。

　　在两相区内,对特定的温度,两相的质量比是一定值。图 2－9(b)中 w_{Ni}＝x% 成分的合金,在 T1 温度时,两相的质量之比,可用下式表达:

$$\frac{m_l}{m_a} = \frac{xc}{ax}$$

式中:m_l 为 L 相的质量;m_a 为相反质量;xc、ax 为线段长度。

　　质量相对量 w_l、w_a 可由式下计算:

$$w_L = \frac{xc}{ac} \times 100\%$$

$$w_a = \frac{ax}{ac} \times 100\%$$

杠杆定律是适合于相图中的两相区,并只能在平衡状态下使用。

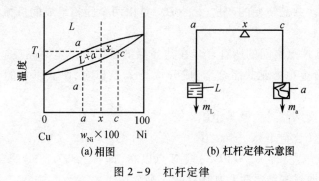

(a) 相图   (b) 杠杆定律示意图

图 2 - 9   杠杆定律

2. 共晶相图

组成合金的两组元在液态时无限互溶,固态时有限互溶,结晶时发生共晶转变的合金系所形成的二元合金相图称为共晶相图。例如,Pb – Sn、Pb – Sb、Ag – Cu、Al – Si 合金相图均属于这类相图。下面以 Pb – Sb 合金相图为例分析其图形及结晶过程特点。

(1) 相图分析。

1) 图中的点和线。

Pb – Sb 相图如图 2 – 10 所示。t_A 为 Pb 的熔点,t_B 为 Sn 的熔点,E 点为共晶点。$t_A Et_B$ 为液相线,$t_A MENt_B$ 为固相线、MEN 线为共晶线、MF 为 Sn 在 Pb 中的溶解度曲线,NG 为 Pb 在 Sn 中的溶解度曲线,这两条曲线也称为固溶线。

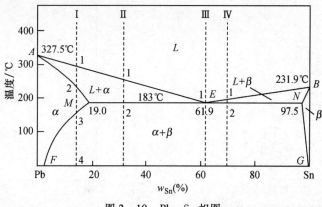

图 2 – 10   Pb – Sn 相图

Pb – Sn 合金系有三个基本相,L 是 Pb 与 Sn 两组元形成的均匀的液相,α 是 Sn 溶于 Pb 的固溶体,β 是 Pb 溶于 Sn 的固溶体。

相图中有三个单相区,即 L、α、β 相区。在这些单相区之间,相应的有三个两相区,即 $L + α$、$L + β$、$α + β$ 相区。在三个两相区之间有一根水平线 MEN,是 $L + α + β$ 三相并存区。

2) 共晶反应。

成分位于(E)点的合金,在温度达到水平线 MEN 所对应的温度($t_E = 183℃$)时,将同时结晶出成分为 M 点的 α 相及成分为 N 点的 β 相。其转变式为:

$$L_E \xrightarrow[\text{恒温183℃}]{} α_M + β_N$$

这种在一定温度下,由一定成分的液相同时结晶出一定成分的两个固相的转变过程,称为共晶转变或共晶反应。共晶转变的产物($\alpha_M + \beta_N$)是由两个固相组成的机械混合物,称为共晶组织。

成分在 M 点至 N 点之间的所有合金在共晶温度时都要发生共晶反应。成分位于 E 点以左,M 点以右的合金称为亚共晶合金,成分位于 E 点以右,N 点以左的合金,称为过共晶合金。

(2) 合金的平衡结晶过程及其组织。

1) 固溶体合金(合金 I)。

成分位于 M 点以左(即 $w_{Sn} \leqslant 19\%$)或 N 点以右(即 $w_{Sn} \geqslant 97.5\%$)的合金称为固溶体合金。合金 I 的冷却曲线和结晶过程如图 2 - 11 所示。

液态合金缓冷至温度 1,开始从 L 相中结果出 α 固溶体。随温度的降低,液相的数量不断减少,α 固溶体的数量不断增加,至温度 2 合金全部结晶成 α 固溶体。温度 2 ~ 3 范围内合金无任何转变,这是匀晶转变过程。冷却至温度 3 时,Sn 在 α 中的溶解度减小,从 α 中析出 β 是二次相(β_{II})。A 成分沿固溶线 MF 变化,这一过程一直进行至室温,所以合金 I 的室温平衡组织为($\alpha + \beta_I$)。

2) 共晶合金(合金 II)。

成分为 $w_{Sn} = 61.9\%$ 的合金 II 即为共晶合金,其冷却曲线和结晶过程如图 2 - 12 所示。合金缓冷至温度 1(即 $t_E = 183℃$)时,发生共晶转变,在恒温下进行,所以冷却曲线上相应温度出现一水平线段。

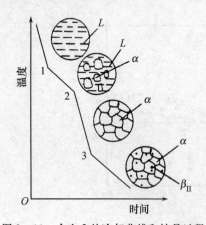

图 2 - 11　合金 I 的冷却曲线和结晶过程

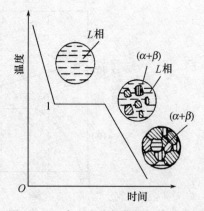

图 2 - 12　合金 II 冷却曲线和结晶过程

共晶转变完成后合金全部成为共晶组织($\alpha_M + \beta_N$)。继续冷却,随着温度下降 α、β 相的成分将分别沿固溶度曲线 MF、NG 变化,α 将析出 β_{II},β 相则析出 α_{II}。由于 α_{II}、β_{II} 与共晶组织中的 α、β 连接在一起且量小难以分辨,所以共晶组织的二次析出一般可忽略不计。故共晶合金的室温平衡组织为共晶组织($\alpha + \beta$)。其组织组成物只有 1 个,即共晶体,相组成物有两个,即 α 相和 β 相。

3) 亚共晶合金(合金 III)。

成分位于 M、E 点之间(即 $w_{Sn} = 19\%$ ~ 61.9% 之间)的合金即为亚共晶合金,现以 $w_{Sn} = 50\%$ 的合金 III 为例,分析亚共晶合金的结晶过程及其组织。

合金Ⅲ的冷却曲线及结晶过程如图 2-14 所示。液态合金缓冷至温度 1 时开始从液相中结晶出初生的 α 固溶体。随着温度下降 α 相不断增加,温度 1~2 范围内的结晶过程与合金 Ⅰ 的匀晶转变完全相同。L 相不断减少,α 的成分沿固相线 AM 变化,L 的成分沿液相线 AE 变化;冷至温度 2(即 t_E =183℃)时,α 相为 M 点处成分,L 相则为 E 点处成分。液相 t_E 发生共晶转变形成共晶组织 $(\alpha+\beta)$,α_M 固溶体保持不变。所以合金在共晶转变刚结束时,其组织为 $\alpha_M+(\alpha_M+\beta_N)$。

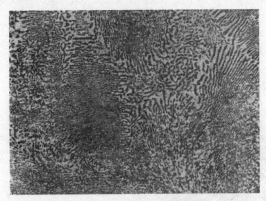

图 2-13 共晶合金的显微组织

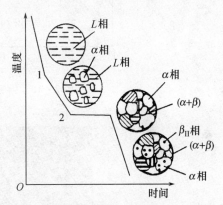

图 2-14 合金Ⅲ冷却曲线和结晶过程

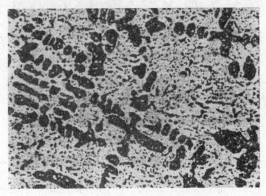

图 2-15 亚共晶合金的显微组织

从共晶温度继续冷却时,α_M、β_N 将分别析出 β_I、α_{II},共晶组织的二次析出如前所述可忽略不计。所以,合金Ⅲ冷却至室温时其平衡组织为 $\alpha+(\alpha+\beta)+\beta_I$。图 2-16 为标明组织组成物的 Pb-Sn 相图。

4) 过共晶合金(合金Ⅳ)。

成分位于 E、N 点之间(即 w_{Sn} =61.9% ~97.5% 之间)的合金为过共晶合金,其结晶过程与亚共晶合金相似,不同的是初生相是 β 固溶体,二次相是 α_{II}。所以,合金Ⅳ的室温平衡组织为 $\beta+\alpha_{II}+(\alpha+\beta)$,其组织组成物有三,即 β、$\alpha_{II}$、$(\alpha+\beta)$,相组成物仍为两种,即 α 相、β 相。显微组织如图 2-17 所示。

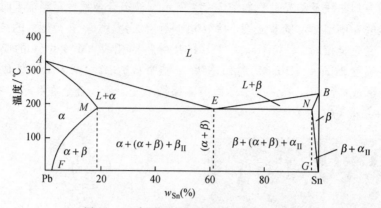

图 2 - 16　标明组织组成物的 Pb - Sn 相图

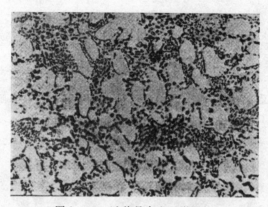

图 2 - 17　过共晶合金显微组织

2.1.4　铁碳合金

铁碳合金是以铁和碳为组元的二元合金,是机械制造中应用最广泛的金属材料。不同铁碳合金从液态缓慢冷却至室温后,会结晶成不同的平衡组织,并表现出不同的性能。

1.铁碳合金的基本组织

铁碳合金中铁和碳的结合方式为固溶体、化合物、固溶体和化合物形成的机械混合物。铁碳合金的基本组织有铁素体、奥氏体、渗碳体、珠光体、莱氏体等。

(1)铁素体。

碳溶解在 α - Fe 中形成的间隙固溶体,以符号"F"或"α"表示。铁素体中溶解碳的能力很小,最大溶解度在 727℃ 时,为 0.0218%,随着温度的降低,其溶解度逐渐减小,室温时铁素体中只能溶解 0.0008% 的碳。

铁素体的力学性能以及物理、化学性能与纯铁极相近,塑性、韧性很好($\delta = 30\%$ ~ 50%),强度、硬度很低($\sigma_b = 180 \sim 280MPa$)。

(2)奥氏体。

碳溶解在 γ - Fe 形成的间隙固溶体,以符号"A"或"γ"表示。

奥氏体的溶碳能力比铁素体大,在 1148℃时,碳在 $\gamma-Fe$ 中的最大溶解度为 2.11%,随着温度降低,其溶解度也减小,在 727℃时,为 0.77%。

奥氏体的强度、硬度低,塑性、韧性高。在铁碳合金平衡状态时,奥氏体为高温下存在的基本相,也是绝大多数钢种进行锻压、轧制等加工变形所要求的组织。

(3)渗碳体。

渗碳体是具有复杂晶格的铁与碳的间隙化合物,每个晶胞中有一个碳原子和三个铁原子。渗碳体一般以"Fe_3C"表示,其含碳量为 6.69%。

渗碳体的硬度很高,为 800HB,塑性、韧性很差,几乎等于零,所以渗碳体的性能特点是硬而脆。

渗碳体在钢与铸铁中,一般呈片状、网状或球状存在。渗碳体是钢中重要的硬化相,它的数量、形状、大小和分布对钢的性能有很大的影响。

渗碳体是一个亚稳定化合物,它在一定的条件下,可以分解而形成石墨状态的自由碳:$Fe_3C\rightarrow 3Fe+C$(石墨),这种反应在铸铁中有重要意义。

(4)珠光体。

珠光体是铁素体与渗碳体的机械混合物,用符号"P"表示。其含碳量为 0.77%。珠光体由渗碳体片和铁素体片相间组成,其性能介于铁素体和渗碳体之间,强度、硬度较好,脆性不大。

(5)莱氏体。

莱氏体是奥氏体和渗碳体的机械混合物,用符号"L_d"表示,其含碳量为 4.3%。莱氏体由含碳量为 4.3%的金属液体在 1148℃时发生共晶反应生成。在室温时变为变态莱氏体,用称号"L_d'"表示。莱氏体硬度很高,塑性很差。

2. 铁碳合金状态图

图 2-18 为铁碳合金状态图。由于当 w_C 为 6.69%时,铁与碳全部形成硬而脆的 Fe_3C,所以实际使用的铁碳合金的 w_C 一般不超过 5%。因此铁碳合金状态图只研究 $Fe-Fe_3C$ 部分。

(1)铁碳合金状态图中的各特性点的意义。

$Fe-Fe_3C$ 相图中 14 个特性点及具体意义如下:

A——纯铁的熔点。温度为 1538℃,$w_C\times 100$ 为 0。

B——包晶转变时液态合金的成分。温度为 1495℃,$w_C\times 100$ 为 0.53。

C——共晶点 $L_C\Leftrightarrow A_E+Fe_3C$。温度为 1148℃,$w_C\times 100$ 为 4.3。

D——Fe_3C 的熔点。温度为 1227℃,$w_C\times 100$ 为 6.6900。

E——碳在 $\gamma-Fe$ 中的最大溶解度。温度为 1148℃,$w_C\times 100$ 为 2.11。

F——Fe_3C 的成分。温度为 1148℃,$w_C\times 100$ 为 6.69。

G——$\alpha-Fe\Leftrightarrow\gamma-Fe$ 同素异构转变点(A3)。温度为 912℃,$w_C\times 100$ 为 0。

H——碳在 $\delta-Fe$ 中的最大溶解度。温度为 1495℃,$w_C\times 100$ 为 0.09。

J——包晶点 $L_B+\delta_H\Leftrightarrow A_J$。温度为 1495℃,$w_C\times 100$ 为 0.17。

K——Fe_3C 的成分。温度为 727℃,$w_C\times 100$ 为 6.69。

N——$\gamma-Fe\Leftrightarrow\delta-Fe$ 同素异构转变点(A_4)。温度为 1394℃,$w_C\times 100$ 为 0。

P——碳在 $\alpha-Fe$ 中的最大溶解度。温度为 727℃,$w_C\times 100$ 为 0.0218。

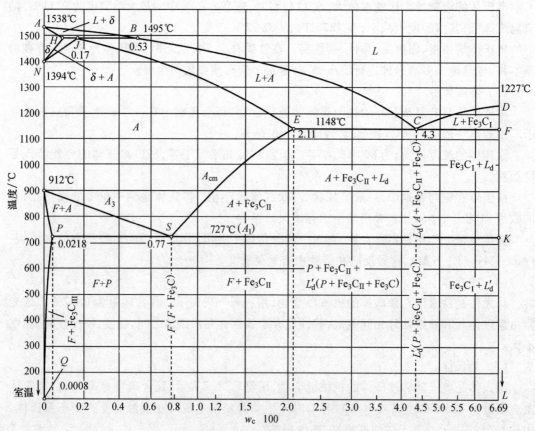

图 2 - 18　按组织分区的 Fe – Fe₃C 相图

S——共析点$(A_1)A_S \Leftrightarrow F_P + Fe_3C$。温度为 727℃ ,$w_c \times 100$ 为 0.77。

Q——600℃(或室温)时碳在 α—Fe 中的溶解度。温度为 600℃ ,$w_c \times 100$ 为 0.0057
　　(0.0008)。

(2)铁碳合金状态图中各特性线的意义。

$ABCD$ 线——液相线,此线以上合金呈液态,冷却至该线合金开始结晶。

$AHJECF$ 线——固相线,此线以下合金均呈固态,冷却至该线合金全部结晶完毕。

HJB 线——包晶线,含碳量为 0.09% ~ 0.53% 的铁铁碳合金,在 1495℃ 的恒温下均发
生包晶反应,即 $L_B + \delta_H \xrightarrow[\text{恒温}]{1495℃} A_J$。

ECF 线——共晶线,含碳量为 2.11% ~ 6.69% 的铁碳合金,在 1148℃ 的恒温下均发生
共晶反应,即 $A_C \xrightarrow[\text{恒温}]{1148℃} (A_E + Fe_3C)$。共晶反应的产物是奥氏体与渗碳体(或共晶渗碳体)
的机械混合物,称为莱氏体。用字母 L_d 表示,冷至室温的莱氏体称为变态莱氏体(或低温莱
氏体),用 L'_d 表示。

PSK 线——共析线,含碳量为 2.11% ~ 6.69% 的铁碳合金,在 727℃ 的恒温下均发生共
析反应,即 $A_S \xrightarrow[\text{恒温}]{727℃} (F_P + Fe_3C)$。共析反应的产物是铁素体与渗碳体(或共析渗碳体)的机
械混合物,称为珠光体。用字母 P 表示。PSK 线又称 A₁ 线。

ES 线——碳在奥氏体中溶解度曲线。由于在 1148℃ 时 A 中溶解碳量最大可达 2.11%,而在 727℃ 时仅为 0.77%,因此含碳量大于 0.77% 的铁碳合金自 1148℃ 至 727℃ 的过程中,均将从奥氏体中析出渗碳体。此时的渗碳体称为二次渗碳体(Fe_3C_{II})。ES 线又称 A_{cm} 线。亦即从奥氏体中开始析出 Fe_3C_{II} 的临界温度线。

PQ 线——碳在铁素体中的溶解度曲线。由于在 727℃ 时铁素体溶碳量最大可达 0.02%,而在室温时仅为 0.0008%,因此含碳量大于 0.0008% 的铁碳合金自 727℃ 冷至室温的过程中均将从铁素体中析出渗碳体,此时析出的渗碳体称为三次渗碳体(Fe_3C_{III})。PQ 线亦从铁素体中开始析出 Fe_3C_{III} 的临界温度线,由于 Fe_3C_{III} 数量极少,往往予以忽略。

GS 线——合金冷却时自奥氏体中开始析出铁素体的临界温度线,通常称为 A_3 线。

此外,CD 线是从液体中结晶出渗碳体的起始线。从液体中结晶出的渗碳体称为一次渗碳体(Fe_3C_I);GP 线是含碳量小于 0.77% 的各铁碳合金冷却时,从奥氏体中析出铁素体的终了线。

值得说明的是,本节讲述的一次渗碳体(Fe_3C_I)、二次渗碳体(Fe_3C_{II})、三次渗碳体(Fe_3C_{III})以及共晶渗碳体、共析渗碳体,它们的化学成分、晶体结构、力学性能都是一致的,并没有本质上的差异,不同的命名仅只表示它们的来源、结晶形态及在组织中分布情况有所不同而已。

(3)铁碳合金状态图中的相区。

Fe – Fe₃C 相图可划分为以下相区,即:

1)五个单相区。

ABCD 线以上的液相区(L);AHNA 线围着的 δ 固溶体相区(δ);NJESGN 线围着的奥氏体相区(A);GPQG 线围着的铁素体相区(F);DFKL 线垂线代表的渗碳体相区(Fe_3C)。

2)七个双相区。

ABHA 线围着的 L + δ 相区;JBCEJ 线围着的 L + A 相区;DCFD 线围着的 L + Fe_3C_I 相区;HJNH 线围着的 δ + A 相区;EFKSE 线围着的 A + Fe_3C 相区;GSPG 线围着的 A + F 相区;QPSKLQ 线围着的 F + Fe_3C 相区。

3)三个三相共存区。

HJB 线为 F、δ、A 三相区;ECF 线为 L、A、Fe_3C 三相区;PSK 线为 A、F、Fe_3C 三相区。

3. 铁碳合金的平衡结晶过程与组织元素

(1)铁碳合金分类。

根据铁碳合金的含碳量及组织的不同,可将其分为三类:

1)工业纯铁(w_c < 0.0218%)。

组织为铁素体和极少量的三次渗碳体。

2)钢(w_c = 0.0218% ~ 2.11%)。

根据室温组织的不同,钢又可以分为三类:

亚共析钢(w_c < 0.77%):组织是铁素体和珠光体。

共析钢(w_c = 0.77%):组织是珠光体。

过共析钢(w_c > 0.77%):组织是珠光体和二次渗碳体。

3)白口铸铁(w_c = 2.11% ~ 6.99%)。

根据室温组织的不同,白口铸铁又分为三类:

亚共晶白口铸铁($w_c < 4.3\%$):组织是珠光体、二次渗碳体和莱氏体。

共晶白口铸铁($w_c = 4.3\%$):组织是莱氏体。

过共晶白口铸铁($w_c > 4.3\%$):组织是一次渗碳体和莱氏体。

(2) 典型的铁碳合金平衡结晶过程及组织。

下面以几种典型的铁碳合金为例,分析其平衡结晶过程及组织。由于工业纯铁的实际应用较少,所以这里不分析其结晶过程。所选合金的成分如图 2-19 所示。

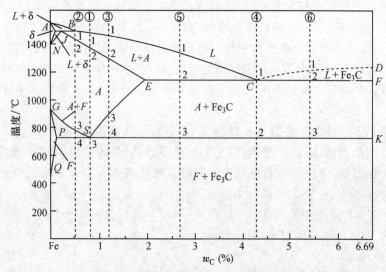

图 2-19　6 种典型的铁碳合金结晶过程分析

1) 共析钢的结晶过程分析。

图 2-19 中,合金①是共析钢,其结晶过程如图 2-20 所示。

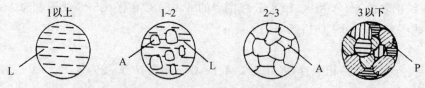

图 2-20　共析钢结晶过程示意图

合金①在温度 1 以上全部为液体,降温时,在第 1 点与第 2 点温度之间,从液相(L)中结晶出奥氏体,随着温度的不断降低,液相越来越少,奥氏体越来越多,液相的成分沿着 BC 线变化,而奥氏体的成分则沿着 JE 线变化,在第 2 点结晶完毕。第 2 点与 3 点温度之间,是奥氏体的单相冷却。当温度降到第 3 点时,奥氏体要发生共析反应:$A_{0.77} \rightleftharpoons P(F_{0.0218} + Fe_3C)$,最终奥氏体全部转变为珠光体。共析钢的显微组织见图 2-21。

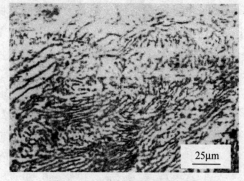

图 2-21　共析钢的显微组织

2）亚共析钢的结晶过程。

图 2-19 中的合金②是亚共析钢,共结晶过程如图 2-22 所示。

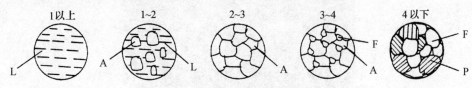

图 2-22 亚共析钢结晶过程示意图

当合金②冷却到第 1 点时,开始从液相析出奥氏体,至第 2 点时,全部转变为奥氏体。冷却到第 3 点,从奥氏体中析出铁素体,同时奥氏体相中碳浓度发生变化。到第 4 点即727℃时,奥氏体中的含碳量沿 CS 线而趋近于 S 点,其组织剩余的奥氏体相发生共析反应,转变为珠光体。

所以,亚共析钢先前析出的铁素体保持不变。室温组织为铁素体 + 珠光体。且随着含碳量的增加,珠光体量也增加。亚共析钢的显微组织如图 2-23 所示。

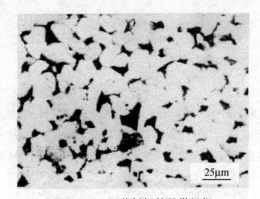

图 2-23 亚共析钢的显微组织

3）过共析钢的结晶过程。

图 2-19 中的合金③是过共析钢,其结晶过程如图 2-24 所示。

合金③冷却到 1 点时,从液相结晶出奥氏体,在 2 点凝固完毕,形成单相奥氏体。冷却到第 3 点时,开始从奥氏体中沿晶界析出网状分布的二次渗碳体(Fe_3C_{II}),呈网状包围奥氏体晶粒。冷却到第 4 点时,奥氏体中碳的质量分数降为 0.77%,于是发生共析转变;$A_{0.77} \rightleftharpoons P(F_{0.0218} + Fe_3C)$,形成珠光体。

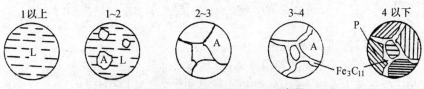

图 2-24 过共析钢结晶过程示意图

过共析钢室温组织为二次渗碳体 + 珠光体。过共析钢的显微组织如图 2-25 所示。

4）共晶白口铸铁的结晶过程。

图 2-19 中的合金④是共晶白口铸铁,其结晶过程如图 2-26 所示。

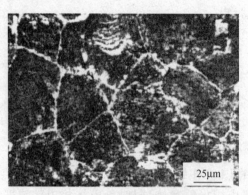

图 2 – 25　过共析钢的显微组织

图 2 – 26　共晶白口铸铁结晶过程示意图

合金④在 1 点发生共晶反应 $L_{4.3} \rightleftharpoons A_{2.11} + Fe_3C$，形成莱氏体 L_d，即由奥氏体和渗碳体组成的共晶体，在 1 ~ 2 点区间，共晶奥氏体会析出二次渗碳体，到第三阶段点即 727℃ 时，剩余的奥氏体会发生共析反应，转变为珠光体。室温下，共晶白口铸铁的组织是珠光体和共晶渗碳体的混合物，通常把它称为"低温莱氏体"或"变态莱氏体"，以"L_d'"表示。

所以，共晶白口铁的室温组织为低温莱氏体。共晶白口铸铁的显微组织如图 2 – 27 所示。

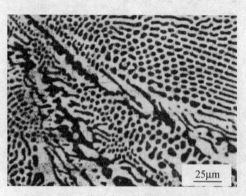

图 2 – 27　共晶白口铸铁的显微组织

5）亚共晶白口铸铁的结晶过程。

图 2 – 19 中的合金⑤是亚共晶白口铸铁，其结晶过程如图 2 – 28 所示。

合金⑤从冷却至 1 点时，开始从液相中结晶出"先共晶奥氏体"。随温度的降低，奥氏体不断增多，到第 2 点(1148℃)时，液相中 w_C 为 4.3%，发生共晶反应：$L_{4.3} \rightleftharpoons A_{2.11} + Fe_3C$，形成莱氏体，而先共晶奥氏体保持不变。继续冷却，先共晶奥氏体和共晶奥氏体都析出二次渗碳体，奥氏体的含碳量沿 ES 线逐渐降低，到第 3 点(727℃)时，w_C 降为 0.77%，发生共析转变：$A_{0.77} \rightleftharpoons P(F_{0.0218} + Fe_3C)$，生成珠光体，此时，$L_d$ 转变为 L_d'。

图 2 - 28　亚共晶白口铸铁结晶过程示意图

所以,亚共晶白口铸铁的室温组织为珠光体 + 二次渗碳体 + 低温莱氏体。亚共晶白口铸铁的显微组织如图 2 - 29 所示。

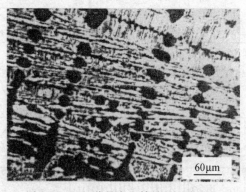

图 2 - 29　亚共晶白口铸铁的显微组织

6)过共晶白口铸铁的结晶过程。

图 2 - 19 中的合金⑥是过共晶白口铸铁,共结晶过程如图 2 - 30 所示。

图 2 - 30　过共晶白口铸铁结晶过程示意图

合金⑥冷至 1 点时,开始从液相中结晶出先共晶渗碳体,也叫一次渗碳体(Fe_3C_I),一次渗碳体呈粗大片状,在合金继续冷却的过程中不再发生变化。当温度继续下降到 2 点时,剩余液相 w_C 达到 4.3%,这时发生共晶转变,转变为莱氏体。过共晶白口铸铁的室温组织为一次渗碳体与低温莱氏体。过共晶白口铸铁的显微组织如图 2 - 31 所示。

4. 含碳量对铁碳合金组织和性能的影响

(1)含碳量对铁碳合金平衡组织的影响。

根据上述对结晶过程的分析,在常温下铁

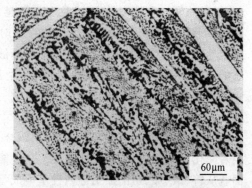

图 2 - 31　过共晶白口铸铁的显微组织

碳合金的平衡组织与含碳量的关系见表 2 - 2。

表 2 - 2　常温下铁碳合金的平衡组织

合 金 名 称	$w_C(\%)$	室 温 平 衡 组 织
工业纯铁	< 0.0218	$F + Fe_3C_{III}$（少量）
亚共析钢	0.0218 ~ 0.77	$F + P$
共析钢	0.77	P
过共析钢	0.77 ~ 2.11	$P + Fe_3C_{II}$
亚共晶白口铸铁	2.11 ~ 4.3	$P + Fe_3C_{II} + L'_d$
共晶白口铸铁	4.3	L'_d
过共晶白口铸铁	4.3 ~ 6.69	$L'_d + Fe_3C_I$

按杠杆定律计算,可总结出含碳量与铁碳合金室温时的组织组成物和相组成物间的定量关系如图 2 - 32 所示。

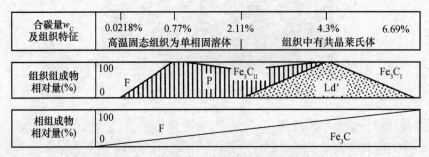

图 2 - 32　铁碳合金的含碳量与组织的关系

（2）含碳量对力学性能的影响。

铁碳合金的力学性能受含碳量的影响很大,含碳量的多少直接决定着铁碳合金中铁素体和渗碳体的相对比例。含碳量越高,渗碳体的相对量越多。由于铁素体是软韧相,而渗碳体是硬脆的强化相,所以渗碳体含量越多,分布越均匀,材料的硬度和强度越高,塑性和韧性越低。但当渗碳体以网状形态分布在晶界或作为基体存在时,会使铁碳合金的塑性和韧性大为下降,且强度也随之降低,这就是平衡状态的过共析钢和白口铸铁脆性高的原因。图 2 - 33 所示为含碳量对钢的力学性能的影响。

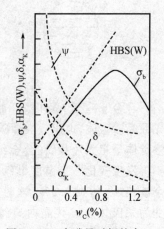

图 2 - 33　含碳量对钢的力
学性能的影响

（3）含碳量对工艺性能的影响。

如前所述,随着含碳量的变化,铁碳合金的组织也在发生着变化,不同组织的铁碳合金其工艺性能也有所不同,下面就从铸、锻、焊、切削加工等四种基本成型工艺方面分别来看含碳量对工艺性能的影响。

1）铸造性。

铸铁的流动性比钢好,易于铸造,特别是靠近共晶成分的铸铁,其结晶温度低,流动性好,铸造性能最好。从相图上看,结晶温度越高,结晶温度区间越大,越容易形成分散缩孔和偏析,铸造性能越差。

2)可锻性。

低碳钢比高碳钢好。由于钢加热呈单相奥氏体状态时,塑性好、强度低,便于塑性变形,所以一般锻造都是在奥氏体状态下进行。

3)可焊性。

含碳量越低,钢的焊接性能越好,所以低碳钢比高碳钢更容易焊接。

4)切削加工性。

含碳量过高或过低,都会降低其切削加工性能。一般认为中碳钢的塑性比较适中,硬度在 160~230HB 时,切削加工性能最好。

思 考 题

1.何谓间隙固溶体?形成固溶体时有哪几种晶格畸变?

2.金属化合物可分为几类?试比较它们之间的差别。

3.什么是共晶反应?什么是共析反应?两者的特点和区别是什么?

4.合金的平衡结晶过程及其组织是什么?

5.何谓合金?它为什么比纯金属的应用广泛?

6.枝晶偏析对合金性能的影响?如何改善或消除枝晶偏析?

7.何谓铁素体、奥氏体、渗碳体、珠光体、马氏体、贝氏体、莱氏体和变态莱氏体?分别写出它们的符号及性能特点。

8.绘制铁碳合金状态图并简述图中各特性线的名称和相关组织。

9.根据铁碳合金状态图写出有关相区。

10.根据 $Fe-Fe_3C$ 相图,说明下列现象的原因:

(1)低碳钢具有较好的塑性,而高碳钢具有较好的耐磨性。

(2)钢中含碳量一般不超过 1.35%。

(3)钢适宜锻压成型,而铸铁不能锻压,只能铸造成型。

(4)含碳量为 0.45% 的碳钢要加热到 1200℃ 开始锻造,冷却到 800℃ 应停止锻造。

11."高碳钢的质量比低碳钢好",这种说法对吗?碳钢的质量好坏主要按照什么标准来确定?为什么?

12.含碳量对金属材料的力学性能和工艺性能有何影响?

第3章 常用金属材料

在机械工程中常用的金属材料有碳素钢、合金钢、铸铁和有色金属。

3.1 碳 素 钢

碳素钢(简称碳钢)是指碳的质量分数 w_C 为 0.0218% ~2.11% 的铁碳合金。碳钢具有较好的力学性能和工艺性能,产量大、价格较低,在机械工程中应用十分广泛。碳钢的主要不足之处为淬透性较低、回火抗力较差和屈强比低等。工程中应用的碳钢除含有 Fe、C 两组元外,还含有 P、S、Si、Mn 及微量的 H、O、N 元素。这些元素称为杂质元素,对钢的性能有一定的影响。

3.1.1 碳钢的分类

碳钢常用的分类方法有按含碳量分类、按钢的质量分类以及按质量和用途分类等几种。

(1)按含碳量分
$$\begin{cases} 低碳钢 \ w_C \leqslant 0.25\% \\ 中碳钢 \ 0.25\% \leqslant w_C \leqslant 0.6\% \\ 高碳钢 \ w_C > 0.6\% \end{cases}$$

(2)按钢的质量分
$$\begin{cases} 普通碳素钢 \ w_P \leqslant 0.045\% ; w_S \leqslant 0.055\% \\ 优质碳素钢 \ w_P \leqslant 0.040\% ; w_S \leqslant 0.040\% \\ 高级优质碳素钢 \ w_P \leqslant 0.035\% ; w_S \leqslant 0.030\% \end{cases}$$

生产中转炉和平炉只能冶炼前两类钢,电炉才能冶炼高级优质碳素钢。

(3)按质量和用途分
$$\begin{cases} 普通碳素结构钢—用于制造桥梁、船舶、建筑等工程构件 \\ 优质碳素结构钢—用于制造齿轮、弹簧、轴类等机械零件 \\ 高级优质碳素结构钢—用于制造刃具、量具、模具等工具 \end{cases}$$

3.1.2 碳钢的牌号及应用

我国的钢材编号是采用国际化学元素符号和汉语拼音字母并用的原则。

1. 普通碳素结构钢

这类钢主要保证力学性能。普通碳素结构钢的牌号以"Q + 数字 + 字母 + 字母"表示。其中,"Q"字是屈服点"屈"字的汉语拼音字首,数字表示屈服点值。

数字后标注字母 A、B、C、D,表示钢材质量等级不同,从 A 到 D 含磷、硫量的依次降低,A 级质量最差,D 级质量最好。

若为沸腾钢则在钢号后加"F",半镇静钢在钢号后加"b",镇静钢则不加任何字母。例如：Q235AF 即表示屈服点值为 235MPa 的 A 级沸腾钢。表 3－1 及表 3－2 列出了普通碳素结构钢的牌号、力学性能及化学成分。

表 3－1　普通碳素结构钢的力学性能

牌号	等级	拉伸试验													冲击试验	
		σ_s/MPa						抗拉强度 σ_b/MPa	δ_5/MPa						温度/℃	V 型冲击动（纵向）A_K/J
		钢材厚度（直径）/mm							钢材厚度（直径）/mm							
		≤16	>16~40	>40~60	>60~100	>100~150	>150		≤16	>16~40	>40~60	>60~100	>100~150	>150		
		不小于							不小于							不小于
Q195	—	(195)	(185)	—	—	—	—	315~390	33	32	—	—	—	—	—	—
Q215	A	215	205	195	185	175	165	335~410	31	30	29	28	27	26	—	—
	B														20	27
Q235	A	235	225	215	205	195	185	275~460	26	25	24	23	22	21	—	—
	B														20	27
	C														0	
	D														—20	
Q255	A	255	245	235	225	215	205	410~510	24	23	22	21	20	19	—	—
	B														20	27
Q275	—	275	265	255	245	235	225	490~610	20	19	18	17	16	15		

表 3－2　普通碳素结构钢的成分

牌号	等级	化学成分 $w_C \times 100$					脱氧方法
		C	Mn	Si	S	P	
					不小于		
Q195	—	0.06~0.12	0.25~0.50	0.30	0.050	0.045	F、B、Z
Q215	A	0.09~0.15	0.25~0.55	0.30	0.050	0.045	F、B、Z
	B				0.045		
Q235	A	0.14~0.22	0.30~0.65①	0.30	0.050	0.045	F、B、Z
	B	0.12~0.20	0.30~0.70②		0.045		
	C	≤0.18	.35~0.80		0.040	0.040	Z
	D	≤0.17			0.035	0.035	TZ
Q255	A	0.18~0.28	0.40~0.70	0.30	0.050	0.045	Z
	B				0.045		
Q275	—	0.28~0.38	0.50~0.80	0.35	0.050	0.045	Z

普通碳素结构钢一般在钢厂供应状态下（即热轧状态）直接使用。通常 Q195、Q214 钢的含碳量低，焊接性能好，塑性、韧性好，易于加工，有一定的强度，常用于制造普通铆钉、螺钉、螺母等零件和轧制成薄板、钢筋等，用于桥梁、建筑、农业机械等结构。Q255、Q275 钢具有较高的强度，塑性、韧性较好，可进行焊接，并轧制成工字钢、槽钢、角钢、条钢和钢板及其他型钢作结构件以及制造简单的机械的连杆、齿轮、联轴节和销子等零件。Q235 既有较高的塑性又有适中的强度，成为一种应用最广的普通碳素结构钢。即可用作较重要的建筑构件，又可用于制作一般的机器零件。

2. 优质碳素结构钢

这类钢必须同时保证化学成分和力学性能，而且比普通碳素结构钢的规定较严格。其硫、磷的含量较低，均控制在 0.01% 以下。非金属夹杂物也较少，质量级别较高。

优质碳素结构钢的牌号是采用两位数字表示钢中平均碳质量分数的万倍。例如 45 钢中平均碳的质量分数 w_c 为 0.45% ；08 钢表示钢中平均碳的质量分数 w_c 为 0.08%。这类钢按含锰量不同，分为普通含锰量（0.35% ~ 0.8%）和较高含锰量（0.7% ~ 1.2%）两组。含锰量较高的一组，在钢号后加"Mn"。若为沸腾钢，则在数字后加"F"，如 08F 为含碳量为0.08% 的沸腾钢。

这类钢随钢号的数字增加，含碳量增加，组织中的珠光体量增加，铁素体量减少。因此，钢的强度也随之增加，而塑性指标随之降低。

优质碳素结构钢一般都要经过热处理以提高力学性能。根据碳的含量不同，有不同的用途，主要用于制造机器零件。08、08F、10 钢，塑性、韧性高，具有优良的冷成型性能和焊接性能，常冷轧成薄板，用于制作仪器仪表外壳、汽车和拖拉机上的冷冲压件，如汽车车身、拖拉机驾驶室等。15、20、25 钢属低碳钢，也有良好的冷冲压性和焊接性，常用来做冲压件和焊接件，也可以用来渗碳，经过渗碳和随后热处理后使得表面硬而耐磨，心部具有良好的韧性，从而可用于制造表面要求耐磨并能承受冲击载荷的零件，如齿轮、活塞销、样板等。30、35、40、45、50 钢属中碳钢，这几种钢经调质处理（淬火 + 高温回火）后，可获得良好的综合力学性能，即具有较高的强度和较高的塑性、韧性，主要用于制造齿轮、轴类等零件。其中由于45 钢的强度和塑性配合地好，因此成为机械制造业中应用最广泛的钢种。例如 40、45 钢常用于制造汽车、拖拉机的曲轴、连杆、一般机床齿轮和其他受力不大的轴类零件。55、60、65钢热处理（淬火 + 中温回火）后具有高的弹性极限，常用于制作负荷不大、尺寸较小（截面尺寸小于 12 ~ 15mm）的弹簧，如调压、调速弹簧、测力弹簧、冷卷弹簧，和钢丝绳等。优质碳素结构钢的力学性能列于表 3 - 3 中。

表 3 - 3　优质碳素结构钢的力学性能

牌号	试样毛坯尺寸/mm	推荐热处理温度/℃			力学性能					钢材交货状态下的硬度（HB）	
		正火	淬火	回火	σ_b ×100	σ_s ×100	δ_s ×100	Ψ ×100	A_k/J	不小于	
					不小于					未热处理	退火钢
08F	25	930	–	–	295	175	35	60	–	131	–
10F	25	930	–	–	315	185	33	55	–	137	–
08	25	930	–	–	325	195	33	60	–	131	–
10	25	930	–	–	335	205	31	55	–	137	–
15	25	920	–	–	375	225	27	55	–	143	–
20	25	910	–	–	410	245	25	55	–	156	–
25	25	900	870	600	450	275	23	50	71	170	–
30	25	880	860	600	490	295	21	50	63	179	–
35	25	870	850	600	530	315	20	45	55	197	–
40	25	860	840	600	570	335	19	45	47	217	187
45	25	850	840	600	600	355	16	40	39	229	197

（续表）

牌号	试样毛坯尺寸/mm	推荐热处理温度/℃			力学性能					钢材交货状态下的硬度（HB）	
		正火	淬火	回火	σ_b ×100	σ_s ×100	δ_s ×100	Ψ ×100	A_k/J	不小于	
					不小于					未热处理	退火钢
50	25	830	830	600	630	375	14	40	31	241	207
55	25	820	820	600	645	380	13	35	–	255	217
60	25	810	–	–	675	400	12	35	–	255	229
65	25	810	–	–	695	410	10	30	–	255	229

注：表中数据摘自 GB699—88。

3. 碳素工具钢

碳素工具钢含碳量为 0.65% ～ 1.35%，Si≤0.35%，Mn≤0.4%，硫、磷的含量是优质钢的含量范围（S≤0.03%，P≤0.035%）。碳素工具钢的牌号以"T + 数字 + 字母"表示，钢号前面的"T"表示碳素工具钢，其后的数字表示以千分数表示的碳的质量分数。如 w_C = 0.8% 的碳素工具钢，其钢号为"T8"。如为高级优质碳素工具钢，则在其钢号后加"A"，例如，"T10A"。碳素工具钢经热处理（淬火 + 低温回火）后具有高硬度，用于制造尺寸较小、要求耐磨性好的量具、刃具、模具等。这类钢的钢号有 T7、T7A、T8、T8A、……、T13A，共 8 个钢种、16 个牌号。含碳量越高，则碳化物量越多，耐磨性就越高，但韧性越差。因此受冲击的工具应选用含碳量低的。一般冲头、凿子要选用 T7、T8 等，车刀、钻头可选用 T10，而精车刀、锉刀则选用 T12、T13 之类。常用碳素工具钢的牌号、成分、热处理和用途列于表 3 – 4 中。

表 3 – 4　常用碳素工具钢的牌号、成分、热处理和用途

钢号	化学成分 w_E ×100					热处理					用途举例
						淬火			回火		
	G	Mn	Si	S	P	温度/℃	冷却介质	硬度（HRC）（不小于）	温度/℃	硬度（HRC）（不小于）	
T7 T7A	0.65 ~ 0.74			≤0.030 ≤0.020	≤0.035 ≤0.030	800 ~ 820	水	62	180 ~ 200	60 ~ 62	制造承受震动与冲击载荷、要求较高韧性的工具，如凿子、打铁用模、各种锤子、木工工具、石钻（软岩石用）
T8 T8A	0.75 ~ 0.84	≤0.40	≤0.35	≤0.030 ≤0.020	≤0.035 ≤0.030	780 ~ 800	水	62	180 ~ 200	60 ~ 62	制造承受震动与冲击载荷、要求足够韧性和较高硬度的各种工具如简单模子、冲头、剪切金属用剪刀、木工工具、煤矿用凿等
T10 T10A	0.95 ~ 1.04			≤0.030 ≤0.020	≤0.035 ≤0.030	760 ~ 780	水，油	62	180 ~ 200	60 ~ 62	制造不受震动、在刃口上要求有少许韧性的工具如刨刀、拉丝模、冲模、丝锥、板牙、手锯锯条、卡尺等

（续表）

钢号	化学成分 $w_E \times 100$					热处理					用途举例
						淬火			回火		
	G	Mn	Si	S	P	温度/℃	冷却介质	硬度(HRC)(不小于)	温度/℃	硬度(HRC)(不小于)	
T12 T8A	0.75 ~ 0.84	≤0.40	≤0.35	≤0.030 ≤0.020	≤0.035 ≤0.030	760 ~ 780	水,油	62	180 ~ 200	60 ~ 62	制造不受突然震动、要求极高硬度和耐磨性的工具,如钻头、丝锥、锉刀、刮刀等

注:表中数据摘自 GB1296 – 86。

4. 铸钢

有些机械零件,如轧钢机机架、水轮机转子、拖拉机履带板和重载大型齿轮等,因形状复杂,难以用锻压等方法成型,用铸铁又无法满足性能要求,此时可采用铸钢件。

碳素铸钢的含碳量一般在 0.15% ~ 0.60% 范围内,含碳量过高则塑性差,易产生裂纹。碳素铸钢的牌号由"铸钢"两字的汉语拼音字首"ZG"加两组数字表示。两组数字分别表示材料的屈服强度和抗拉强度。若为焊接性能好的铸钢,则在第二组数字后加汉字"焊"的汉语拼音字首"H"。其牌号有 ZG15、ZG25、ZG35、ZG45 和 ZG55。

碳素铸钢按质量可分为 Ⅰ、Ⅱ、Ⅲ 三级。Ⅰ级为高级质量的铸件,硫、磷含量均不大于 0.04%;Ⅱ级为优质铸件,硫、磷含量均不大于 0.05%;Ⅲ级为普通质量铸件,硫、磷含量均不大于 0.06%。质量的级别应标注在铸钢牌号的后面,但Ⅲ级可以省略不注。

铸钢的化学成分和力学性能见表 3 – 5。

表 3 – 5　碳素铸钢的成分、力学性能及用途

钢号	化学成分 $w_E \times 100$			力学性能					用途举例
	C	Mn	Si	σ_s/MPa	σ_b/MPa	$\delta_5 \times 100$	$\Psi \times 100$	α_k/(kJ·m^{-2})	
ZG200 ~ 400	0.12 ~ 0.22	0.35 ~ 0.65	0.20 ~ 0.45	200	400	25	40	60	机座、变速箱壳体
ZG230 ~ 450	0.22 ~ 0.32	0.50 ~ 0.80	0.20 ~ 0.45	230	450	20	32	45	机座、锤轮、箱体
ZG270 ~ 500	0.32 ~ 0.42	0.50 ~ 0.80	0.20 ~ 0.45	270	500	16	25	35	飞轮、机架、蒸汽锤、水压机工作缸、横梁
ZG310 ~ 570	0.42 ~ 0.52	0.50 ~ 0.80	0.20 ~ 0.45	310	570	12	20	30	联轴器、汽缸、齿轮、齿轮圈
ZG340 ~ 600	0.52 ~ 0.62	0.50 ~ 0.80	0.20 ~ 0.45	340	640	10	18	20	起重运输机中齿轮、联轴器及重要的机件

注:表中数据摘自 GB11352 – 89

3.2　合　金　钢

　　碳钢具有冶炼工艺简单、易加工、价格低等优点,因而得到了广泛的应用。但碳钢所存在的强度指标偏低、淬透性较低、高温强度低、热硬性差和不具备特殊的物理化学性能等弱点使其无法满足科技发展对材料性能的更高、更全面的需要。

　　为了改善碳钢的某些性能,在碳钢中有目的地加入一种或几种金属或非金属元素冶炼成的钢称为合金钢,加入的元素称为合金元素。

3.2.1　合金钢的分类

　　已定型生产的合金钢有数千种,为了便于管理、生产和使用,必须对其进行分类编号。因此,要了解合金钢,首先应知道其分类和编号。

　　合金钢分类的方法有多种,常用的有如下几种:

　　1. 按合金元素含量分

　　合金钢可分为低合金钢(合金总含量 $w_E < 5\%$)、中合金钢(合金总含量 $w_E = 5\% \sim 10\%$)和高合金钢(合金总含量 $w_E > 10\%$)。

　　2. 按正火或铸造状态的组织类型分

　　合金钢可分为珠光体钢、马氏体钢、铁素体钢、奥氏体钢及莱氏体钢。

　　3. 按主要用途分

　　合金钢可分为三大类,即合金结构钢、合金工具钢和特殊性能钢。如下所示:

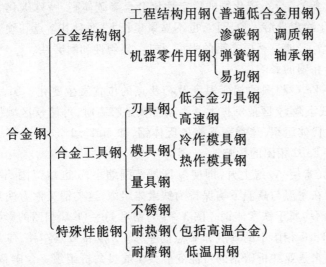

3.2.2　合金元素在钢中的作用

　　合金元素在钢中的作用很多,其主要作用表现在以下三方面:

（1）强化铁素体。

钢中与碳亲合力很弱的非碳化物形成元素,如 Si、Mn、Ni、Al、Co 等都能溶于铁素体而形成合金铁素体,引起铁素体晶格畸变,产生固溶强化,使铁素体的强度硬度提高,但塑性、韧性则呈下降趋势,如图 3-1 所示。

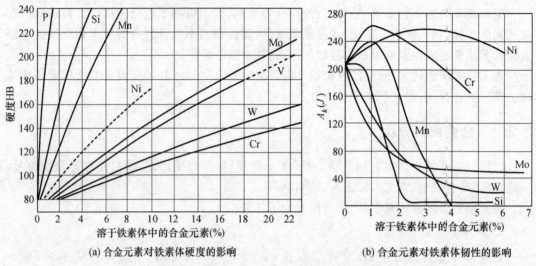

(a) 合金元素对铁素体硬度的影响　　　　　　(b) 合金元素对铁素体韧性的影响

图 3-1　合金元素对铁素体机械性能的影响

（2）形成合金渗碳体和特殊化合物。

钢中与碳亲合力较强的碳化物形成元素,如 Cr、Mo、W、V、Nb、Zr、Ti 等（按与碳亲和力由弱到强的顺序排列）在钢中能形成碳化物,也有少部分溶于铁素体。合金钢中的碳化物有合金渗碳体（如 $(Fe,Mn)_3C$、$(Fe,Cr)_3C$ 等）、合金碳化物（如 Mn_3C、Cr_7C、Fe_3W_3C 等）、特殊碳化物（如 WC、MoC、VC、TiC 等）。合金碳化物的稳定性比合金渗碳体高、特殊碳化物的稳定性最高。稳定性愈高的碳化物愈难溶入奥氏体,也不易聚集长大,而且其熔点和硬度亦愈高。随着这些碳化物数量的增多,能显著提高钢的强度、硬度、热硬性和耐磨性。

（3）合金元素对 $Fe-Fe_3C$ 相图的影响。

合金元素加入钢中,使 $Fe-Fe_3C$ 相图的相变温度及相变点的位置发生变化。Ni、Mn、Co、C、N、Cu 等合金元素使 A3 线下降,γ 区范围扩大。当其含量足够高时,可使 γ 区域扩大至室温,即在室温下也保持为奥氏体组织,这类钢又称奥氏体钢,如 Mn13、1Cr18Ni9 等均为奥氏体钢。图 3-2 是锰对 $Fe-Fe_3C$ 相图的影响。

Si、Cr、V、Ti、W、Mo 等合金元素使 A_3 线上升,即使 γ 区域范围缩小,α 区域范围 增大。当这些元素含量足够高时,可以在室温与高温下均保持为铁素体组织,这类钢又称为铁素体钢,如 Cr17、Cr25、Cr28 等不锈钢均属于铁素体钢。图 3-3 为铬对 $Fe-Fe_3C$ 相图的影响。

所有的合金元素都使 $Fe-Fe_3C$ 相图中的 S 点和 E 点向左移。S 点和 E 点左移,使共析和共晶成分中的含碳量减少,原来是亚共析碳钢的可能变成共析或过共析组织。含碳量 w_c <2.11% 的钢中出现莱氏体,例如高速钢（$w_c = 0.7\% \sim 0.8\%$）,但在铸态组织中就有莱氏体,故又称莱氏体钢。

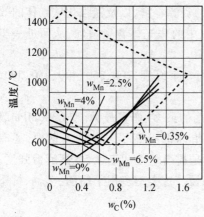

图 3 - 2　锰对 Fe - Fe₃C 相图的影响

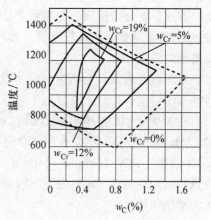

图 3 - 3　铬对 Fe - Fe₃C 相图的影响

3.2.3　合金结构钢

合金结构钢按用途可分为工程用钢和机器用钢两大类。工程用钢主要是用于各种工程结构,它们大都是用普通低合金钢制造。这类钢冶炼简便、成本低,适用于工程用钢批量大的特点,这类钢使用时一般不进行热处理。而机器制造用钢一般都经过热处理后使用,主要是用于制造机器零件,它们大都是合金结构钢制造。按其用途和热处理特点,又分为调质钢、渗碳钢、易切钢、弹簧钢、轴承钢、耐磨钢等。

1. 合金结构钢的编号

我国规定合金结构钢的编号方法为:基本组成为"两位数字 + 元素符号 + 数字 + ……",前两位数字表示平均碳质量分数的万倍($w_C \times 10000$);元素符号后面的数字为该元素平均质量分数的百倍($w_E \times 100$),当其 $w_E < 1.5\%$ 时,只标出元素符号,而不标明数字;当平均质量分数 $w_E \geq 1.5\%$、2.5%、3.5%、4.5%、…… 时,相应标注为 2、3、4、5、……,如 18Cr2Ni4W 表示平均成分为:C0.18%,Cr2%,Ni4%,$w_W < 1.5\%$;若 S、P 含量达到高级优质钢时,则在钢号后加"A",如 38CrMoAlA。

易切削钢在钢号前加"Y"字("易"字声母),如 Y12、Y40Mn,Y40CrSCa,其含碳量和合金元素含量均与结构钢编号一样,如 Y40CrSCa,表示易切削钢的成分为:$w_C = 0.4\%$,$w_{Cr} < 1.5\%$,S、Ca 为易切削元素($w_S = 0.05\% \sim 0.3\%$),一般情况下 $w_{Ca} < 0.015\%$。

滚动轴承钢的编号是在钢号前加"G"("滚"字声母),其后数字为平均含 Cr 量,以千倍($w_{Cr} \times 1000$)表示,平均碳的质量分数 $w_C \geq 1.0\%$ 时不标出,如 GCr15、GCr9 等钢中含铬的质量分数 w_{Cr} 分别为 1.5% 和 0.9%。

2. 普通低合金结构钢

普通低合金结构钢,也称普低钢,又称普通低合金高强度钢,它是在碳素结构钢的基础上,加入少量的合金元素发展起来的。普通低合金结构钢的强度较高,具有较好的韧性和塑性以及良好的焊接性能和耐蚀性。由于强度高,所以 1t 普通低合金钢可代替 $1.2 \sim 2.0 t$ 普碳钢使用,从而可减轻构件重量。

为得到较好的塑性和焊接性,普通低合金结构钢大多是低碳钢,含碳量控制在 0.2% 以下。普通低合金结构钢的主加元素是锰,其原因在于锰的资源丰富,以及锰强化铁素体的效果显著,锰能降低钢的冷脆温度。另外,加锰后还使组织中的珠光体含量增加,从而进一步提高钢的强度,

常用的普通低合金结构钢按其屈服强度的高低分为 6 个级别,300、350、400、450、500、550 ~ 650(MPa)。

在 350MPa 级中 16Mn 是个典型代表,它发展最早,用的最多、产量最大。与 300MPa 级的 12Mn 钢相比,由于 C 和 Mn 均稍有增加,所以强度指标也提高了。在这类钢中,还有 16Mn 的派生钢种,16MnRe、16MnCu 等。Re 的主要作用是提高塑性和韧性,提高疲劳强度,降低冷脆转变温度,Cu 的主要作用是通过钝化提高耐蚀性。这类钢多用于船舶、车辆、桥梁等大型钢结构。

对 400MPa 级的 15MnV、15MnTi 等,其含碳量与 16Mn 相当,但由于加入钒、铌、钛等元素,能细化晶粒、产生第二相强化,使屈服强度提高。主要用于大型结构、中压容器等。

对 450MPa 级的 15MnVN、14MnVTiRe 等,由于钒、氮、钛等元素起细化晶粒和第二相强化作用,稀土又起净化晶界作用,提高塑、韧性,因此强化效果比 15MnV、15MnTi 还好。

300 ~ 450MPa 级的普低钢均是在热轧状态下或在热轧后正火状态下使用。组织为铁素体 + 少量珠光体。

对 500MPa 级的 18MnMoNb、14MnMoVBRe 等,钢中加入钼和微量硼,推迟奥氏体冷却时珠光体转变的铁素体析出,而对贝氏体转变则影响不大,因此在正火后得到贝氏体组织。广泛用于石油化工、中温高压容器等。

对于 14CrMnMoVB,正火后得贝氏体组织,然后再高温回火,以稳定组织,消除内应力,提高塑性和韧性。这种钢适于制造 400 ~ 500℃ 的锅炉、高压容器等。

常用低合金结构钢的钢号、成分、性能与用途见表 3 - 6。

表 3 - 6　常用低合金结构钢的钢号、成分、性能与用途

钢号	化学成分 $w(\%)$				使用状态	力学性能(不小于)			用途举例
	C	Si	Mn	其他		σ_s /MPa	σ_b /MPa	δ (%)	
09MnV	≤0.12	0.2 ~ 0.6	0.8 ~ 1.2	V0.04 ~ 0.12	热轧	300	440	22	螺旋焊管、冷型钢、建筑结构
09MnNb	≤0.12	0.2 ~ 0.6	0.8 ~ 1.2	—	热轧	300	420	23	机车车辆、桥梁
16Mn	0.12 ~ 0.2	0.2 ~ 0.6	1.2 ~ 1.6		热轧	350	520	21	桥梁、船舶、车辆、压力容器、建筑
16MnCu	0.12 ~ 0.2	0.2 ~ 0.6	1.25 ~ 1.50	Cu0.2 ~ 0.35	热轧	350	520	21	同上,耐蚀性较好
15MnV	0.12 ~ 0.18	0.2 ~ 0.6	1.2 ~ 1.6	V0.05 ~ 0.12	热轧	400	540	18	高中压容器、车辆、船舶、桥梁等
15MnTi	0.12 ~ 0.18	0.2 ~ 0.6	1.2 ~ 1.6	Ti0.12 ~ 0.2	正火	400	540	19	船舶、压力容器、电站设备等

（续表）

钢号	化学成分 w（%）				使用状态	力学性能（不小于）			用途举例
	C	Si	Mn	其他		σ_s /MPa	σ_b /MPa	δ （%）	
15MnVN	0.12 ~ 0.2	0.2 ~ 0.5	1.2 ~ 1.6	V0.05 ~ 0.12 N0.102 ~ 0.02	正火	450	600	17	大型焊接结构、大型桥梁、车、船舶、液态罐等
14MnMo VBNb	0.1 ~ 0.16	0.17 ~ 0.37	1.1 ~ 1.6	V0.04 ~ 0.1 Mo0.3 ~ 0.6	正火 + 回火	500	650	16	石油装置、电站装置、高压容器
14CrMn MoVB	0.1 ~ 0.15	0.17 ~ 0.4	1.1 ~ 1.6	V0.03 ~ 0.6 Mo0.32 ~ 0.42	正火 + 回火	650	750	15	中温锅炉、高压容器等

3. 渗碳钢

用于制造渗碳零件的钢称为渗碳钢。

（1）要求。

渗碳钢常用在受冲击和磨损条件下工作的一些机械零件，如汽车、拖拉机上的变速齿轮、内燃机上的凸轮、活塞销等，要求表面硬、耐磨，而零件心部则要求有较高的韧性和强度以承受冲击。通常尺寸小、受力小的，采用低碳钢，而尺寸大、受力大的则采用低碳合金钢。

（2）渗碳钢的成分和钢种。

常用的渗碳钢钢号、热处理工艺、力学性能及用途见表 3 – 7。

表 3 – 7　常用渗碳钢的钢号、热处理工艺、力学性能及用途

类别	钢号	热处理工艺/℃				力学性能			毛坯尺寸 / mm	用途举例
		渗碳	预备热处理	淬火	回火	σ_b /MPa	σ_s /MPa	δ （%）		
低淬透性	15	930	890 ± 10 空	770 ~ 800 水	200	≥500	≥300	15	<30	活塞销、套筒等
	20Mn2	930	850 ~ 870	800 水、油	200	820	600	10	25	小齿轮、小轴、活塞销
	20Cr	930	880 水、油	800 水、油	200	850	550	10	15	齿轮、小轴、活塞销
	20MnV	930		880 水、油	200	800	600	10	15	同上，也作锅炉、高压容器管道等
	20CrV	930	880	800 水、油	200	850	600	12	15	齿轮、小轴、顶杆、活塞销、耐热垫圈

（续表）

类别	钢号	热处理工艺/℃				力学性能			毛坯尺寸/mm	用途举例
		渗碳	预备热处理	淬火	回火	σ_b/MPa	σ_s/MPa	δ(%)		
中淬透性	20MnCr	930		850 油	200	950	750	10	15	齿轮、轴、蜗杆、摩擦轮
	20MnCrTi	930	830 油	860 油	200	1100	850	10	15	汽车、拖拉机上的变速箱齿轮
	20MnTiB	930		860 油	200	1150	950	10	15	代 20CrMnTi
	20SiMnVB	930	850 ~ 880 油	780 ~ 800 油	200	≥1200	≥1000	≥10	15	代 20CrMnTi
高淬透性	18Cr2Ni4WA	930	950 空	850 空	200	1200	850	10	15	大型渗碳齿轮和轴类零件
	20Cr2Ni4A	930	880 油	780 油	200	1200	1100	10	15	同上
	15CrMn2SiMo	930	880 ~ 920 空	860 油	200	1200	900	10	15	大型渗碳齿轮、飞机齿轮

　　为了满足"外硬内韧"的要求,这类钢一般都采用低碳钢,$w_c = 0.1\% \sim 0.25\%$,经过渗碳后,零件的表面变为高碳的,而心部仍是低碳的,通过淬火 + 低温回火后使用。零件表面组织为回火马氏体 + 碳化物 + 少量残留奥氏体,硬度达 58 ~ 62HRC,满足耐磨的要求,而心部的组织则是低碳马氏体,保持较高的韧性,满足承受冲击载荷的要求。对于大尺寸的零件,由于淬透性不足,零件的心部淬不透,仍保持原来的珠光体 + 铁素体组织,这时由于是低碳的,组织中铁素体占比例很大,因而韧性指标比较高,能满足"外硬内韧"的要求。

　　这类钢使用的合金元素为铬、锰、镍、钼、钨、钛、硼、钒等。

　　按照淬透性大小,可将渗碳钢分为三类:

　　1)低淬透性渗碳钢。典型钢种为 20Cr,这类钢水淬临界直径 <25mm,渗碳淬火后,心部强韧性较低,只适于制造受冲击载荷较小的耐磨零件,如活塞销、凸轮、滑块、小齿轮等。

　　2)中淬透性渗碳钢。典型钢种为 20CrMnTi,这类钢油淬临界直径约为 25 ~ 60mm,主要用于制造承受中等载荷、要求足够冲击韧性和耐磨性的汽车、拖拉机齿轮等零件。

　　3)高淬透性渗碳钢。典型钢种为 20Cr2Ni4A,这类钢的油淬临界直径 >100mm,主要用于制造大截面、高载荷的重要耐磨件,如飞机、坦克中的曲轴、大模数齿轮等。

　　（3）渗碳钢的热处理。

　　渗碳钢的热处理规范一般是渗碳后进行直接淬火(一次淬火或二次淬火),而后低温回火。碳素渗碳钢和低合金渗碳钢,经常采用直接淬火或一次淬火,而后低温回火;高合金渗碳钢则采用二次淬火和低温回火处理。

　　4. 调质钢

　　经过调质处理后使用的优质碳素钢和合金结构钢,统称为调质钢。淬火后得到位错与孪晶马氏体的混合组织,以及残留奥氏体和碳化物。高温回火后,由于马氏体分解,碳化物弥散析出,残留奥氏体转变,内应力消除,最终得到回火索氏体组织,综合力学性能好,用于受力较复杂的重要结构零件,如汽车后桥半轴、连杆、螺栓以及各种轴类零件。对于截面尺寸大的零件,为保证有足够的淬透性,就要采用合金调质钢。

调质钢中 w_c 在 0.30% ~ 0.50% 之间,属中碳钢。含碳量在这一范围内可保证钢的综合性能,含碳量过低,则影响钢的强度指标,含碳量过高则韧性显得不足。一般碳素钢的含碳量偏上限,对于合金调质钢,随合金元素的增加,含碳量趋于下限。

调质钢在机械制造中应用十分广泛,常用调质钢的钢号、热处理工艺、力学性能及用途见表 3 - 8。

表 3 - 8　常用调质钢的钢号、热处理工艺、力学性能及用途

| 类别 | 钢号 | 热处理工艺℃ | | 力学性能 | | | $\alpha K (J \cdot cm^{-2})$ | 用途举例 |
		淬火	回火	σ_s /MPa	σ_b /MPa	δ (%)		
低淬透性钢	45	840	600	355	600	16	50	主轴、曲轴、齿轮、柱塞等
	45Mn2	840 油	550 水油	750	900	10	60	直径 60mm 以下时,性能与 40Cr 相当,制造万向节头轴、蜗杆、齿轮、连杆等
	40Cr	850 油	500 水同	800	1000	9	60	重要调质件,如齿轮、轴、曲轴连矸螺栓等
	35SiMn	900 水	590 水油	750	900	15	60	除要求低温(-20℃以下)韧性很高外,可全面代 40Cr 作调质件
	42SiMn	880 水	590 水	750	900	15	60	与 35SiMn 相同,并可作表面淬火件
	40MnB	850 油	500 水油	800	1000	10	60	代 40Cr
中淬透性钢	40CrMn	840 油	520 水油	850	1000	9	60	代 40Cr、42CrMo 作高速高载荷而冲击不大的零件
	40CrNi	820 油	500 水油	800	1000	10	70	汽车、拖拉机、机床、柴油机的轴、齿轮、连接机件螺栓、电动机轴
	42CrMo	850 油	580 水油	950	1100	12	80	代含 Ni 较高的调质钢,也作重要大锻件用钢,机车牵引大齿轮
	30CrMnSi	880 油	520 水油	900	1100	10	50	高强度钢,高速载荷砂轮轴、齿轮、轴、联轴器、离合器等重要调质件
	35CrMo	850 油	550 水油	850	1000	12	80	代替 40CrNi 制大截面齿轮与轴、汽轮发电机转子、480℃以下工件的紧固
	35CrMoAlA	940 油	640 水油	850	1000	15	90	高级氮化钢,制造 >900HV 氮化件,如镗床镗杆、蜗杆、高压阀门
高淬透性钢	37CrNi3	820 油	500 水油	1000	1150	10	60	高强韧性的重要零件,如活塞销、凸轮轴、齿轮、重要螺栓、拉杆
	40CrNiMoA	850 油	600 水油	850	1000	12	100	受冲击载荷的高强度零件,如锻压机床的传动偏心轴,压力机曲轴等大截面重要零件
	25Cr2Ni4WA	850 油	500 水油	950	1100	11	90	断面 200mm 以下,完全淬透的重要零件,也与 12Cr2Ni4 相同,可作高级渗碳件
	40CrMnMo	850 油	600 水油	800	1000	10	80	代替 40CrNiMo

按淬透性的高低,调质钢大致可以分为三类:

（1）低淬透性调质钢。典型钢种是 40Cr，这类钢的油淬临界直径最大为 30 ~ 40mm，广泛用于制造一般尺寸的重要零件，如轴、齿轮、连杆螺栓等。35SiMn、40MnB 是为节约铬而发展的代用钢种。

（2）中淬透性调质钢。典型钢种是 40CrNi，这类钢的油淬临界直径最大为 40 ~ 60mm，含有较多的合金元素，用于制造截面较大、承受较重载荷的零件，如曲轴、连杆等。

（3）高淬透性调质钢。典型钢种是 40CrNiMoA，这类钢的油淬临界直径最大为 60 ~ 100mm，多半为铬镍钢。铬、镍的适当配合，可大大提高淬透性，并能获得优良的综合力学性能。用于制造大截面、承受重负荷的重要零件，如汽轮机主轴、压力机曲轴、航空发动机曲轴等。

5. 弹簧钢

弹簧是各种机器和仪表中的重要零件。要求制造弹簧的材料具有高的弹性极限（即具有高的屈服点或屈服强比）、高的疲劳极限与足够的塑性和韧性。

弹簧钢中 w_C 一般为 0.45% ~ 0.70%。含碳量过高，塑性和韧性降低，疲劳极限也下降。同时加入的合金元素有锰、硅、铬、矾和钨等。加入硅、锰主要是提高淬透性，同时也提高屈强比，其中硅的作用更为突出。硅、锰元素的不足之处是：硅会促使钢材表面在加热时脱碳，锰则使钢易于过热。因此，重要用途的弹簧钢必须加入铬、矾、钨等。它们不仅使钢材有更高的淬透性，不易脱碳和过热，而且有更高的高温强度和韧性。

常用弹簧钢的钢号、热处理工艺、力学性能及用途见表 3 – 9。

表 3 – 9　常用弹簧钢的钢号、热处理工艺、力学性能及用途

类别	钢号	热处理工艺/℃		力学性能（不小于）			用途举例
		淬火	回火	σ_s /MPa	σ_b /MPa	δ （%）	
碳素弹簧钢	65	840 油	500	800	100	9	$\Phi < 12mm$ 的一般机器上的弹簧，或拉成钢丝制作小型机械弹簧
	85	820 油	480	1000	1150	6	$\Phi < 12mm$ 的一般机器上的弹簧，或拉成钢丝制作小型机械弹簧
	65Mn	830 油	540	800	1000	8	$\Phi < 12mm$ 的一般机器上的弹簧，或拉成钢丝制作小型机械弹簧
合金弹簧钢	55Si2Mn	870 水油	480	1200	1300	6	$\Phi 20 ~ 25mm$ 弹簧，工作温度低于 230℃
	60Si2Mn	870 油	480	1200	1300	5	$\Phi 25 ~ 30mm$ 弹簧，工作温度低于 300℃
	50CrVA	850 油	500	1150	1300	10	$\Phi 30 ~ 50mm$ 弹簧，制作工作温度低于 210℃ 的气阀弹簧
	60Si2CrVA	850 油	410	1700	1900	6	$\Phi < 50mm$ 弹簧，工作温度低于 250℃
	55SiMnMoV	880 油	550	1300	1400	6	$\Phi < 75mm$ 弹簧，重型汽车、越野汽车大截面板簧

6. 滚动轴承钢

用于制造滚动轴承的钢称为滚动轴承钢，它具有高而均匀的硬度、高的弹性极限和接触疲劳强度、足够的韧性和淬透性、一定的耐腐蚀能力。

滚动轴承钢是一种高碳低铬钢，$w_C = 0.95\% ~ 1.0\%$，$w_{Cr} = 0.4\% ~ 1.65\%$。高碳是为保证有高的淬硬性，同时可形成铬的碳化物强化相。铬的主要作用是增加钢的淬透性，使淬

火、回火后整个截面上获得较均匀的组织。铬可形成合金渗碳体$(Fe \cdot Cr)_3C$，加热时降低过热敏感性，得到细小的奥氏体组织。溶入奥氏体中的铬，又可提高马氏体的回火稳定性。高碳低铬的滚动轴承钢，其材料成分中需加入 Si、Mn 等元素，进一步提高淬透性，适量的 Si（$w_{Si} = 0.4\% \sim 0.6\%$）还能明显地提高钢的强度和弹性极限。滚动轴承钢是高级优质钢，成分中 $w_S < 0.015\%$，$w_P < 0.025\%$，最好用电炉冶炼，并用真空除气。

常用滚动轴承钢的钢号、热处理工艺、力学性能及用途见表 3-10。

表 3-10　滚动轴承钢的钢号、热处理工艺、力学性能及用途

钢号	热处理工艺/℃		回火后硬度 HRC	用途举例
	淬火	回火		
GCr6	800～820 水淬	150～170	62～64	Φ<10mm 的滚珠、滚柱及滚针
GCr9	810～830 水淬	150～170	62～64	Φ<20mm 的滚珠、滚柱及滚针
GCr9SiMn	810～830 水淬	150～160	62～64	壁厚<12mm、外径>250mm 的套圈，Φ>50mm 的钢球，Φ>22mm 的滚子
GCr15	820～840 水淬	150～160	62～64	与 GCr9SiMn 相同
GCr15SiMn	820～840 水淬	150～170	62～64	壁厚≥12mm、外径大于 250mm 的套圈，直径>50mm 的钢球，直径>22mm 的滚子

从化学成分看，滚动轴承钢属于工具钢范畴，所以这类钢也经常用于制造各种精密量具、冷冲模具、丝杆、冷轧辊和高精度的轴类等耐磨零件。

3.2.4　合金工具钢

工具钢的分类方法很多，有按成分分类，按用途分类以及按所用淬火冷却介质分类等。按用途分类法用得较多。工具钢按用途分为刃具钢、模具钢和量具钢。

1. 合金工具钢的分类及编号

标注方法与合金结构钢相似，基本组成为"一位数字（或无数字）+ 元素符号 + 数字 + ……"，其平均含碳量是用质量分数的千倍（$w_C \times 1000$）表示，而且，当碳质量 $w_C \geqslant 1.0\%$ 时，在钢号中不标出，如 9SiCr 钢（成分：C0.9%，$w_{Si} < 1.5\%$，$w_{Cr} < 1.5\%$）；CrWMn 钢（$w_C \geqslant 1.0\%$，w_{Cr}、w_W、w_{Mn} 均 $<1.5\%$）。

高速钢，如 W18Cr4V、W6Mo5Cr4V2 等，它们的碳质量分数均 $<1.0\%$，但不标明其数字；合金元素含量与合金工具钢的标注方法相同，如 W18Cr4V 钢的成分为：C0.7% ～ 0.8%，W18%，Cr4%，$w_C < 1.5\%$。

合金工具钢均属于高级优质钢，但钢号后不加"A"字。

属于这一编号方法的钢种还有不锈钢、奥氏体型和马氏体型耐热钢。

2. 刃具钢

根据刃具的工况条件，刃具钢应该具有高硬度、高耐磨性、高弯曲强度和足够的韧性，高热稳定性。

用于刃具的材料有碳素工具钢、低合金工具钢、高速钢、硬质合金等。

（1）低合金工具钢。

为了克服碳素工具钢淬透性差、易变形和开裂、及热硬性差等缺点，在碳素工具钢的基础上加入少量的合金元素，一般不超过 3% ~5%（质量分数），就形成了低合金工具钢。

低合金工具钢中 $w_c = 0.75\%$ ~1.50%，高的含碳量可保证钢的高硬度及形成足够的合金碳化物，提高耐磨性。合金元素的作用主要是为了保证钢具有足够的淬透性。钢中常加入的合金元素有硅、锰、铬、钼、钨、钒等。其中硅、锰、铬、钼的主要作用是提高淬透性；硅、锰、铬可强化铁素体；铬、钼、钨、钒查可细化晶粒使钢进一步强化，提高钢的强度；作为碳化物形成元素铬、钼、钨、钒等在钢中形成合金渗碳体和特殊碳化物，从而提高钢的硬度和耐磨性。常用的低合金工具钢成分、热处理与用途如表 3－11 所示。

表 3－11　常用低合金工具钢钢号、热处理工艺、力学性能及用途

钢号	淬火			回火		用途举例
	温度/℃	介质	HRC	温度/℃	HRC	
Cr2	830 ~860	油	62	150 ~170	60 ~62	锉刀、刮刀、样板、量规、冷轧辊等
9SiCr	850 ~870	油	62	190 ~200	60 ~63	板牙、丝锥、绞刀、搓丝板、冷冲模等
CrWMn	820 ~840	油	62	140 ~160	62 ~65	长丝锥、长绞刀、板牙、拉刀、量具、冷冲模等
9Mn2V	780 ~820	油	62	150 ~200	58 ~63	丝锥、板牙、样板、量规、中小型模具、磨床主轴、精密丝杠等

（2）高速钢。

高速钢是一种含有钨、钼、铬、钒等多种元素的高合金工具钢。钢中加入较多的碳，其作用是既保证它的淬硬性，又保证淬火后有足够多的碳化物相。一般碳的质量分数在 1% 左右，最高可达 1.6%。如 W6Mo5Cr4V5SiNbAl 钢，$w_c = 1.56\%$ ~1.65%。

高速钢中一般含有较多数量的钨元素，它是提高钢热硬性的主要元素，由于世界范围钨资源的缺少，使人们找到了以 Mo、Co 元素代替 W 元素而保持高的热硬性的方法。

Cr 元素在钢中的作用：Cr 的加入可提高钢的淬透性，并能形成碳化物强化相，Cr 在高温下可形成 Cr_2O_3，能起到保护作用，一般认为 Cr 的质量分数在 4% 左右为宜，高于 4% 时，会使马氏体转变温度 Ms 下降，淬火后造成残留奥氏体量增多的不良结果。V 元素在钢中的作用：V 与 C 的亲和力很强，在高速钢中形成碳化物 VC，它有很高的稳定性，即使淬火温度在 1260 ~1280℃ 时，也不会全部溶于奥氏体中，VC 的最高硬度可达到 83 ~85HRC，在高温多次回火过程中 VC 呈弥散状析出，进一步提高了高速钢的硬度、强度和耐磨性。

为了提高高速钢的某些方面的性能，还可以加入适量的 Al、Co、N 等合金元素。

常用高速钢的成分、钢号、热处理、力学性能及用途见表 3－12。

表 3－12　高速钢的成分、钢号、热处理、力学性能及用途

钢号	化学分成 w(%)						热处理工艺/℃		HRC	用途举例
	C	W	Mo	Cr	V	其他	淬火	回火		
W18Cr4V (18－4－1)	0.7 ~ 0.8	17.5 ~ 19	≤0.3	3.8 ~ 4.4	1.0 ~ 1.4		1270 ~ 1285	550 ~ 570	62	一般高速钢切削用车刀、刨刀、钻头、铣刀等

（续表）

钢号	化学分成 w(%)						热处理工艺/℃		HRC	用途举例
	C	W	Mo	Cr	V	其他	淬火	回火		
W6Mo5 Cr4V2 （6－5－ 4－2）	0.8 ~ 0.9	5.5 ~ 6.75	4.5 ~ 5.5	3.8 ~ 4.4	1.75 ~ 2.2	Al 0.8 ~ 1.2	1210 ~ 1230	550 ~ 570		耐磨性和韧性有很好配合的高中速切削刀具,如丝锥、钻头等
W6Mo5 Cr4V2Al	1.05 ~ 1.2	5.5 ~ 6.75	4.5 ~ 5.5	3.8 ~ 4.4	1.75 ~ 2.2		1220 ~ 1240	540 ~ 560	65	切削切削加工材料的刀具
W6Mo5 Cr4V3	1.0 ~ 1.1	5.5 ~ 6.75	4.75 ~ 6.5	3.75 ~ 4.5	2.25 ~ 2.75		1190 ~ 1220	540 ~ 560	64	形状稍微复杂的刀具,如拉刀、铣刀等
W9Mo3 Cr4V	0.77 ~ 0.87	8.5 ~ 9.5	2.7 ~ 3.3	3.8 ~ 4.4	1.3 ~ 1.7		1210 ~ 1240	540 ~ 560	63 ~ 64	同 18－4－1 和 6－5－4－2

在我国最常用的高速钢是 W18Cr4V 和 W6Mo5Cr4V2,通常简称 18－4－1 和 6－5－4－2,前者的过热敏感性小,磨削性好,但由于热塑性差,通常适于制造一般高速切削刀具,如车刀、铣刀、绞刀等;由于后者的耐磨性、韧性和热塑性较好些,适于制造耐磨性和韧性很好配合的高速刀具,如丝锥、齿轮铣刀、插齿刀等。

（3）硬质合金。

硬质合金是把一些高硬度、高熔点的粉末（WC、TiC 等）和胶结物质（Co、Ni 等）混合、加压、烧结成形的一种粉末冶金材料。它虽不是合金工具钢,但是一种常用的、主要的刀具材料。其特点是:硬度极高（89 ~ 91HRA）、热硬性好（切削温度可达 1000℃）、耐磨性好。

用硬质合金制作的刀具,切削速度比高速钢提高 4 ~ 5 倍。由于硬质合金的硬度很高,切削加工困难。因此形状复杂的刀具,如拉刀、滚刀就不能用硬质合金来制作。一般硬质合金做成刀片,镶在刀体上使用。除了用硬质合金来制作刀具外,还可以制作冷作模具、量具及耐磨零件等。硬质合金可分为:

1）钨钴类。

牌号有 YG3、YG6、YG8 等。YG 表示钨钴类硬质合金,后边的数字表示钴的质量分数（%）。如 YG8 表示 w_{Co} = 8%、w_{WC} = 92% 的钨钴类硬质合金。

2）钨钴钛类。

牌号有 YT5、YT15、YT30 等,YT 表示钨钴钛类硬质合金,后边的数字表示碳化钛的质量分数。如 YT15 表示含 w_{Ti} = 15%,其余为 WC 和 Co 的钨钴钛类硬质合金。

常用硬质合金的牌号、组成和性能如表 3－13 所示。

钨钴类用于加工脆性材料（如铸铁以及胶木等非金属材料）。其中含钴量高的,抗弯强度高,韧性好,而硬度、耐磨性低,适于粗加工。

钨钴钛类用于加工韧性材料（适于加工各种钢件）,由于 TiC 的耐磨性好,热硬性高,所以这类硬质合金的热硬性好,加工工件的表面质量也好。

此外,还有如 YW1 和 YW2 称通用和万能硬质合金,用来切削不锈钢、耐热合金等难加工的材料,刀具寿命更长。

表 3 - 13　常用硬质合金的牌号、组成和性能

合金类别	合金牌号	化学成分 w(%)				物理、力学性能		
		碳化钨	碳化钛	碳化钽	钴	相对密度	硬度 HRA	抗弯强度/ MPa
钨钴合金	YG3	97	—	—	3	14.9 ~ 15.3	91	1050
	YG3X	96.5	—	<0.5	3	15.0 ~ 15.3	91.5	1100
	YG6	94	—	—	6	14.6 ~ 15.0	89.5	1450
	YG6X	93.5	—	<0.5	6	14.6 ~ 15.0	91	1400
	YG8	92	—	—	8	14.5 ~ 14.9	89	1500
	YG8C	92	—	—	8	14.5 ~ 14.9	88	1750
	YG11	89	—	—	11	14.0 ~ 14.4	88	1800
	YG15	85	—	—	15	13.9 ~ 14.2	87	2100
	YG20	80	—	—	20	13.4 ~ 13.5	85.5	2200
	YG6A	92	—	2	6	14.4 ~ 15.0	92	1400
	YG8A	91.5	—	1	8	14.67	91	1500
钨钴钛合金	YT5	85	5	—	10	12.5 ~ 13.2	89	1400
	YT15	79	15	—	6	11.0 ~ 11.7	91	1150
	YT30	66	30	—	4	9.3 ~ 9.7	92.5	900
	YW1	84	6	4	6	12.8 ~ 13.3	91.5	1200
	YW2	83	6	4	8	12.6 ~ 13.0	90.5	1300

3. 模具钢

根据模具的工作条件不同,模具钢一般分为冷作模具和热作模具钢两大类。前者用于制造冷冲模和冷挤压模等,工作温度大都接近室温;后者用于制造热锻模和压铸模等,工作时型腔表面温度可高达 600℃ 以上。

(1) 冷作模具钢。

对冷作模具钢性能的要求:

1) 较高的硬度和耐磨性。

2) 较高的强度和韧性。

3) 良好的工艺性。

模具钢钢号表示方法与低合金工具钢相同。

(2) 冷作模具钢的成分特点和钢种。

对于尺寸小、形状简单、工作负荷不大的模具采用碳素工具钢和低合金工具钢。钢种有 T8A、T10A、T12A、Cr2、9Mn2V、9SiCr、CrWMn、Cr6WV 等。

这类钢的优点是价格便宜,加工性能好,能基本上满足模具的工作要求。缺点是:这类钢的淬透性差,热处理变形大,耐磨性较差,使用寿命较低。对于低合金工具钢,则由于可采用油淬火,并含有少量的合金元素,所以提高了淬透性、细化了晶粒、减小了变形,像 9SiCr、Cr2 可用来制造滚丝模等。

高碳高铬模具钢用于制造负荷大、尺寸大、形状复杂的模具。钢号有 Cr12、Cr12MoV 等。

Cr12 型钢的化学成分、热处理工艺和用途如表 3 - 14 所示。

表 3 - 14　Cr12 型钢的化学成分、热处理工艺和用途

钢号	化学成分 w(%)						热处理工艺/℃			硬度		用途举例
	C	Si	Mn	Cr	Mo	V	退火	淬火	回火	退火 (HRS)	回火 (HRC)	
Cr12	2.00 ~ 2.30	≤ 0.40	≤ 0.40	11.50 ~13.50	—	—	870 ~ 900	930 ~ 980	200 ~ 450	207 ~ 255	58 ~ 64	重载荷高耐磨、变形、要求小的冲压模具
Cr12 MoV	1.45 ~ 1.70	≤ 0.40	≤ 0.40	11.00 ~12.50	0.40 ~ 0.60	0.15 ~ 0.30	850 ~ 870	1020 ~ 1040	150 ~ 425	207 ~ 225	55 ~ 63	同上

这类钢中 $w_C = 1.4\%$ ~ 2.3% 、$w_{Cr} = 11\%$ ~ 12%。含碳量高是为了保证与铬形成碳化物,在淬火加热时,其中一部分溶于奥氏体中,以保证马氏体有足够的硬度,而未溶的碳化物,则起到细化晶粒的作用,在使用状态下起到提高耐磨性的作用。含铬量高,其主要作用是:提高淬透性和细化晶粒,截面尺寸为 200 ~ 300mm 时,在油中可以淬透形成铬的碳化物,提高钢的耐磨性。w_{Cr} 一般为 12%,过高的含铬量会使碳化物分布不均。钼和钒的加入,能进一步提高淬透性,细化晶粒,其中钒可形成 VC,因而可进一步提高耐磨性和韧性。钼和钒的加入,可适当降低钢的含碳量,以减少碳化物的不均匀性,所以 Cr12MoV 钢较 Cr12 钢的碳化物分布均匀,强度和韧性高,淬透性高,用于制作截面大、负荷大的冷冲模、挤压模、滚丝模、冷剪刀等。

　　(3) 热作模具钢。

热作模具包括热锻模、热镦模、热挤压模、精密锻造模等,均属于在受热状态下对金属进行变形加工的模具,也称为热变形模具。对热作模具钢的性能要求是:

1) 综合力学性能好。模具在工作中承受压应力、张应力、弯曲应力及冲击应力等,还经受强烈的摩擦,因此必须具有高的强度和韧性,同时还应有足够的硬度和耐磨性。

2) 抗热疲劳能力高。模具在工作中反复受到炽热金属和冷却介质的交替作用,极易产生热疲劳,因此应具有良好的抗疲劳能力。

3) 回火稳定性高。工作时模具型腔表面温度可高达 400600,因此必须具有较高的回火稳定性。

4) 淬透性高。对尺寸大的模具,为保证其整体的物理力学性能,要求材料的淬透性高。

对于中小尺寸(截面尺寸 ≤300mm)的模具,一般采用 5CrMnMo;对于大尺寸(截面尺寸 >400mm)的模具,一般采用 5CrNiMo。对于压铸模,采用 3Cr2W8V。它们化学成分如表 3 -15 所示。

表 3 -15　常用热作模具钢的化学成分、热处理工艺、性能及用途

钢号	化学成分 w(%)						热处理工艺/℃		硬度		用途举例
	C	Si	Mn	Cr	Mo	Ni	淬火	回火	淬火 (HRC)	回火 (HB)	
5Cr MnMo	0.50 ~ 0.60	0.25 ~ 0.60	1.20 ~ 1.60	0.60 ~ 0.90	0.15 ~ 0.30	—	820 ~ 850	560 ~ 580	≥50	324 ~ 364	中、小型热锻模具等

（续表）

钢号	化学成分 w(%)						热处理工艺/℃		硬度		用途举例
	C	Si	Mn	Cr	Mo	Ni	淬火	回火	淬火 (HRC)	回火 (HB)	
5Cr NiMo	0.50 ~ 0.60	≤ 0.40	0.50 ~ 0.80	0.50 ~ 0.80	0.15 ~ 0.30	1.40 ~ 1.80	830 ~ 860	530 ~ 550	≥47	364 ~ 402	塑料压模、大型热锻模具等
3Cr2 W8V	0.30 ~ 0.4	≤ 0.40	≤ 0.40	2.20 ~ 2.70	W:7.5 ~ 9.00	V:0.2 ~ 0.5	1050 ~ 1100	560 (三次)	>50	44 ~ 46 (HRC)	高应力压模、螺钉或铆钉压模、热剪切刀、压铸模等

热作模具钢的含碳量取中碳范围，$w_C = 0.5\% \sim 0.6\%$，对于压铸模 $w_C = 0.30\%$。这一含碳量可保证淬火后的硬度，同时还有较好的韧性指标。铬、镍、锰、钼的作用是提高淬透性，使模具表里的硬度趋于一致。铬、钼还有提高回火稳定性、提高耐磨性的作用；铬、钨、钼还通过提高共析温度，使模具在反复加热和冷却过程中不发生相变，来提高抗热疲劳的能力。

4. 量具钢

量具钢是用于制造量具的钢，如卡尺、千分尺、块规、塞尺等。

对量具钢的主要性能要求如下：

（1）工作部分有高的硬度和耐磨性，以防止在使用过程中因磨损而失效；组织稳定性高，热处理变形小，在存放和使用过程中尺寸不变，以保证高的尺寸精度。

（2）有良好的磨削加工性。

（3）为了满足上述高硬度、高耐磨性的要求，一般都采用含碳量高的钢，通过淬火得到马氏体。

最常用的量具用钢为碳素工具钢和低合金工具钢。

碳素工具钢由于采用水淬火，淬透性低，变形大，因此常用于制作尺寸小、形状简单、精度要求低的量具。常用的碳素工具钢有 T10A、T12A、50、55、60 等；也可采用低碳钢（如 10、15 钢）经渗碳热处理。

低合金工具钢（包括 GCr15 等）由于加入了少量的合金元素，提高了淬透性，又由于采用油淬火，减小了变形量。合金元素在钢中形成合金渗碳体，提高了钢的耐磨性。在这类钢中，GCr15 用得最多，这是由于滚动轴承钢本身也比较纯净，钢的耐磨性和尺寸稳定性都较好。

还可采用低变形钢，如铬锰钢、铬钨锰钢等。这种钢由于含锰，可使 Ms 点降低，淬火后的残留奥氏体增加，因而造成钢的淬火变形减少，所以有低变形钢之称。

3.2.5　特殊性能钢

特殊性能钢是指具有特殊的物理、化学性能的钢，它的种类很多，其中最主要的是不锈钢、耐热钢、耐磨钢等。

1. 不锈钢

不锈钢（又称为不锈耐酸钢）是指能抵抗大气或酸等化学介质腐蚀的钢。

（1）金属腐蚀的一般概念。

金属腐蚀是一种常见的现象。金属腐蚀通常可分为化学腐蚀和电化学腐蚀两种类型。前者是金属在干燥气体或非电解质溶液中的腐蚀，腐蚀过程不产生电流，钢在高温下的氧化属于典型的化学腐蚀；后者是金属与电解质溶液接触时所发生的腐蚀，腐蚀过程中有电流产生，钢在室温下的锈蚀主要属于电化学腐蚀。

化学腐蚀除了钢的高温氧化外，钢的脱碳、钢在石油中的腐蚀、氢和含氢气体对普通碳钢的腐蚀等都属于化学腐蚀。

大部分金属的腐蚀都属于电化学腐蚀，这类腐蚀是由于金属在电解质中发生了电化学作用，这种作用是由于形成了原电池。当两种互相接触的金属放入电解质溶液时，由于两种金属的电极电位不同，彼此之间就形成一个微电池，并有电流产生。电极电位低的金属为阳极，电极电位高的金属为阴极，阳极的金属将不断被溶解，而阴极金属就不被腐蚀。对于同一种合金，由于组成合金的相或组织不同，也会形成微电池，造成电化学腐蚀。例如钢组织中的珠光体，是由铁素体和渗碳体两相组成的，在电解质溶液中就会形成微电池，由于铁素体的电极电位低，为阳极，就被腐蚀。而渗碳体的电极电位高，为阴极而不被腐蚀，如图 3-4 所示。在观察碳钢的显微组织时，要把抛光的试样磨面放在硝酸酒精溶液中浸蚀，使铁素体腐蚀后，才能在显微镜下观察到珠光体的组织，就是利用电化学腐蚀的原理实现的。

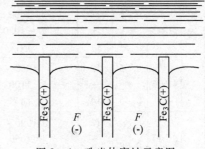

图 3-4　珠光体腐蚀示意图

由上述可知，要提高金属的耐电化学腐蚀能力，通常可采取以下措施：

1）在合金钢中加入较多数量的 Cr、Ni 等合金元素，尽量使金属在获得均匀的单相组织条件下使用，这样金属在电解质溶液中只有一个极，使微电池难以形成。如在钢中加入大于 24%（质量分数）的 Ni，会使钢在常温下获得单相的奥氏体组织。

2）加入合金元素提高金属基体的电极电位，例如在钢中加入大于 13%（质量分数）的 Cr，则铁素体的电极电位由 -0.56V 提高到 0.2V，从而使金属的耐腐蚀性能提高。

3）加入合金元素，在金属表面形成一层致密的氧化膜，又称纯化膜，把金属与介质分隔开，从而防止进一步的腐蚀。

铬是不锈钢合金化的主要元素。钢中加入铬，提高电极电位，从而提高钢的耐腐蚀性能。当铬含量达 n/8 原子分数值（n = 1、2、3…），即达到 1/8、2/8、3/8、…（也即 12.5%、25%、37.5%、…）原子分数时，电极电位呈台阶式跃增，即腐蚀速度呈台阶式下降，这种现象称为 n/8 规律。所以铬钢中的含铬量只有超过台阶值（如 n = 1，换成质量分数则为 $12.5\% \times 52/55.8 = 11.7\%$）时，钢的耐蚀性才有明显提高。

由于 $w_{Cr} > 11.7\%$，而且绝大部分都溶于固溶体中，从而使电极电位跃增、基体的电化学腐蚀过程变缓。同时，在金属表面被腐蚀时，形成一层与基体金属结合牢固的钝化膜，使腐蚀过程受阻，从而提高钢的耐蚀性。

（2）常用不锈钢。

常用的不锈钢根据其组织特点，可分为马氏体不锈钢、铁素体不锈钢和奥氏体不锈钢三种类型。常用不锈钢的钢号、成分、热处理工艺及用途如表 3-16 所示。不锈钢钢号的表示方法与低合金工具钢相同。

表 3-16　常用不锈钢的钢号、成分、热处理工艺、力学性能及用途

类别	钢号	化学成分 w(%)			热处理工艺/℃		力学性能(不小于)				用途举例
		C	Cr	其他	淬火	回火	σ_s /MPa	σ_b /MPa	δ(%)	硬度	
马氏体不锈钢	1Cr13	≤ 0.15	12 ~ 14	—	1000 ~ 1050 水、油淬	700 ~ 790	420	600	20	187 HBS	汽轮机叶片、水压机阀、螺栓、螺母等抗弱腐蚀性介质并承受冲击的零件
	2Cr13	0.16 ~ 0.25	12 ~ 14	—	1000 ~ 1050 水、油淬	660 ~ 770	450	660	16	197 HBS	
	3Cr13	0.26 ~ 0.34	12 ~ 14	—	1000 ~1050 油淬	200 ~ 300	—	—	—	48 HRC	加油泵轴、阀门零件、轴承、弹簧、工具、量具 以及医疗器械等具有较高硬度和耐磨性要求的零件
	4Cr13	0.35 ~ 0.45	12 ~ 14	—	1050 ~ 1100 油淬	200 ~ 300				50 HRC	
铁素体不锈钢	0Cr13	≤ 0.08	12 ~ 14	—	1000 ~ 1050 水、油淬	700 ~ 790	350	500	24	—	耐水蒸气及热含硫石油腐蚀的设备
	1Cr17	≤ 0.12	16 ~ 18	—		750 ~ 800	250	400	20	—	硝酸工厂、食品工厂的设备
	1Cr28	≤ 0.15	27 ~ 30	—		700 ~ 800	300	450	20	—	制浓硝酸的设备
	1Cr 17Ti	≤ 0.12	16 ~ 18	Ti ~ 0.8	—	700 ~ 800	300	450	20	—	同 1Cr17,但晶间耐蚀较高
奥氏体不锈钢	0Cr19 Ni9	≤ 0.08	18 ~ 20	Ni 8 ~ 10.5	固溶处理 1050 ~ 1100 水淬		180	490	40	—	深冲零件、焊 NiCr 钢的焊芯
	1Cr19 Ni9	0.04 ~ 0.10	18 ~ 20	Ni 8 ~ 11	固溶处理 1100 ~ 1150 水淬		200	550	45	—	耐硝酸、有机酸、碱溶液腐蚀的设备
	1Cr18 Ni9Ti	≤ 0.12	17 ~ 19	Ni 8 ~ 11 i:0.8	固溶处理 1000 ~ 1100水淬		200	550	40	—	做焊芯、抗磁仪表医疗器械耐酸容器输送管道

2. 耐热钢

在发动机、化工、航空等部门有很多零件是在高温下工作。要求具有高耐热性的钢称为耐热钢。

（1）耐热钢的一般概念。

钢的耐热性包括高温抗氧化性和高温强度两方面的涵义。金属的高温抗氧化性是指金属在高温下对氧化作用的抗力；而高温强度是指钢在高温下承受机械负荷的能力。所以耐热钢是高温抗氧化性能好、高温强度高的钢。

1）高温抗氧化性。

金属的高温抗氧化性，通常主要取决于金属在高温下与氧接触时，表面能形成致密且熔点高的氧化膜，以避免金属的进一步氧化的能力。一般碳钢在高温下很容易氧化，这主要是由于在高温下钢的表面生成疏松多孔的氧化亚铁 FeO，容易剥落，而且氧原子不断地通过 FeO 扩散，使钢继续氧化。

为了提高钢的抗氧化性能，一般是采用合金化方法，加入铬、硅、铝等元素，使钢在高温下与氧接触时，在表面形成致密高熔点的 Cr_2O_3、SiO_2、Al_2O_3 等氧化膜，牢固地附在钢的表面，使钢在高温气体中的氧化过程难以继续进行。如在钢中加 $w_{Cr}=15\%$ 的 Cr，其抗氧化温度可达 900℃；在钢中加 $w_{Cr}=20\%\sim25\%$ 的 Cr，其抗氧化温度可达 1100℃。

2）高温强度。

金属在高温下所表现的力学性能与室温下大不相同。在室温下的强度值与载荷作用的时间无关，但金属在高温下，当工作温度大于再结晶温度、工作应力大于此温度下的弹性极限时，随时间的延长，金属会发生极其缓慢的塑性变形，这种现象叫做"蠕变"。在高温下，金属的强度用蠕变强度和持久强度来表示。蠕变强度是指金属在一定温度下，一定时间内，产生一定变形量所能承受的最大应力。而持久强度是指金属在一定温度下，一定时间内，所能承受的最大断裂应力。

为了提高钢的高温强度，通常采用以下几种措施：

① 固溶强化。固溶体的热强性首先取决于固溶体自身的晶体结构，由于面心立方的奥氏体晶体结构比体心立方的铁素体排列要紧密，因此奥氏体耐热钢的热强性高于铁素体为基的耐热钢。在钢中加入合金元素，形成单相固溶体，提高原子结合力，减缓元素的扩散，提高再结晶温度，能进一步提高热强性。

② 析出强化。在固溶体中沉淀析出稳定的碳化物、氮化物、金属间化合物，也是提高耐热钢热强性的重要途径之一。如加入铌、钒、钛等，形成 NbC、TiC、VC 等，在晶内弥散析出，阻碍位错的滑移，提高塑变抗力，提高热强性。

③ 强化晶界。材料在高温下（大于等强温度 T_e），其晶界强度低于晶内强度，晶界成为薄弱环节。通过加入钼、锆、钒、硼等晶界吸附元素，降低晶界表面能，使晶界碳化物趋于稳定，使晶界强化，从而提高钢的热强性。

（2）常用的耐热钢。

常用耐热钢的钢号、成分、热处理工艺及使用温度如表 3 - 17 所示。

表 3 - 17　常用耐热钢的钢号、成分、热处理工艺及使用温度

类别	钢号	化学成分 w(%)						热处理工艺/℃		最高使用温度/℃	
		C	Cr	Mo	Si	W	其他	淬火	回火	抗氧化	热强性
珠光体钢	15CrMo	0.12 ~ 0.18	0.80 ~ 1.10	0.40 ~ 0.55	—	—		930 ~900 (正火)	680 ~ 730		—
	12Cr1MoV	0.08 ~ 0.15	0.90 ~ 1.20	0.25 ~ 0.35	—	—	V:0.25 ~ 0.3	980 ~ 1020 (正火)	720 ~ 760		—
马氏体钢	1Cr13	0.08 ~ 0.15	12.00 ~ 14.00	—	—	—	—	1000 ~ 1050 水、油	700 ~ 790 油、水、空	750	500
	1Cr13	0.16 ~ 0.24	12.00 ~ 14.00	—	—	—	—	1000 ~ 1050 水、油	660 ~ 770 油、水、空	750	500
	1Cr11 MoV	0.11 ~ 0.18	10.00 ~ 11.50	0.50 ~ 0.70	—	—	V:0.25 ~ 0.4	1050 油	720 ~ 740 空、油	750	550
	1Cr12 WMoV	0.12 ~ 0.18	11.00 ~ 13.00	0.50 ~ 0.70	—	0.70 ~ 1.10	V:0.15 ~ 0.3	1000 油	680 ~ 700 空、油	750	580
马氏体钢	4Cr9Si2	0.35 ~ 0.50	8.00 ~ 10.00	—	2.00 ~ 3.00	—	—	1050 油	700 油	850	650
	4Cr10Si2	0.35 ~ 0.45	9.00 ~ 10.50	0.70 ~ 0.90	1.90 ~ 2.60	—	—	1000 ~ 1100 油、空	700 ~ 800 空、油	850	650
奥氏体钢	1Cr18Ni9Ti (18 - 8)	≤ 0.12	17.00 ~ 19.00	—	≤ 1.00	—	Ni:8.0 ~ 10.5	1000 ~ 1100 水	—	850	650
	4Cr14Ni14 W2Mo(14 - 14 - 2)	0.40 ~ 0.50	13.00 ~ 15.00	0.25 ~ 0.40	≤ 0.80	2.00 ~ 2.75	Ni:13 ~ 15	1000 ~ 1100 固溶处理	750 时效	850	750

3. 耐磨钢

磨损是机械工程上广泛存在的问题,通常有磨料磨损、粘着磨损、表面疲劳磨损等。采用低碳合金钢经渗碳、淬火 + 低温回火,可制造要求"外硬内韧"的耐磨性较高的零件,如齿轮、销子等。采用中碳钢和中碳合金钢,经调质和表面淬火可制造要求强度和耐磨性高的零件,如负荷较大的轴类、齿轮等。采用高碳钢和高碳合金钢,经淬火 + 低温回火可制造要求耐磨性更高的零件,如用 GCr15 制作喷油嘴等。

习惯上,耐磨钢主要指在冲击载荷作用下发生冲击硬化的高锰钢,常见的钢号是:ZGMn13。在耐磨钢的成分中 Mn 与 C 含量的比值不小于 10,它的具体成分为:$w_c = 0.9\%$ ~

1.4%，$w_{Mn}=11.5\%\sim15\%$，$w_S\leqslant0.05\%$，$w_P\leqslant0.12\%$，$w_{Cr}\leqslant1\%$，$w_{Ni}\leqslant1\%$，$w_{Cu}\leqslant0.3\%$。此类钢机械加工比较困难，基本上都是铸造成型后使用。铸造成型后，性能主要表现是硬而脆，必须在 1050 ~ 1100℃加热水冷、保持单一均匀的奥氏体组织、防止碳化物析出，从而使其具有强度高、韧性好及耐冲击的优良性能。这种处理称作高锰钢的水韧处理。

ZGMn13 淬火状态（即水韧处理）力学性能指标为：$\sigma_b=800\sim1000MPa$，$\sigma_{0.2}=250\sim400MPa$，$\delta=35\%\sim45\%$，$\psi=40\%\sim50\%$，硬度为 170 ~ 230HBS，$\alpha_K(20℃)=20\sim30J/cm^2$。

水韧处理后的高锰钢，受到冲击或磨损时，表面产生强烈的加工硬化现象，表层硬度、强度急剧上升，而内部仍为保持高的塑性、韧性的奥氏体组织，广泛应用于制造要求耐磨、耐冲击的一些零件。在铁路运输业中，可用高锰钢制造铁道上的辙尖、辙岔、转辙器及小半径转弯处的轨条。在建筑、矿山、冶金业中，长期使用高锰钢制造的挖掘机铲斗，各种碎石机颚板、衬板、磨板。高锰钢还大量用于挖掘机、拖拉机、坦克车履带板、主动轮和支承滚轮等。又因高锰钢组织为单一无磁性奥氏体，也可用于既耐磨又抗磁化的零件，如吸料器的电磁铁罩。

3.3　铸　　铁

同钢一样，铸铁也是以 Fe、C 元素为主的铁基材料，其含碳量 $w_C>2.11\%$。铸铁成型只能用铸造方法，不能用锻或轧制方法。与钢相比，铸铁的强度低、塑性、韧性差，但具有优良的铸造和切削加工性能。

按碳元素在铸铁中存在的方式不同，可将铸铁分为两大类：白口铸铁和灰口铸铁。

在白口铸铁中，碳以渗碳体的形式存在；而灰口铸铁中，碳以游离石墨形式存在。白口铸铁硬且脆，很少用来制造机械零件，主要用作炼钢的原料，故通常称它为生铁。

3.3.1　铸铁的石墨化过程及组织

铸铁组织中石墨的形成叫做"石墨化"过程。

在铁碳合金中，碳可能以两种形式存在，即化合状态的渗碳体和游离状态的石墨。石墨的晶格形式为简单六方，如图 3 - 5 所示。因其面间距较大，结合力弱，故其结晶形态易发展成片状，且强度、塑性和韧性极低，接近于零。

铁碳合金中，渗碳体并不是一种稳定的相，而石墨是一种稳定的相。在铁碳合金结晶的过程中，因为渗碳体的含碳量较石墨的含碳量更接近合金成分的含碳量，故易形成渗碳体晶核。但在极其缓慢的冷却条件下，或在合金中含有促进石墨化的元素时，在铁碳合金的结晶过程中，便会直接自液体或奥氏体中析出石墨相。因此，对铁碳合金的结晶过程来说，实际存在两种相图，即亚稳定状态的 Fe - Fe₃C 相图和稳定的 Fe - G 相图（如图 3 -6）。

铁碳合金按照 Fe - G 相图进行结晶，则铸铁的石墨化过程可分为如下三个阶段：

第一阶段：即在 1153℃时通过共晶反应而形成石墨，其反应式可写成：

$$L_{C'}\xrightarrow{1154℃}A_{E'}+G_{共晶}$$

第二阶段：即在范围内冷却过程中自奥氏体中不断析出二次石墨。

第三阶段：即在 738℃时通过共析反应而形成石墨，其反应式可写成：

$$A_{S'} \xrightarrow{738℃} F_{P'} + G$$

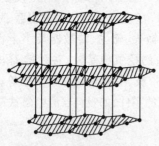

图 3 - 5   石墨的晶体结构

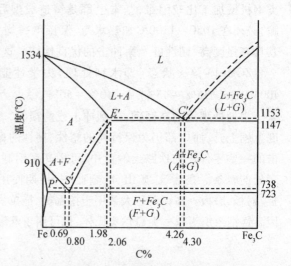

图 3 - 6   铁碳合金的两种相图

　　一般,铸铁在高温冷却过程中,由于具有较高的原子扩散能力,故其第一和第二阶段的石墨化是较容易进行的,而在较低温度下的第三阶段的石墨化,则常因铸铁的成分及冷却速度等条件的不同而被部分或全部抑制,从而得到三种不同的组织,即:F + G,F + P + G,P + G。铸铁组织与石墨化进行程度之间的关系见表 3 - 18。

表 3 - 18   铸铁组织与石墨化进行程度之间的关系

名称	石墨化程度		显微组织
	第一阶段	第二阶段	
灰铸铁	完全石墨化	完全石墨化	铁素体 + 石墨
	完全石墨化	部分石墨化	铁素体 + 珠光体 + 石墨
	完全石墨化	未石墨化	珠光体 + 石墨
麻口铸铁	部分石墨化	未石墨化	莱氏体 + 珠光体 + 石墨
白口铸铁	未石墨化	未石墨化	莱氏体 + 珠光体 + 渗碳体

3.3.2 影响石墨化过程的因素

1. 化学成分的影响

　　铸铁中的碳、硅、锰、硫、磷等元素对石墨化有不同影响。其中碳、硅、磷是促进石墨化的元素,锰和硫是阻碍石墨化的元素。在一般铸造条件下,铸铁中较高的含碳量是石墨化的必要条件,而一定的含硅量是石墨化的充分条件,碳与硅含量越高越易石墨化;若碳、硅含量过低则易出现白口;如果碳、硅含量过高,将导致石墨数量多且粗大,基体内铁素体量多,铸铁的力学性能下降。

2. 温度及冷却速度的影响

　　铸件的冷却速度对石墨化的影响也很大,即冷却愈慢,愈有利于扩散,对石墨化便愈有

利,而快冷则阻止石墨化。在铸造
时,除了造型材料和铸造工艺影响冷
却速度以外,铸件的壁厚不同也会具
有不同的冷却速度,从而得到不同的
组织。如图 3 - 7 所示。

图 3 - 7　铸铁成分和铸件壁厚对石墨化的影响

3.3.3　铸铁的分类

工业上使用的铸铁种类很多,按
照石墨的形态和组织性能,铸铁可分
为普通灰铸铁、球墨铸铁、蠕墨铸铁、可锻铸铁和合金铸铁等。

3.3.4　灰口铸铁

灰口铸铁是价格最便宜、应用最广泛的一种铸铁,在各类铸铁的总产量中,灰口铸铁占
80% 以上。

1. 灰口铸铁的化学和组织特征

在生产中,为使铸铁浇注后得到灰口,且不至含有过多和粗大的片状石墨,通常把铸铁
的成分控制在:$w_C = 2.5\% \sim 4.0\%$, $w_{Si} = 1.0\% \sim 3.0\%$, $w_{Mn} = 0.25\% \sim 1.0\%$, $w_S = 0.02\%$
$\sim 0.2\%$, $w_P = 0.05\% \sim 0.5\%$ 。具有上述成分范围的铁液在进行缓慢冷却凝固时,将发生石
墨化,析出片状石墨。其断口呈黑灰色。若铁水中的碳、硅含量低,铸件容易出现白口组织,
白口组织往往出现在铸件的表面层和薄壁处。普通灰口铸铁的组织是由片状石墨和钢的基
体两部分组成的。根据不同阶段石墨化程度的不同,灰口铸铁有三种不同的基体组织,如图
3 - 8 所示。

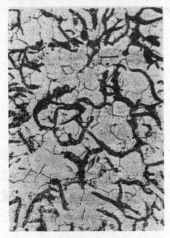

(a) 铁素体基灰口铸铁

(b) 铁素体+珠光体基灰口铸铁

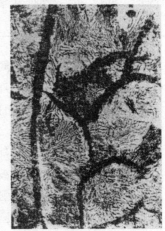

(c) 珠光体基灰口铸铁

图 3 - 8　灰口铸铁的显微组织

2. 灰口铸铁的牌号、性能及用途

灰口铸铁的牌号、性能及用途如表 3 - 19。"HT"表示"灰铁"二字汉语简单的大写字

头,在"HT"后面的数字表示最低抗拉强度值。

表3-19　灰铸铁的牌号、力学性能及用途

牌号	铸件壁厚 /mm		σ_b /MPa	显微组织		用途举例
	>	<	≥	基体	石墨	
HT100	2.5	10	130	F	粗片状	下水管、底座、外罩、端盖、手轮、手把、支架等形状简单、不甚重要的零件
	10	20	100			
	20	30	90			
	30	50	80			
HT150	2.5	10	175	F+P	较粗片状	机械制造中一般铸件。如底座、手轮、刀架等;冶金工业中流渣槽、渣缸、轧钢机托辊等;机车用一般铸件,如水泵壳、阀体、阀盖等;动力机械中拉钩、框架、阀门、油泵壳等
	10	20	145			
	20	30	130			
	30	50	120			
HT200	2.5	10	220	P	中等片状	一般运输机械中的气缸体、缸盖、飞轮等;一般机床中的床身、箱体等;通用机械承受中等压力的泵体、阀体等;动力机械中的外壳、轴承座、水套筒等
	10	20	195			
	20	30	170			
	30	50	160			
HT250	4	10	270	细P	较细片状	运输机械中薄壁缸体,缸盖、进排气管等;机床中立柱、横梁、床身、滑板、箱体等;冶金矿山机械中的轨道板、齿轮等;动力机械中的缸体、缸盖、活塞等
	10	20	240			
	20	30	220			
	30	50	200			
HT300	10	20	290	细P	细小片状	机床导轨,受力较大的机床床身、立柱、机座等;通用机械的水泵出口管、吸入盖等;动力机械中的液压阀体、蜗轮、汽轮机隔板、泵壳,大型发动机缸体、缸盖等
	20	30	250			
	30	50	230			
HT350	10	20	340	细P	细小片状	大型发动机缸体、缸盖、衬套等;水泵缸体、阀体、凸轮等;机床导轨、工作台等摩擦件;需经表面淬火的铸件
	20	30	290			
	30	50	260			

　　从表3-19可以看出,在同一牌号中,随铸件壁厚的增加,其抗拉强度降低。因此,根据零件的性能要求选择铸铁牌号时,必须同时注意到零件的壁厚尺寸。

　　灰口铸铁的性能与碳钢相比,具有如下特点:

　　(1)力学性能低。

　　其抗拉强度和塑性、韧性都远远低于钢。这是由于灰口铸铁中片状石墨的存在,不仅在其尖端处引起应力集中,而且破坏了基体的连续性。石墨片的量愈多、尺寸愈大其影响也愈大。但是,石墨的存在对抗压强度影响不大,其抗压强度是抗拉强度的2.5~4倍。所以常用灰口铸铁制造机床床身、底座等耐压零部件。

　　(2)耐磨性与减振性好。

　　由于铸铁中石墨有利于润滑及贮油,所以耐磨性好。同样,由于石墨的存在,灰铸铁的减振性优于钢。

　　(3)工艺性能好。

　　由于灰铸铁含碳量高,接近于共晶成分,故熔点比较低,流动性良好,收缩率小,因此适

宜于铸造结构复杂或薄壁铸件。另外,由于石墨使切削加工时易断屑,所以灰铸铁的可切削加工性优于钢。

3. 灰铸铁的孕育处理

表 3 – 19 中 HT250、HT300、HT350 属于较高强度的孕育铸铁(也称变质铸铁),这是普通铸铁通过孕育处理而得到的。由于在铸造之前向铁液中加入了孕育剂(或称变质剂),因此结晶时石墨晶核数目增多,石墨片尺寸变小,更为均匀地分布在基体中。所以其显微组织是在细珠光体基体上分布着细小片状石墨。铸铁变质剂或孕育剂一般为硅铁合金或硅钙合金小颗粒或粉,加入量为铁水总量的 0.4%,当变质剂加入铸铁液内后立即形成 SiO_2 的固体小质点,铸铁中的碳以这些小质点为核心形成细小的片状石墨。

铸铁经孕育处理后不仅强度有较大提高,而且塑性和韧性也有所改善。同时,由于孕育剂的加入,还可使铸铁对冷却速度的敏感性显著减少,使各部位都能得到均匀一致的组织。因而孕育铸铁常用来制造力学性能要求较高、截面尺寸变化较大的铸件。

3.3.5 球墨铸铁

在浇注前向铁液中加入一定量的球化剂(如镁、稀土或稀土镁)和少量的孕育剂(硅铁和硅钙)进行球化处理和孕育处理,在浇注后可获得具有球状石墨结晶铸铁,称为球墨铸铁,简称"球铁"。

1. 球墨铸铁的化学成分和组织特征

球墨铸铁的大致化学成分范围是:$w_C = 3.6\% \sim 3.9\%$,$w_{Si} = 2.0\% \sim 3.0\%$,$w_{Mn} = 0.3\% \sim 0.8\%$,$w_P < 0.1\%$,$w_S < 0.07\%$,$w_{Mg} = 0.03\% \sim 0.08\%$。球墨铸铁的成分特点是:碳当量较高(一般在 4.3 ~ 4.6),含硫量较低。高碳当量是为了使它得到共晶左右的成分,具有良好的流动性;而低硫则是因为硫与球化剂(Mg 及 RE)具有很强的亲和力,会消耗球化剂,从而造成球化不良。由于球化剂的加入将阻碍石墨化,并使共晶点右移造成流动性下降,所以必须严格控制其含量。

球墨铸铁的显微组织由球形石墨和金属基体两部分组成。随着成分和冷却速度的不同球墨铸铁在铸态下的金属基体可分为铁素体、铁素体 + 珠光体、珠光体三种,见图 3 – 9。

2. 球墨铸铁的牌号、性能特点及用途

各种球墨铸铁的牌号、力学性能及用途举例见表 3 – 20 所示。牌号中的"QT"是"球铁"二字汉语拼音的大写字头,为球墨铸铁代号;在"QT"后面的两组数字分别表示最低抗拉强度和最低伸长率。

在球墨铸铁中,由于球形石墨对金属基截面削弱作用较小,使得基体比较连续。而且,在拉伸时,应力集中明显减弱,从而使基体强度利用率可达 70% ~ 90%,而在灰口铸铁中基体的强度利用率仅为 30% ~ 50%,故球墨铸铁的强度、塑性和韧性都超过灰口铸铁,球铁的刚性也比灰口铸铁好。球墨铸铁不仅具有远远超过灰口铸铁的机械性能,而且同样也具有灰口铸铁的一系列优点,如良好的铸造性,减摩性,切削加工性及低的缺口敏感性等;甚至在某些性能方面可与锻钢相媲美,如疲劳强度大致与中碳钢相近,耐磨性优于表面淬火钢等。但球铁的减振能力比灰铸铁低很多。

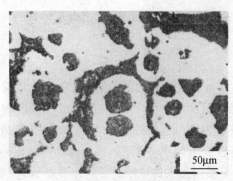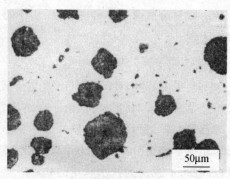

(a) 珠光体+铁素体球墨铸铁　　　　　　　(b) 铁素体基球墨铸铁

(c) 珠光体基球墨铸铁

图 3-9　球墨铸铁的显微组织

表 3-20　球墨铸铁的牌号、力学性能及用途

牌号	基体	力学性能(不小于)					用途举例
		σ_b /MPa	$\sigma0.2$ /MPa	δ (%)	αk /J· cm^{-2}	HBS	
QT400-18	F	400	250	17	60	≤179	油泵齿轮、机车、车辆轴瓦等
QT400-15	F	420	270	10	30	≤207	
QT500-7	F+P	500	350	5	—	147~241	
QT600-3	P	600	420	2	—	229~302	油机、汽油机的曲轴、凸轮轴等;磨床、铣床、车床的主轴等;空压机、冷冻机的缸体、缸套等
QT700-2	P	700	490	2	—	229~304	
QT800-2	S回	800	560	2	—	241~321	
QT900-2	B下	1200	840	1	30	≥38HRC	拖拉机减速齿轮、柴油机凸轮轴等

　　由于球铁中金属基体是决定球铁力学性能的主要因素,所以球铁可通过合金化和热处理强化的方法进一步提高它的力学性能。因此,球铁可以在一定条件下代替铸钢、锻钢等,用以制造受力复杂、负荷较大和要求耐磨的铸件。球墨铸铁经热处理后的力学性能见表 3-21。

表 3-21　球墨铸铁经热处理后的力学性能

球墨铸铁基体	热处理状态	σ_b/MPa	δ(%)	硬度 HBS
F	铸态	450~550	10~20	137~193
F	退火	400~500	15~25	121~179

（续表）

球墨铸铁基体	热处理状态	σ_b/MPa	δ(%)	硬度 HBS
P+P	铸态或退火	500~600	5~10	147~241
P	铸态	600~750	2~4	217~269
P	正火	700~950	2~5	229~302
P+碎块状 F	部分奥氏体化正火	600~900	4~9	207~285
B+碎块状 F	部分奥氏体等温淬火	900~1100	2~6	32~40HRC
$B_{下}$	等温淬火	1200~1500	1~3	38~50HRC
$S_{回}$	淬火,550~600℃回火	900~1200	1~5	32~43HRC
$M_{回}+S_{回}$	淬火,360~420℃回火	1000~1300	0.5~1	45~50HRC
$M_{回}$	淬火,290~250℃回火	700~900		55~61HRC

3.3.6　蠕墨铸铁

蠕墨铸铁是近年来发展起来的一种新型工程材料。它是由铁液经变质处理和孕育处理冷却凝固后所获得的一种铸铁。通常采用的变质元素（又称蠕化剂）有稀土硅铁镁合金、稀土硅铁合金、稀土硅铁钙合金或混合稀土等。然后加入少量的孕育剂（硅铁）以促进石墨化,使铸铁中的石墨具有介于片状和球状间的形态。

1.蠕墨铸铁的化学成分和组织特征

蠕墨铸铁的化学成分一般为 w_C = 3.4% ~ 3.6% , w_{Si} = 2.4% ~ 3.0% , w_{Mn} = 0.4% ~ 0.6% , w_S < 0.06% , w_P < 0.07%。

蠕墨铸铁的石墨形态介于片状和球状石墨之间。蠕墨铸铁的石墨形态在光学显微镜下看起来像片状,但不同于灰铸铁的是其片较短而厚、头部较圆（形似蠕虫）。所以可以认为蠕虫状石墨是一种过渡型石墨。

2. 蠕墨铸铁的牌号、性能特点及用途

蠕墨铸铁的牌号、力学性能及用途如表 3 - 22 所示。牌号中"RuT"是"蠕铁"二字汉语拼音的大写字头,为蠕墨铸铁代号;在"RuT"后面的数字表示最低抗拉强度。表中的"蠕化率"为在有代表性的显微视野内,蠕虫状石墨数目与全部石墨数目的百分比。

表 3 - 22　蠕墨铸铁的牌号、力学性能及用途

牌号	力学性能（不小于）			HBS	蠕化率（%）	基体组织	用途举例
	σ_b/MPa	$\sigma_{0.2}$/MPa	δ(%)				
RuT420	420	335	0.75	200~280	≥50	P	活塞环、制动盘、钢球研磨盘、泵体等
RuT380	380	300	0.75	193~290	≥50	P	
RuT340	340	270	1.0	170~241	≥50	P+f	机床工作台、大型齿轮箱体、飞轮等
RuT300	300	240	1.5	140~217	≥50	F+P	变速器箱体、气缸盖、排气管等
RuT260	260	195	3.0	121~197	≥50	F	汽车底盘零件、增压器零件等

3.3.7　可锻铸铁

可锻铸铁是由白口铸铁在固态下经长时间石墨化退火而获得的一种具有团絮状石墨的高强度铸铁,又叫马铁。由于可锻铸铁中石墨呈团絮状,所以明显减轻了石墨对基体金属的割裂。与灰铸铁相比,可锻铸铁的强度和韧性有明显提高。应该指出可锻铸铁不能用锻造方法制成零件。

1. 可锻铸铁的化学成分和组织特征

可锻铸铁的生产过程是:先铸造成白口铸铁。再进行"石墨化"退火。如果铸铁没有完全白口化而出现了片状石墨,则在随后的退火过程中,会因为从渗碳体中分解出的石墨沿片状石墨析出而得不到团絮状石墨。所以可锻铸铁的碳、硅含量不能太高,以促使铸铁完全白口化;但碳、硅含量也不能太低,否则使石墨化退火困难,退火周期增长。可锻铸铁的化学成分大致为:$w_C = 2.5\% \sim 3.2\%$,$w_{Si} = 0.6\% \sim 1.3\%$,$w_{Mn} = 0.4\% \sim 0.6\%$,$w_P = 0.1\% \sim 0.26\%$,$w_S = 0.05\% \sim 1.0\%$。退火后白口铁中的渗碳体分解为团絮状石墨,得到铁素体基体 + 团絮状石墨或珠光体(亦或珠光体及少量铁素体)基体 + 团絮状石墨,如图 3 – 10 所示。铁素体基体 + 团絮状石墨的可锻铸铁断口呈黑灰色,俗称黑心可锻铸铁,这种铸铁件的强度与延展性均较灰铸铁的高,非常适合铸造薄壁零件,是最为常用的一种可锻铸铁。珠光体基体或珠光体与少量铁素体共存的基体 + 团絮状石墨的可锻铸铁件断口呈白色俗称白心可锻铸铁,这种可锻铸铁应用不多。

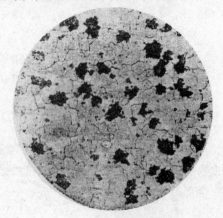　　

　　　　(a)　铁素体可锻铸铁　　　　　　　　　　　　(b)　珠光体可锻铸铁

图 3 – 10　可锻铸铁的显微组织

可锻铸铁的石墨化退火是将白口铸铁件加热到 900 ~ 980℃ 温度,一般保温 60 ~ 80h。炉冷使其中的渗碳体分解,让"第一阶段石墨化"充分进行,形成团絮状石墨。待炉冷至 770 ~ 650℃,再长时间保温,让"第二阶段石墨化"充分进行,这样处理后获得"黑心可锻铸铁"。若取消第二阶段的 770 ~ 650℃ 长时间保温,只让第一阶段石墨化充分进行,炉冷后便获得珠光体基体或珠光体与少量铁素体共存的基体 + 团絮状石墨的"白心可锻铸铁"。

2. 可锻铸铁的牌号、性能特点及用途

可锻铸铁的牌号、性能特点及用途见表 3 – 23。牌号中的"KT"是"可铁"二字汉语拼音的大写字头,为可锻铸铁代号,"H"表示"黑心","Z"表示珠光体基体;后面的两组数字分别表示最低抗拉强度和最低延伸率。

可锻铸铁的力学性能介于灰铸铁与球墨铸铁之间,有较好的耐蚀性,但由于退火时间长,生产效率极低,使用受到限制,故一般用于制造形状复杂、承受冲击,并且壁厚 < 25mm 的铸件(如汽车、拖拉机的后桥壳、轮毂等)。可锻铸铁亦适用于制造在潮湿空气、炉气和水等介质中工作的零件,如管接头、阀门等。

表 3 - 23 可锻铸铁的牌号、力学性能及用途

| 牌号 | 基体 | 力学性能(不小于) | | | | 试样直径/mm | 用途举例 |
		σ_b /MPa	$\sigma_{0.2}$ /MPa	δ (%)	HBS		
KTH400 - 06	F	300	186	6	120 ~ 150	12 或 15	管道、弯头、接头、三通、中压阀门
KTH330 - 08	F	330	—	8	120 ~ 150	12 或 15	扳手;犁刀;纺机和印花机盘头
KTH350 - 10	F	350	200	10	120 ~ 150	12 或 15	汽车前后轮毂,差速器壳、铁道扣板、电动机壳、犁刀等
KTH370 - 12	F	370	226	12	120 ~ 150	12 或 15	
KTH450 - 06	P	450	270	6	150 ~ 200	12 或 15	曲轴、凸轮轴、连杆、齿轮、摇臂、活塞环、轴套、犁刀、耙片、万向节头、棘轮、扳手、传动链条、矿车轮等
KTH550 - 04	P	550	340	4	180 ~ 250	12 或 15	
KTH650 - 02	P	650	430	2	210 ~ 260	12 或 15	
KTH700 - 02	P	700	530	2	240 ~ 290	12 或 15	

3.3.8 合金铸铁

在普通铸铁的基础上加入一定量的合金元素,制成特殊性能铸铁(合金铸铁)。它与特殊性能钢相比,熔炼简便、成本较低。缺点是脆性较大,综合力学性能不如钢。合金铸铁具有一般铸铁不具备的耐高温、耐腐蚀、抗磨损等特性。

1. 耐磨铸铁

有些零件如机床的导轨、托板,发动机的缸套,球磨机的衬板、磨球等,要求更高的耐磨性,一般铸铁满足不了工作条件的要求,应当选用耐磨铸铁。耐磨铸铁根据组织可分为下面几类:

(1)耐磨灰铸铁。

在灰铸铁中加入少量合金元素(如磷、钒、铬、钼、锑、稀土等)可以使金属基体中珠光体细化,同时也细化了石墨。由于铸铁的强度和硬度升高,显微组织得到改善,使得这种灰铸铁具有良好的润滑性和抗咬合、抗擦伤的能力。耐磨灰铸铁广泛用于制造机床导轨、气缸套、活塞环、凸轮轴等零件。

(2)中锰球墨铸铁。

在稀土—镁球铁中加入质量分数为 5.0% ~ 9.5% 的锰,控制硅的质量分数在 3.3% ~ 5.0% 范围内,其组织为马氏体 + 奥氏体 + 渗碳体 + 贝氏体 + 球墨石墨。它具有较高的冲击韧度和强度,适用于在同时承受冲击和磨损的条件下使用,可代替部分高锰钢和锻钢。中锰球铁常用于农机具耙片、犁铧、球磨机磨球等。

2. 耐热铸铁

普通灰铸铁的耐热性较差,只能在低于400℃左右的温度下工作。耐热铸铁是指在高温下具有良好的抗氧化和抗生长能力的铸铁。所谓热生长是指氧化性气氛沿石墨片边界和裂纹渗入铸铁内部,形成内氧化以及因渗碳体分解成石墨而引起体积的不可逆膨胀。结果将使铸件失去精度和产生显微裂纹。

在铸铁中加入硅、铝、铬等合金元素,使之在高温下形成一层致密的氧化膜:SiO_2、Al_2O_3、Cr_2O_3 等,使其内部不再继续氧化。此外,这些元素还会提高铸铁的临界点,使其在所使用的温度范围内不发生固态相变,以减少由此造成的体积变化,防止显微裂纹的产生。

耐热铸铁按其成分可分为硅系、铝系、硅铝系及铬系等。其中铝系耐热铸铁脆性较大,而铬系耐热铸铁的价格较贵,所以我国多采用硅系和硅铝系耐热铸铁。

3. 耐蚀铸铁

提高铸铁耐蚀性的主要途径是合金化。在铸铁中加入硅、铝、铬等合金元素,能在铸铁表面形成一层连续致密的保护膜,可有效地提高铸铁的耐蚀性;在铸铁中加入铬、硅、钼、镍、磷等合金元素,可提高铁素体电极电位,以提高耐蚀性。另外,通过合金化,还可获得单相金属基体组织,减少铸铁中的微电池,从而提高其耐蚀性。

目前应用较多的耐蚀铸铁有高硅铸铁(STSi15RE)、高硅钼铸铁(STSi15Mo3RE)、铝铸铁(STAl5)、铬铸铁(STCr28)、抗碱球铁(STQNiCrRE)等。

3.4　有色金属及其合金

工业生产中,把铁及其合金材料称为黑色金属,而把除黑色金属以外的金属及其合金材料统称为有色金属。

与黑色金属相比,有色金属具有许多优良的性能,是现代工业中不可缺少的材料,在国民经济中占有十分重要的地位。例如,铝、镁、钛等具有相对密度小,比强度高的特点,因而广泛用于航空、航天、汽车、船舶等行业;银、铜、铝等具有优良导电性和导热性,广泛应用于电器工业和仪表工业;铀、钨、钼、镭、钍、铍等是原子能工业所必需的材料等。但有色金属稀缺,价格昂贵。

工业上广泛使用的有色金属有铝及铝合金、铜及铜合金、钛合金和轴承合金等。

3.4.1　铝及铝合金

1. 纯铝

纯铝是一种银白色的轻金属,熔点为660℃,具有面心立方晶格,没有同素异构转变。它的密度小(只有 $2.72g/cm^3$);导电性、导热性仅次于银和铜。纯铝的化学性质活泼,在大气中极易氧化,在表面形成一层牢固致密的氧化膜,有效隔绝铝和氧的接触,从而阻止铝表面的进一步氧化,使它在大气和淡水中具有良好的耐蚀性。纯铝在低温下,甚至在超低温下都具有良好的塑性($\Psi = 80\%$)和韧性,这与铝具有面心立方晶格结构有关。铝的强度低

$(\sigma_b = 80 \sim 100 \text{ MPa})$，冷变形加工硬化后强度可提高到 $\sigma_b = 150 \sim 250 \text{ MPa}$，但其塑性却降低到 $\Psi = 50\% \sim 60\%$。

纯铝具有许多优良的工艺性能，易于铸造、易于切削、也易于通过压力加工。上述这些特性决定了纯铝适合制造电缆电线以及要求具有导热和抗大气腐蚀性能而对强度要求不高的一些用品或器皿。

纯铝按其纯度分为高纯铝、工业高纯铝和工业纯铝。纯铝的牌号由 1××× 表示，其中最后两位数字表示纯铝的纯度为 99. ××%，如 1A97 表示铝含量为 99.97%。高纯铝的牌号有 1A85（原 LG5）、1A90（原 LG2）、1A93（原 LG3）、1A97（原 LG4）和 1A99（原 LG5），牌号中的第二位字母 A 表示原始纯铝或原始合金，后面的数字越大，纯度越高。若牌号中的第二位为数字 0，则表示其杂质极限含量无特殊控制；若第二位为数字 1～9，则表示对一项或一项以上的单个杂质或合金元素极限含量有特殊控制。如工业区纯铝的牌号 1070A（原 L1）、1060（原 L2）、1050（原 L3）、1035（原 L4）。

2. 铝合金的分类

铝与硅、铜、镁、锰等到合金元素所组成的铝合金具有较高的强度，能用于制造承受载荷的机械零件。铝合金不仅可以通过冷变形加工硬化的方法提高其强度，还可以通过热处理——"时效硬化"的方法进一步提高其强度。具体分类及性能特点见表 3 - 24。

表 3 - 24　铝合金的分类及性能特点

分类		合金名称	合金系	性能特点	牌号（代号）举例
铸造铝合金		简单铝硅合金	Al - Si	铸造性能好，不能热处理强化，力学性能较低	ZAlSi12（ZL102）
		特殊铝硅合金	Al - Si - Mg	铸造性能良好，能热处理强化，力学性能较高	ZAlSi7Mg（ZL101）
			Al - Si - Cu		ZAlSi7Cu4（ZL107）
			Al - Si - Mg - Cu		ZAlSi5Cu1Mg（ZL105）、ZAlSi5Cu6Mg（ZL110）
			Al - Si - Mg - Cu - Ni		ZAlSi2Cu1Mg1Ni1（ZL109）
		铝铜铸造合金	Al - Cu	耐热性能好，铸造性能与耐蚀性差	ZAl5CuMn（ZL201）
		铝锌铸造合金	Al - Mg	力学性能高，耐腐蚀性好	ZAlMg10（ZL301）
		铝镁铸造合金	Al - Zn	能自动淬火，宜于压铸	ZAlZn11Si7（ZL401）
		铝稀土铸造合金	Al - Re	耐热性能好	
形变铝合金	不可热处理强化的铝合金	防锈铝	Al - Mn	耐蚀性、压力加工性与焊接性能好，但强度较低	3Al1（LF21）
			Al - Mg		5A05（LF5）
	可热处理强化的铝合金	硬铝	Al - Cu - Mg	力学性能高	2Al（LY11）、2Al4（LY12）
		超硬铝	Al - Cu - Mg - Zn	室温强度最高	7A04（LC4）
		锻铝	Al - Mg - Si - Cu	铸造性能好	2A50（LD5）、2A14（LD10）
			Al - Cu - Mg - Fe - Ni	耐热性能好	2A80（LD8）、2A70（LD7）

根据铝合金的成分、组织和生产工艺的特点,可将铝合金分为形变铝合金和铸造铝合金两类。工业上常用的铝合金一般具有如图 3 - 11 所示的相图。凡位于相图上 D 点成分以左的合金,在加热至高温时能形成单相固溶体组织,其塑性较高,适于压力加工,故称为形变铝合金。成分位于 D 以右的合金,都有具有共晶组织,液态流动性较高,多适于铸造而不适于压力加工,所以称为铸造铝合金。形变铝合金适于通过压力加工(轧制、挤压、模锻等)制成半成品或模锻件,铸造铝合金则适于直接浇铸成形状复杂的甚至是薄壁的成型件。

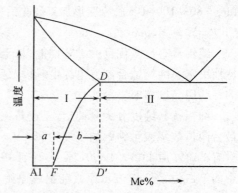

图 3 - 11　铝合金相图的一般类型

在形变铝合金中,位于 F 点以左成分的合金,在固态始终保持单相,被称为不可热处理强化的铝合金。成分在 F 和 D 之间的铝合金,由于合金元素在铝中有溶解度的变化会析出第二相,可通过热处理使合金强度提高,所以称为可热处理强化铝合金。

铸造铝合金中按主加合金元素的不同,分为 Al - Si 系、Al - Cu 系、Al - Mg 系和 Al - Zn 系等四种合金。铸造铝合金牌号由"铸造代号 Z + 基本元素铝的元素符号 Al + 合金元素符号及其平均质量分数(％)"表示。如 ZAlSi12 表示含硅 w_{Si} = 12% 的铸铝合金。合金代号用"铸铝"二字汉语拼音字首"ZL"后跟三位数字表示。代号中第一位数表示合金系列,1 为 Al - Si 系合金;2 为 Al - Cu 系合金;3 为 Al - Mg 系合金;4 为 Al - Zn 系合金。第二、三位数表示合金的顺序号。如 ZL201 表示 1 号铝铜系铸造铝合金,ZL107 表示 7 号铝硅系铸造铝合金。

形变铝合金按照性能特点和用途分为防锈铝、硬铝、超硬铝、锻铝等四种。防锈铝属于不可热处理强化的铝合金,硬铝、超硬铝、锻铝属于可热处理强化的铝合金。防锈铝牌号用"5×××"表示(3A21 防锈铝除外),第一位数字表示以镁为主要合金元素的铝合金,后面的数字或字母的含义同纯铝;其代号用"LF"和跟在后面的顺序号表示,"LF"是"铝防"二字的汉语拼音字首。硬铝、超硬铝、锻铝牌号分别用"2×××"、"7×××"、"6×××"表示,第一位数"2"表示以铜为主要合金元素,"7"表示以锌为主要合金元素,"6"表示以镁和硅为主要合金元素的铝合金,第一位数后面的字母或数字含义同纯铝;其代号分别用"LY"(铝硬)、"LC"(铝超)、"LD"(铝锻)和后面的顺序号来表示。如 5A505(LF5)表示 5 号防锈铝,2A11(LY11)表示 11 号硬铝,7A04(LC4)表示 4 号超硬铝,2A80(LD8)表示 8 号锻铝,其他类推。

3. 铝合金的强化

铝合金的强化方式主要以下几种:

(1) 固溶强化。

纯铝中加入合金元素,形成铝基固溶体,造成晶格畸变,阻碍了位错的运动,起到固溶强化的作用,可使其强度提高。根据合金化的一般规律,形成无限固溶体或高浓度的固溶体型合金时,不仅能获得高的强度,而且还能获得优良的塑性与良好的压力加工性能。Al - Cu、Al - Mg、Al - Si、Al - Zn、Al - Mn 等二元合金一般都能形成有限固溶体,并且均有较大的溶解度(见表 3 - 25),因此具有较大的固溶强化效果。

表 3 -25　常用元素在铝中的溶解度(%)

元素名称	锌	镁	铜	锰	硅
极限溶解度	32.8	14.9	5.65	1.82	1.65
室温时的溶解度	0.05	0.34	0.20	0.06	0.05

(2) 时效强化。

经过固溶处理的过饱和铝合金在室温下或加热到某一温度后,放一段时间,其强度和硬度随时间的延长而增高,而塑性、韧性则降低,这个过程称为时效。在室温下进行的时效称为自然时效,在加热条件下进行的时效称为人工时效。时效过程中使铝合金的强度、硬度增高的现象称为时效强化或时效硬化。其强化效果是依靠时效过程中所产生的时效硬化现象来实现的。

图 3 - 12 是 Al - Cu 合金相图,现以含 $w_{Cu} = 4\%$ 的 Al - Cu 合金为例说明铝的时效强化。

铝铜合金的时效强化过程分为以下四个阶段:

第一阶段,形成溶质原子(铜)的富集区—GP[Ⅰ]区。随着 GP[Ⅰ]区的形成,将引起以铝为基的 α 固溶体的严重畸变,使位错运动受到阻碍,从而提高了合金的强度。

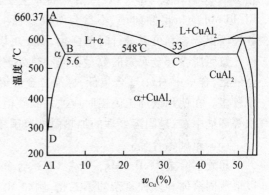

图 3 - 12　铝 - 铜二元合金状态图

第二阶段,GP 区有序化—GP[Ⅱ]区。随着时间的延续,溶质原子继续向 GP[Ⅰ]区扩散富集并有序化而形成 GP[Ⅱ]区。GP[Ⅱ]区的化学成分接近 $GuAl_2$,具有正方晶格,常用 θ'' 表示。与形成 GP[Ⅰ]区相比,形成 GP[Ⅱ]区,将引起以铝为基的固溶体的更严重的畸变,使位错运动受到更大的阻碍,从而进一步提高了合金的强度。

第三阶段,溶质原子(铜)继续富集,以及 θ' 相的形成。随着时间的延续,铜原子继续富集,在第二阶段中所形成的 θ'' 将逐渐达到 $GuAl_2$ 的化学成分,并部分地与母相 α 固溶体的晶格脱离联系,而形成一种过渡相— θ'。随着 θ' 相的形成,α 固溶体的晶格畸变将减轻,对位错的阻碍亦将减少,于是合金趋向软化。

第四阶段,稳定的 θ 相的形成与长大。时效过程的最后阶段是形成稳定的 θ 相—$CuAl_2$。在此阶段,θ 相与母相 α 相固溶体的晶格完全脱离联系,使 α 固溶体的晶格畸变大为减轻,时效所产生的强化效果便显著减弱,合金发生软化,这种现象称为"过时效"。

实际的时效过程不一定全都包括上述四个阶段。例如,自然时效只出现第一、二两个阶段,后两个阶段由于原子扩散能力不足而不出现;温度较高的人工时效则主要三、四两个阶段,因为在较高的温度下,原子扩散能力较大,第一、二两阶段很快就进行完毕或根本来不及出现即转入后两个阶段。

由上述可知,铝合金的强化是通过固溶强化和时效强化达到的,尤其是时效强化的效果较为显著。

实际生产中进行的时效强化的铝合金,大多不是二元合金,而是 Al – Cu – Mg 系,Al – Mg – Si 系和 Al – Si – Cu – Mg 系等,虽然强化相的种类有所不同但时效强化原理基本上是相同的。

4. 形变铝合金

(1) 防锈铝合金。

防锈铝合金中主要合金元素是 Mn 和 Mg,Mn 的主要作用是提高铝合金的耐蚀能力,并通过固溶强化作用,提高铝合金的强度。Mg 也具有固溶强化的作用,并使合金的密度降低。防锈铝合金锻造退火后其组织为单相固溶体,故耐腐蚀能力强,塑性好。各类防锈铝合金均不能通过热处理进行强化,但可通过冷变形加工,利用加工硬化,提高合金的强度。

(2) 硬铝合金。

硬铝合金为 Al – Cu – Mg 系合金,还含有少量的 Mn。合金中的 Cu、Mg 是为了形成强化相 $CuAl_2(\theta)$ 相及 $CuMgAl_2(S 相)$。Mn 主要是提高合金的耐蚀性,并有一定的固溶强化作用,但 Mn 的析出倾向小,不参与时效过程。少量的 Ti 或 B 可细化晶粒和提高合金强度。各种硬铝合金都可以进行时效强化,属于可以热处理强化的铝合金,亦可进行变形强化。

按照所含合金元素的数量不同和热处理强化效果的不同,可将硬铝合金分为三类:低合金硬铝,合金中 Mg、Cu 含量低;标准合金硬铝,合金元素含量中等;高合金硬铝,合金元素含量较多。在使用或加工硬铝时应注意到硬铝的如下不足之处。一是耐蚀性差,特别是在海水等环境中;二是固溶处理的加热温度范围较窄,这对其生产工艺的实现带来了困难。

(3) 超硬铝合金。

超硬铝合金为 Al – Mg – Zn – Cu 系合金,并含有少量的 Cr 和 Mn。Zn、Cu、Mg 与 Al 可以形成固溶体和多种复杂的第二相,例如 MgZn2,Al2CuMg,AlMgZnCu 等。所以经过固溶处理和人工时效后,可获得很高的强度和硬度。它是强度最高的一种铝合金。但这种合金的耐蚀性较差,高温下软化快,可以用包铝法提高耐蚀性。

(4) 锻铝合金。

锻铝合金为 Al – Mg – Si – Cu 系和 Al – Cu – Mg – Ni – Fe 系合金。这类铝合金具有良好的热塑性,良好的铸造性能和锻造性能,并有较高的力学性能。在这类铝合金中,合金元素的种类众多,但每种元素的含量都很少,因而具有良好热塑性。锻造铝合金通常都要进行固溶处理和人工时效。

(5) 铸造铝合金。

铸造铝合金按照主要合金元素的不同,可分为四类:Al – Si 铸造铝合金,如 ZL101、ZL105 等;Al – Cu 铸造铝合金,如 ZL201、ZL203 等;Al – Mg 铸造铝合金,如 ZL301、ZL302 等;Al – Zn 铸造铝合金,如 ZL401、ZL402 等。

各类铸造铝合金的主要牌号、力学性能及用途见表 3 – 26。

1) Al – Si 铸造铝合金。

Al – Si 铸造铝合金通常称为铝硅明,只含硅元素的 Al – Si 二元合金称为简单铝硅明。除硅外还含有其他合金元素的称为复杂铝硅明(Al – Si – Mg – Cu 等多元合金)。含硅 $w_{Si} = 11\% \sim 13\%$ 的简单铝硅明(ZL102)铸造后几乎全部是共晶组织。因此,这种合金流动性好,铸件发生热裂倾向小,适用于铸造复杂形状的零件。此外,Al – Si 铸造铝合金还有耐腐蚀性能高、膨胀系数低、焊接性优良等特点。该合金的不足之处是铸造时吸气性高,结晶时产生大量分散缩孔,使铸件的致密度下降。Al – Si 合金组织中的共晶硅呈粗大的针状,严重降低了合金的塑性。采用变质处理可使合金的金相组织明显细化,从而提高了其强度和塑性。简单铝硅明不能进行淬火时效强化,因而仅适合制造形状复杂但强度要求不高的铸件。

为了提高铝硅明的强度,可向合金中加入 Mg、Cu 等合金元素,以形成 $CuAl_2$(θ 相)、$MgSi$(β 相)、Al_2CuMg(S 相)等强度相。此类复杂铝硅明除可进行变质处理外,还可进行淬火时效提高铝硅明的强度。这类合金在制造形状复杂、性能要求高和高温下工作的零件和重载荷的大铸件中得到广泛应用。

2) Al – Cu 铸造铝合金。

Al – Cu 合金的强度较高,耐热性好,但铸造性能不好,其中只有少量共晶体,有热裂和疏松倾向,耐蚀性较差。

ZL201 的室温强度高,塑性比较好,可制作在 300℃ 以下工作的零件,ZL202 塑性较低,多用于高温下不受冲击的零件。ZL203 经淬火时效后,强度较高,可做结构材料铸造受中等载荷和形状较简单的零件。

表 3 –26　铸造铝合金的主要牌号、力学性能及用途

类别	合金牌号(代号)	铸造方法	热处理状态	机械性能			用途
				σ_b /MPa	δ(%)	HBS	
铝硅合金	ZAlSi7Mg (ZL101)	J	T_5	210	2	60	形状复杂的零件、如飞机、仪器零件、抽水机壳体
		S	T_5	200	2	60	
		S · B	T_6	230	1	70	
	ZAlSi9Mg (ZL104)	S · B	T_6	230	2	70	形状复杂、工作温度为 200℃ 以下的零件,如电动机壳体、气缸体
		J	T_6	240	2	70	
	ZAlSi5Cu1Mg (ZL105)	S	T_5	200	1	70	250℃ 以下工作的承受中等载荷的零件,如中、小型发动机气缸头、机匣、油泵壳体
		J	T_5	240	0.5	70	
		S	T_6	230	0.5	70	
	ZAlSi7Cu4 (ZL107)	S · B	T_6	250	2.5	90	可用金属型铸造在较高温度下承受重大载荷的零件
		J	T_6	280	3	100	
	ZAlSi5Cu1 Mg1Ni1 (ZL109)	J	T_1	200		90	需有较高的高温强度和低膨胀系数的发动机活塞
		J	T_6	250	0.5	100	
	ZAlSi5Cu6Mg (ZL110)	J	T_1	150		80	汽车发动机活塞及其他在高温下工作的零件
		S	T_1	170		90	
铝铜合金	ZAlCu5Mn (ZL201)	S	T_4	300	8	70	工作温度在 175 ~ 300℃ 的零件,如内燃机气缸头、活塞
		S	T_5	340	4	90	
	ZAlCu10 (ZL202)	S · J	T_6	170		100	需有高温、结构复杂的机件
	ZAlCu4 (ZL2031)	S	T_5	220	3	70	需要高强度、高塑性的零件以及工作温度不超过 200℃ 并要求切削性能好的小零件
		J	T_6	230	3	70	

（续表）

类别	合金牌号（代号）	铸造方法	热处理状态	机械性能			用途
				σ_b /MPa	δ （%）	HBS	
铝镁合金	ZAlMg10 （ZL301）	S	T_4	280	9	60	大气或海水中工作的零件,承受冲击载荷、外形不太复杂的零件,如舰船配件、氨用泵体等
	ZAlMg8Zn1 （ZL305）	J	T_1	240	4	70	在腐蚀介质下工作的中等载荷零件;在严寒大气及200℃以下工作的零件,如海轮配件等
铝锌合金	ZAlZn11Si7 （ZL401）	S J	T_1 T_1	200 250	2 1.5	80 90	压力铸造零件,工作温度不超过200℃的结构形状复杂的汽车、飞机零件
	ZAlZn6Mg （ZL402）	S J	T_1 T_1	220 240	4 4	65 70	结构形状复杂的汽车、飞机、仪器零件、也可制造日用品

注:S—砂型铸造;J—金属型铸造;B—变质处理;T_1—时效处理;T_4—淬火加自然时效;T_5—淬火和部分人工时效;T_6—淬火和完全人工时效。

3）Al - Mg 铸造铝合金。

Al - Mg 合金（ZL301、ZL302）强度高,密度小（约为 $2.55g/m^3$）,耐蚀性好,但铸造性能不好,没有共晶体,耐热性低。Al - Mg 合金可进行时效处理,通常采用自然时效。此类合金多用于制作承受冲击载荷、耐海水腐蚀、外形不太复杂便于铸造的零件。

4）Al - Zn 铸造铝合金。

Al - Zn 合金（ZL401、ZL402）价格便宜,铸造性能优良,经变质处理和时效处理后强度较高,但耐蚀性差,热裂倾向大。

铸造铝合金的铸件,由于形状较复杂,组织粗糙,化合物粗大,并有严重的偏析,因此它的热处理与变形铝合金相比,淬火温度应高一些,加热保温时间要长一些,以使粗大析出物完全溶解并使固溶体成分均匀化。淬火一般用水冷却,并多采用人工时效。

3.4.2　铜及铜合金

1. 纯铜

纯铜呈玫瑰红色,比重8.9,其熔点为1083℃,在固态时具有面心立方晶格结构,无同素异构,表面形成氧化膜后,呈紫红色,故常称为紫铜。纯铜具有优良的导电、导热性,其导电性在各种元素中仅次于银,故纯铜主要用作导电材料。

（1）铜是逆磁性物质,用纯铜制作的各种仪器和机件不受外磁场的干扰,故纯铜适合制作磁导仪器、定向仪器和防磁器械等。

（2）纯铜具有极好的塑性,容易冷、热成型,故纯铜制品大多经压力加工制成。

（3）纯铜的化学性能比较稳定,在大气、水、水蒸汽、热水中基本上不遭受腐蚀。

工业纯铜中含有锡、铋、氧、硫、磷等杂质,它们都使铜的导电能力下降。铅和铋能与铜形成熔点很低的共晶体（Cu + Pb）和（Cu + Bi）,共晶温度分别为326℃和270℃,分布在铜的晶界上。进行热加工时（温度为820～860℃）,因共晶体溶化,破坏晶界的结合,使铜发生脆性断裂（热裂）。硫、氧与铜也形成共晶体（Cu + Cu_2S）和（Cu + Cu_2O）,共晶温度分别为1067℃和1065℃,因共晶温度高,它们不引起热脆性。但由于Cu_2S、Cu_2O都是脆性化合物,在冷加工时易产生破裂,这种现象称为冷脆。

根据杂质的含量,工业纯铜可分为四种:T1、T2、T3、T4。"T"为铜的汉语拼音字头,编号越大,纯度越低。工业纯铜的牌号、成分及主要用途见表 3 – 27。

表 3 – 27　工业纯铜的牌号、成分及主要用途

牌号	代号	w_{Cu}（%）	杂质 w（%）		杂质总量 w（%）	用途
			Bi	Pb		
一号铜	T1	99.95	0.002	0.005	0.05	导电材料和配制纯度合金
二号铜	T2	99.90	0.002	0.005	0.1	导电材料,制作电线、电缆等
三号铜	T3	99.70	0.002	0.01	0.3	一般用铜材,电气开关,垫圈,铆钉油管等
四号铜	T4	99.50	0.003	0.05	0.5	同上

纯铜除工业纯铜外,还有一类叫无氧铜,其含氧量极低,氧的质量分数不大于 0.003%。牌号有 TU1、TU2,主要用来制作电真空器件及高导电性铜线。这种导线能抵抗氢的作用,不发生氢脆现象。纯铜的强度低,不宜直接用作结构材料。

2. 黄铜

以锌为惟一或主要合金元素的铜合金称为黄铜。黄铜具有良好的塑性和耐腐蚀性、良好的变形加工性能和铸造性能,在工业中有很好的应用价值。按化学成分的不同,黄铜可分为普通黄铜和特殊黄铜两类。表 3 – 28 是常用黄铜的牌号、成分、性能和用途。

（1）普通黄铜。

普通黄铜是铜 – 锌二元合金。图 3 – 13 是 Cu – Zn 合金相图。从图中可以看出,Cu – Zn 系具有六种相,但工业中应用的黄铜的含锌量一般不超过 47%,所以在黄铜中只有单相（α）和两相（α + β）状态。α 相是锌溶于铜中的固溶体,其溶解度随温度的下降而增加,在 456℃ 时溶解度为最大(约含有 39% 锌),456℃ 以下,溶解度又减小。α 相具有面心立方晶格,塑性很好,适于进行冷、热加工,并有优良的铸造、焊接和镀锡的能力。高温时,CuZn（β 相）中的铜、锌原子处于无序状态,当合金缓冷至 456 ~ 468℃ 时 β 相会转变为有序状态称 β′ 相,具有体心立方晶格,高温时 β 相具有极好的塑性,适于热加工,低温时 β′ 相比较脆,故不适于冷加工。

黄铜的含锌量对其力学性能有很大的影响,其大至情况如图 3 – 14 所示。当黄铜处于单相 α 状态（$w_{Zn} \leqslant 30\% \sim 32\%$）时,随着含锌量的增加,强度和延伸率都升高,当 $w_{Zn} > 32\%$ 后,因组织中出现 β′ 相,塑性开始下降,而强度继续升高,在 $w_{Zn} = 45\%$ 附近达到最大值。当 w_{Zn} 更高时,黄铜的组织全部为 β′ 相,强度与塑性急剧下降。

普通黄铜根据其组织不同可分为单相黄铜和双相黄铜,单相黄铜的组织为 α,塑性很好,可进行冷、热压力加工,适于制作冷轧板材、冷拉线材、管材及形状复杂的深冲零件。常用的单相黄铜代号有 H80、H70、H68 等,"H"为黄铜的汉语拼音字首,数字表示铜的平均质量分数（%）。常用双相黄铜的代号有 H62、H59 等,双相黄铜的组织为 α + β′。由于室温 β′ 相很脆,冷变形性能差,而高温 β 相塑性好,因此它们可以进行热加工变形。通常双相黄铜热轧成棒材、板材,再经机加工制造各种零件。

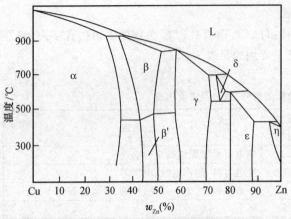

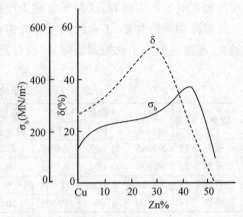

图 3 – 13　Cu – Zn 合金相图　　　　　　　图 3 – 14　黄铜的机械性能与含锌量的关系

表 3 – 28　常用黄铜的牌号、成分、性能和用途

| 类别 | 牌号 | 化学成分 w(%) | | 状态 | 力学性能 | | | 用　途 |
		Cu	其他		σ_b/ MPa	δ (%)	HBS	
黄铜	H96	95.0 ~ 97.0	Zn:余量	T L	240 450	50 2	45 120	冷凝管,散热器管及导电零件
	H62	60.5 ~ 63.5	Zn:余量	T L	330 600	49 3	56 164	铆钉、螺帽、垫圈、散热器零件
特殊黄铜	HPb59 – 1	57.0 ~ 60.0	Pb:0.8 ~ 0.9 Zn:余量	T L	420 550	45 5	75 149	用于热冲压和切削加工制作的各种零件
	HMn58 – 2	57.0 ~ 60.0	Mn:1.0 ~ 2.0 Zn:余量	S J	400 700	40 10	90 178	腐蚀条件下工作的重要零件和弱电流工业零件
	HSn90 – 1	88.0 ~ 91.0	Sn:0.25 ~ 0.75Zn:余量	S J	280 520	40 4	58 148	汽车、拖拉机弹性套管及其他耐蚀减震零件
铸造黄铜	ZCuZn38	60.0 ~ 63.0	Zn:余量	S J	295 295	30 30	59 69	一般结构件及耐蚀零件,如法兰、阀座、支架等
	ZCuZn31Al2	66.0 ~ 68.0	Al:2.0 ~ 3.0 Zn:余量	S J	295 390	12 15	79 89	制作电动机、仪表等压铸件及船舶、机械中的耐蚀件
	ZCuZn38 Mn2Pb2	57.0 ~ 60.0	Mn:1.5 ~ 2.5 Pb:1.5 ~ 2.5Zn:余量	S J	245 345	10 14	69 79	一般用途结构件,船舶仪表等使用的外形简单的铸件,如套筒、轴瓦等
	ZCuZn16Si4	79.0 ~ 81.0	Si:2.5 ~ 4.5 Zn:余量	S J	345 390	15 20	89 98	船舶零件,内燃机零件,在气、水油中的零件

注:T—退火状态;L—冷变形状态;S—砂型铸造;J—金属型铸造

（2）特殊黄铜。

为了获得更高的强度、耐蚀性和某些良好的工艺性能,在铜锌合金中加入铅、锡、铝、铁、硅、锰、镍等元素,形成各种特殊黄铜。

特殊黄铜的编号方法是:"H + 主加元素符号 + 铜的平均质量分数 + 主加元素的平均质量分数"。特殊黄铜可分为压力加工黄铜(以黄铜加工产品供应)和铸造黄铜两类,其中铸造黄铜在编号前加"Z"。例如:HSn70 – 1 表示成分为 w_{Cu} = 69.0% ~ 71.0% ,w_{Sn} = 1.0% ~ 1.5% ,其余为 Zn 的锡黄铜;ZHPb59 – 1 表示成分为 w_{Cu} = 57.0% ~ 61.0% ,w_{Pb} = 0.8% ~ 1.9% ,其余为 Zn 的铅黄铜。

1) 铅黄铜。铅能改善黄铜的切削加工性能,并能提高合金的耐磨性。铅对黄铜的强度影响不大,略微降低塑性。压力加工铅黄铜主要用于要求有良好切削加工性能及耐磨的零件(如钟表零件),铸造铅黄铜可以制作轴瓦和衬套。

2) 锡黄铜。锡可显著提高黄铜在海洋大气和海水中的耐蚀性,锡能使黄铜的强度有所提高。压力加工锡黄铜广泛应用于制造海船零件。

3) 铝黄铜。铝能显著提高黄铜的强度和硬度,但使合金的塑性降低。铝能使黄铜表面形成保护性的氧化膜,因而使黄铜在大气中的耐蚀性得以改善。铝黄铜可制作海船零件及其机器的耐蚀零件。铝黄铜中加入适量的镍、锰、铁后,可得到高强度、高耐蚀性的特殊黄铜,常用于制作大型蜗杆、海船用螺旋桨等需要高强度、高耐蚀性的重要零件。

4) 铁黄铜。铁能提高黄铜的强度,并使黄铜具有高的韧性、耐磨性及在大气和海水中优良的耐蚀性,因而铁黄铜可以用于制造受摩擦及受海水腐蚀的零件。

5) 硅黄铜。硅能显著提高黄铜的力学性能、耐磨性和耐蚀性。硅黄铜具有良好的铸造性能,并能进行焊接和切削加工。主要用于制造船舶及化工机械零件。

6) 锰黄铜。锰能提高黄铜的强度,不降低塑性,也能提高在海水中及过热蒸汽中的耐蚀性。合金的耐热性和承受冷热压力加工的性能也很好。锰黄铜常用于制造海船零件及轴承等耐磨部件。

7) 镍黄铜。镍可增大锌在铜中的溶解度,全面提高合金的力学性能和工艺性能,降低应力腐蚀开裂倾向。镍可提高黄铜的再结晶温度并细化其晶粒,镍还可提高黄铜在大气、海水中的抗蚀性,镍黄铜的热加工性能良好,在造船工业、电动机制造工业中广泛应用。

3. 青铜

青铜原指铜锡合金,但是,工业上习惯把铜基合金中不含锡而含有铝、镍、锰、硅、铍、铅等元素组成的合金也叫青铜。所以青铜实际上包含锡青铜、铝青铜、铍青铜和硅青铜等。青铜也可分为压力加工青铜(以青铜加工产品供应)和铸造青铜两类。青铜的编号规则是:"Q + 主加元素符号 + 主加元素的质量分数(%)(+ 其他元素的质量分数(%))","Q"为"青"的汉语拼音字头。如 QSn4 – 3 表示成分为 w_{Sn} = 4% 、w_{Zn} = 3% 、其余为铜的锡青铜。铸造青铜的编号前加"Z"。

(1) 锡青铜。

锡青铜是我国历史上使用最早的有色合金,也是最常用的有色合金之一。它的力学性能与含锡量有关,生产上应用的锡青铜的 w_{Sn} 一般为 3% ~ 14%。当 w_{Sn} > 20% 时,由于出现过多的 δ 相,使合金变得很脆,强度也显著下降。当 w_{Zn} ≤ 5% ~ 6% 时,Sn 溶于 Cu 中,形成面心立方晶格的 α 固溶体,它是 Cu – Sn 合金中最基本的相组成物,随着 α 固溶体中含锡量的增加,合金的强度和塑性都增加。当 w_{Sn} ≥ 5% ~ 6% 时,组织中出现硬而脆的 δ 相(以复杂立方结构的电子化合物 $Cu_{31}Sn_8$ 为基的固溶体),虽然强度继续升高,但塑性却会下降。w_{Sn} < 5% 的锡青铜适宜于冷加工使用,含锡 w_{Sn} = 5% ~ 7% 的锡青铜适宜于热加工,大于 10% 的锡青铜中一般含有少量 Zn、Pb、P、Ni 等元素。Zn 能提高锡青铜的力学性能和流动性。Pb 能改善青铜的耐磨性能和切削加工性能,却会降低力学性能。Ni 能细化青铜的晶粒,提高

力学性能和耐蚀性。P能提高青铜的韧性、硬度、耐磨性和流动性。

（2）铝青铜。

以铝为主要合金元素的铜合金称为铝青铜。铝青铜的强度比黄铜和锡青铜高,工业中应用的铝青铜含铝量一般为 5% ~ 11%。当 $w_{Al} < 5\%$ 时,合金强度很低;当 $w_{Al} \leqslant 5\% ~ 7\%$ 时,合金的塑性很好,适于冷加工,当 $w_{Al} > 7\% ~ 8\%$ 时,合金的塑性急剧降低。其在大气、海水、碳酸及大多数有机酸中的耐蚀性也比黄铜和锡青铜好。此外,还有耐磨损、冲击时不发生火花等特性。铝青铜与上述介绍的铜合金有明显不同的是铝青铜可通过热处理进行强化。铝青铜有良好的铸造性能。它的体积收缩率比锡青铜大,铸件内容易产生难溶的氧化铝。难于钎焊,在过热蒸汽中不稳定。

（3）铍青铜。

以铍为基本合金元素的铜合金称为铍青铜。铍青铜经热处理强化后的抗拉强度可高达 1250 ~ 1500MPa,硬度可达到 50 ~ 400HBS,远远超过任何铜合金,可与高强度合金钢媲美。铍青铜中铍元素的含量 w_{Be} 在 1.7% ~ 2.5% 之间,铍溶于铜中形成 α 固溶体,铍在铜中的最大溶解度为 2.7%,在室温时的溶解度为 0.2%,因此铍青铜可以经过固溶处理和人工时效得到很高的强度和硬度。

铍青铜具有很高的弹性极限、疲劳强度、耐磨性和耐蚀性,导电性、导热性极好,而且耐热、无磁性,受冲击时不发生火花。因此铍青铜常用来制造各种重要弹性元件、耐磨零件(如钟表齿轮,高温、高压、高速下的轴承)及防爆工具等。在工艺性方面,它承受冷、热压力加工的能力很强,铸造性能亦很好。但铍是稀有金属,价格昂贵,在使用上受到限制。

表 3-29 是各种青铜的牌号、成分、性能和主要用途。

表 3-29　各种青铜的牌号、成分、性能和主要用途

类别	牌号	化学成分 w(%)		状态	力学性能			用　　途
		主加元素	其他		σ_b/ MPa	δ (%)	HBS	
锡青铜	QSn4-3	Sn:3.5 ~ 4.5	Zn:2.7 ~ 3.7 Cu:其余	T L	350 550	40 4	60 160	制作弹性元件、化工设备的耐蚀零件、抗磁零件、造纸工业用刮刀
	QSn7-0.2	Sn:6.0 ~ 8.0	P:0.10 ~ 0.25Cu:其余	T L	360 500	64 15	75 180	制作中等负荷、中等滑动速度下承受摩擦的零件,如耐磨垫圈、轴套、蜗轮等
	ZCuSn5Pb5 Zn5	Sn:4.0 ~ 6.0Zn: 4.0 ~ 6.0	Pb:4.0 ~ 6.0 Cu:其余	S J	180 200	8 10	59 64	在较高负荷、中等滑速下工作的耐磨、耐蚀零件,如轴瓦、衬套、离合器等
	ZCuSn10P1	Sn:9.0 ~ 11.0	P:0.5 ~ 1.0 Cu:其余	S J	220 250	3 5	79 89	用于高负荷和高滑速下工作的耐磨零件,如轴瓦等铅
青铜	ZCuPb30	Sn:7.0 ~ 9.0Pb:13 .0 ~ 17.0	Cu:其余	J			25	要求高滑速的双金属轴瓦减摩零件
	ZCuPb15Sn8	Pb:27.0 ~ 33.0	Cu:其余	S J	170 200	5 6	59 64	制造冷轧机的铜冷却管、冷冲击的双金属轴承等

（续表）

| 类别 | 牌号 | 化学成分 w（%） | | 状态 | 力学性能 | | | 用　　途 |
		主加元素	其他		σ_b/ MPa	δ （%）	HBS	
铝青铜	ZCuAl9Mn2	Al：8.5～ 9.0Mn： 1.5～2.5	Cu：其余	S J	390 440	20 20	83 93	耐磨、耐蚀零件，开关简单的大型铸件和要求气密性高的铸件
	ZCuAl9Fe4 Ni4Mn2	Ni：4.0～ 5.0Al：8.5 ～ 10.0Fe： 4.0～5.0	Mn：0.8～2.5 Cu：其余	S	630	16	157	要求强度高、耐蚀性好的重要铸件，可用于制造轴承、齿轮、蜗轮、阀体等
铍青铜	QBe2	Be：1.9～ 2.2	Ni：0.2～0.5 Cu：其余	T L	500 850	40 4	90 250	重要的弹簧和弹性元件，耐磨零件以及在高速、高压和高温下工作的轴承

注：T—退火状态；L—冷变形状态；S—砂型铸造；J—金属型铸造

3.4.3　钛及钛合金

钛具有密度小、比强度高、耐热性好及优异的耐腐蚀性能。因此钛及钛合金不仅在航空、导弹、航天及舰艇等方面得到广泛的应用，而且在海洋工程、机械工程、生物工程和化学工程中的应用也越来越广泛。

1. 纯钛

钛是一种银白色金属，其熔点为 1680℃；相对密度为 4.54g/cm³，比铝大，但比铁小。钛有很好的强度，约为铝的 6 倍，所以钛的比强度在结构材料中是很高的。钛的热膨胀系数较小，这使它在高温工作条件下或热加工过程中产生的热应力小。钛的导热性差，只有铁的 1/5，加上钛的摩擦系数大（$\mu = 0.2$），使切削、磨削加工困难。钛的弹性模量较低，屈强比高，这使得钛和钛合金冷变形成型时的回弹量大，不易成型和校直。

在 550℃ 以下的空气中，钛表面很容易形成致密的氧化膜，使它在氧化性介质中的耐蚀性比大多数不锈钢好，但加热到 600℃ 以上时氧化膜就失去了保护作用。

钛在硫酸、盐酸、硝酸和氢氧化钠等碱溶液中，在湿气及海水中具有优良的稳定性。但钛不能抵抗氢氟酸的侵蚀作用。

固态下，钛有两种同素异构结构，转变温度为 882.5℃，在 882.5℃ 以下的稳定结构为密排六方晶格，称为 $\alpha - Ti$，在 882.5℃ 以上直到熔点为体心立方晶格，称为 $\beta - Ti$。

钛中常见的杂质有 Fe、Si、N、O、C、H 等元素。工业纯钛按杂质含量不同可分为三个等级，即 TA1、TA2、TA3。其中"T"为"钛"的汉语拼音字头，数字为顺序号，数字越大则杂质越多。工业纯钛的棒材和板材具有较高的强度，可制作在 500℃ 以下工作有耐蚀要求，且强度要求不高的零件。纯钛的牌号、成分与力学性能见表 3－30 所示。

表 3 – 30　纯钛的牌号、成分与力学性能

牌号	化学成分 $w(\%)$	状态	室温力学性能		用　　途
			σ_b/MPa	$\delta(\%)$	
TA1	Ti(杂质极微量)	T	300 ~ 500	30 ~ 40	在 350℃ 以下工作的强度要求不高的零件
TA2	Ti(杂质微量)	T	450 ~ 600	25 ~ 30	
TA3	Ti(杂质微量)	T	550 ~ 700	20 ~ 25	

注:T—退火状态;L—冷变形状态;S—砂型铸造;J—金属型铸造。

2. 钛合金

在钛中加入合金元素能显著提高纯钛的强度。如工业纯钛的 σ_b 约为 350 ~ 700MPa,而钛合金的 σ_b 可达 1200MPa。

钛合金根据使用状态的组织可分为三类:α 钛合金、β 钛合金、$\alpha + \beta$ 钛合金。牌号分别以 TA、TB、TC 加上编号表示。

(1) α 钛合金。

在钛中加入铝、碳、氮、氧、硼等元素形成 α 固溶体,并使 $\alpha \leftrightarrows \beta$ 同素异构转变温度下降,称为 α 稳定化元素。从而使钛合金的组织全部为 α 固溶体单相组织,具有很好的强度、韧性及塑性。在冷态也能加工成某种半成品,如板材、棒材等。它在高温下组织稳定,抗氧化能力较强,热强性较好。在高温(500 ~ 600℃)时的强度性能在三类钛合金中较高。但它在室温中强度一般低于 β 和 $\alpha + \beta$ 钛合金,α 钛合金是单相合金,不能进行热处理强化。代表性的合金有 TA5、TA6、TA7。

(2) β 钛合金。

在合金中加入铁、钼、镁、铬、锰、钒等元素使合金的组织主要为 β 固溶体。全 β 钛合金由于是体心立方结构,合金具有良好的塑性,为了利用这一特点,发展了一种介稳定的 β 相钛合金。此合金在淬火状态为全 β 组织,便于进行加工成型。β 钛合金可进行热处理强化。通过淬火与时效能获得 β 相中弥散分布细小的 α 相组织,进一步提高 β 钛合金的强度。因为这类合金密度较大,耐热性差及抗氧化性能低,生产工艺复杂,在工业上很少使用。

(3) $\alpha + \beta$ 钛合金。

当钛中同时加入稳定 α 相和 β 相的元素时,可获得($\alpha + \beta$)的双相组织。($\alpha + \beta$)钛合金兼有 α 和 β 钛合金两者的优点,耐热性和塑性都比较好,可进行热处理强化,且生产比较简单,是应用最广的一类钛合金。

部分钛合金的牌号、成分、力学性能及用途见表 3 – 31。

表 3 – 31　部分钛合金的牌号、成分、力学性能及用途

类别	牌号	化学成分 $w(\%)$	状态	室温力学性能		高温力学性能			用　　途
				$\sigma_b/$ MPa	δ (%)	温度	$\sigma_b/$ MPa	$\sigma_b/$ MPa	
α 钛合金	TA4	Ti – 3Al	T	700	12	—	—	—	在 500℃ 以下工作的零件,导弹燃料罐、超音速飞机的蜗轮机匣
	TA5	Ti – 4Al – 0.005B	T	700	15	—	—	—	
	TA6	Ti – 5Al	T	700	12 ~ 20	350	430	400	

（续表）

类别	牌号	化学成分 $w(\%)$	状态	室温力学性能		高温力学性能			用　途
				$\sigma_b/$ MPa	δ (%)	温度	$\sigma_b/$ MPa	$\sigma_b/$ MPa	
β 钛合金	TB1	Ti -3Al - 8Mo -11Cr	C	1100	16	－	－	－	在350℃以下工作的零件,压气机叶片、轴、轮盘等重载荷旋转件,飞机构件
			CS	1300	5				
	TB2	Ti -5Mo -5V -8Cr -3Al	C	100	20	－	－	－	
			CS	1350	8				
α +β 钛合金	TC1	Ti -2Al - 1.5Mn	T	600 ~ 800	20 ~ 25	350	350	350	400℃以下工作的零件,有一定高温强度要求的发动机零件,低温用部件
	TC2	Ti -3Al - 1.5Mn	T	700	12 ~ 15	350	430	400	
	TC3	Ti -5Al - 4V	T	900	8 ~ 10	500	450	200	
	TC4	Ti -6Al - 4V	T	950	10	400			
			CS	1200	8				

注:T—退火状态;C—淬火状态;CS—淬火 + 时效状态

3.4.4　滑动轴承合金

1. 对滑动轴承合金的性能及组织的要求

滑动轴承合金是指用于制造滑动轴承轴瓦及内衬的材料。

滑动轴承在工作时,将在轴和轴颈之间产生强烈的摩擦。对轴承合金要求它在工作温度下具有足够的抗压强度和疲劳强度、良好的耐磨性和足够的塑性及韧性,其次还要求它具有良好的耐蚀性、导热性和较小的膨胀系数,与轴之间摩擦系数小,能保持住润滑油。

为了满足上述要求,轴承合金的理想组织是在软的基体上分布着硬质点如图 3 - 15 所示,或者在硬基体上分布着软质点。当机器运转时,软基体被磨损而凹陷,硬质点就凸出于基体上,减小轴与轴瓦之间的摩擦系数。凹下去的

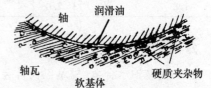

图 3 - 15　软基体硬质点轴瓦与轴的分界面

坑可以存储润滑油,同时使外来硬物能嵌入基体中,使轴颈不被擦伤。软基体能承受冲击和振动,并使轴与轴瓦很好地磨合。同样,采取硬基体上分布软质点的组织,也达到上述目的。同软基体硬质点的组织相比,硬基体软质点组织具有较好的承载能力,而磨合能力较差。

最能满足上述要求的轴承合金是以锡或铅为基的合金,一般称为"巴氏合金"。其编号方法为:"ZCh + 基本元素符号 + 主加元素符号 + 主加元素的质量分数(%) + 辅助元素的质量分数(%)",其中"Z"、"Ch"分别是"铸"和"承"的汉语拼音字首。例如,ZChSnSb11 - 6 表示 $w_{Sb} = 11.0\%$ 、$w_{Cu} = 6\%$ 的锡基轴承合金。常用的轴承合金除巴氏合金外还有铝基和铜基轴承合金。巴氏合金的牌号、性能及用途见表 3 - 32 所示。

表 3 - 32　巴氏合金的牌号、性能及用途

类别	牌　　号	化学成分 $w_E \times 100$					硬度(HB)	用 途 举 例
		Sb	Cu	Pb	Sn	杂质		
锡基轴承合金	ZChSnSb4 - 4	4 ~ 5	4 ~ 5	—	余量	0.5	28.6	耐蚀、耐热、耐磨,适用于涡轮机及内燃机高速轴承及轴衬
	ZchSnSb7.5 - 3	7 ~ 8	3 ~ 4	—	余量	0.55	28.6	韧性与 ZchSnSb 4 - 4 相同,适用于一般大机械轴承及轴衬
	ZChSnSb8 - 8	7.5 ~ 8.5	7.5 ~ 8.5	—	余量	0.65	34.3	硬度最高,可承受大负荷,适用于大型机器轴承及轴衬
	ZChSnSb11 - 6	10 ~ 12	5.5 ~ 6.5	—	余量	0.55	30.0	较硬,适用于 2000 马力以上的高速汽轮机和 500 马力的涡轮机,透平压缩机,透平泵及高速内燃机等
	ZChSnSb12 - 3 - 10	11 ~ 13	2.5 ~ 3.5	9 ~ 11	余量	0.85	29.6	性软而韧,耐压,适用于一般发动机的主轴承,但不适用于高温部分
	ZChSnSb15 - 2 - 18	14 ~ 16	1.5 ~ 2.5	17 ~ 19	余量	0.85	29.6	适用于中等速度和压力的机械轴承,但不适用于高温部分
铅基轴承合金	ZChPbSn1 - 16 - 1	14.5 ~ 17.5	—	余量	0.75 ~ 1.25	砷 0.8 ~ 1.4	20	重负荷高速机械轴衬
	ZChPbSn5 - 15	14 ~ 16	—	79 ~ 81	4.5 ~ 5.5	—	—	轻负荷低转速机械轴衬
	ZChPbSn5 - 9	15 ~ 17	—	余量	4 ~ 6	—	17.5	与 ZChPbSn1 - 16 - 1 相近
	ZChPbSn10 - 15	14 ~ 16	—	74 ~ 76	9.3 ~ 10.7	—	22	与 ZChPbSn20 - 15 - 1.5 相近,但硬度略高
	ZChPbSn10 - 15 - 1	14 ~ 16	0.7 ~ 1.1	余量	9 ~ 11	碲 0.05 ~ 0.2	—	汽车和拖拉机发动机轴衬
	ZChPbSn16 - 16 - 1.8	15 ~ 17	1.5 ~ 2.0	余量	15 ~ 17	—	30	轻负荷高速轴衬,如汽车、轮船、发动机等

2. 常用轴承合金介绍。

(1) 锡基轴承合金(锡基巴氏合金)。

锡基轴承合金是一种软基体硬质点类型的轴承合金。它是以锡、锑为基础,并加入少量其他元素的合金。常用的牌号有 ZChSnSb11 - 6、ZChSnSb8 - 4、ZChSnSb4 - 4 等。

锡基轴承合金膨胀系数小、磨合性良好,抗咬合性、嵌藏性和耐蚀性、导热性、浇注性能也很好。锡基轴承合金的缺点是疲劳强度较低,工作温度也较低(一般不大于 150℃),价格高。

(2) 铅基轴承合金(铅基巴氏合金)。

铅基轴承合金是以 Pb - Sb 为基的合金,但二元 Pb - Sb 合金有密度偏析,同时锑颗粒太硬,基体又太软,只适用于速度低、负荷小的次要轴承,为改善其性能,要在合金中加入其他合金元素,如 Sn、Cu、Cd、As 等。常用的铅基轴承合金为 ZChPbSn16 - 16 - 1.8,其中 w_{Sn} = 15% ~ 17%、w_{Sb} = 15% ~ 17%、w_{Cu} = 1.5% ~ 2.0% 及余量的 Pb。

铅基轴承合金的硬度、强度、韧性都比锡基轴承合金较低,但摩擦系数较大,价格便宜,铸造性能好。常用于制造承受中、低载荷的轴承,但其工作温度不能超过 120℃。

铅基、锡基巴氏合金的强度都较低,为了提高巴氏合金的疲劳强度、承压能力和使用寿

命,常把它镶铸在钢的轴瓦(一般用 08 钢冲压成形)上,形成薄而均匀的内衬,才能发挥作用。这种工艺称为挂衬。这种结构的轴承称为"双金属轴承"。

(3) 铝基轴承合金。

铝基轴承合金是以铝为基本元素,锑或锡等为主加元素的轴承合金,它具有密度小、导热性好、疲劳强度高和耐蚀性好的优点。它原料丰富,价格便宜,广泛用在高速高负荷条件下工作的轴承。按化学成分将铝基轴承合金分为铝锡系(Al − 20% Sn − 1% Cu)、铝锑系(Al − 4% Sb − 0.5% Mg)和铝石墨系(Al − 8Si 合金基体 + 3% ~ 6% 石墨)三类。

铝锡系轴承合金是一种既有高疲劳强度,又有适当硬度、耐热性和耐磨性等优点的轴承合金,在轧制成成品后,经退火热处理,使锡球化,获得在较硬的 Al 基体上弥散分布着较软的球状锡的显微组织。因此适用于制造高速、重载条件下工作的轴承。铝锑系轴承合金适用于载荷不超过 2000MPa、滑动线速度不大于 10m/s 工作条件下的轴承。铝石墨系轴承合金具有优良的自润滑作用和减震作用以及耐高温性能,适用于制造活塞和机床主轴的轴承。

铝基轴承合金的缺点是膨胀较大,抗咬合性低于巴氏合金。为此,常采用较大的轴承间隙,并采取降低轴与轴承表面的粗糙度值和镀锡的办法来改善综合性能,以减小启动时发生咬合的危险性。

(4) 铜基轴承合金。

铜基轴承合金是以铅为基本合金元素的铜基合金。它属铅青铜类,因其性能适于制造轴承,故又称其为铜基轴承合金。

由于铅不溶于铜,所以铅青铜在室温时的组织是在硬基体铜上均匀分布着软的铅颗粒,极有利于保持润滑油膜,使合金具有优良的耐磨性。此外,铅青铜比巴氏合金更能耐疲劳、抗冲击,承载能力也更强。所以铜基轴承合金可用作高速、高载下的发动机轴承和其他高速重载轴承。

(5) 粉末冶金减摩材料。

粉末冶金减摩材料在纺织机械、汽车、冶金、矿山机械等方面已获得广泛应用。粉末冶金减摩材料包括铁石墨和铜石墨多孔含油轴承和金属塑料减摩材料。

粉末冶金多孔含油轴承与巴氏合金、铜基合金相比,具有减摩性能好、寿命高、成本低、效率高等优点,特别是它具有自润滑性,轴承孔隙中所贮润滑油,足够其在整个有效工作期间消耗。因此特别适用于制氧机、纺纱机等场合应用的轴承。

思 考 题

1. 钢按不同的分类方法共分为几类?
2. 试比较普通碳素钢与优质碳素钢的不同之处? 比较这两种碳素钢的性能,并举例说明其用途。
3. 为什么中碳钢能广泛应用于机械制造业?
4. 举出几种常用碳素工具钢的牌号、成分,说明其碳素工具钢在热处理方法和用途上的不同之处。
5. 在什么情况下采用铸钢件? 它有什么特点?
6. 合金钢按不同的用途分为几类? 各有什么不同之处?
7. 合金元素是如何影响钢的基本相?

8. 造成 $Fe - Fe_3C$ 相图中的 S 点和 E 点向偏移的原因是什么?

9. 根据下列合金结构钢的编号,指出它们属于哪一类钢以及相应的成分:

16Mn；30CrMnTi；18Cr2Ni4W；38CrMoAlA；30CrNi3；12CrMoV；24CrNiMo；6Crl2MoV；5CrMnMo；20W6Cr；14Mn3Cr12；HT180；QT600 - 2；Cr15Ni9Ti；42MoCr；GCr15；Y40Mn；Y40CrSCa；15MnTi；14MnMoVBRe；15CrMn2SiMo。

10. 简述通过什么途径使金属材料满足"外硬内韧"的工艺要求?

11. 简述渗碳钢的分类与热处理。

12. 什么是调质钢? 调质钢共分为几类? 试简述调质钢的热处理过程。

13. 举出几种常用调质钢的钢号并简述其热处理工艺、力学性能及用途。

14. 如何改善弹簧钢的工艺性能? 试举出几种弹簧钢的钢号、热处理工艺、力学性能及用途。

15. 简述滚动轴承钢的成分特点,试举出几种滚动轴承钢的钢号、热处理工艺、力学性能及用途。

16. 简述合金元素 W、Cr、V 在钢中的主要作用。

17. 硬质合金分为几类? 简述它们的应用范围。

18. 试比较冷作模具钢与热作模具钢的性能要求,并简单分析这两种模具钢的成分特点以及用途。

19. 简述量具钢的主要性能要求,试比较低碳工具钢与低合金工具的特点。

20. 什么是金属腐蚀? 它与电化腐蚀有何区别?

21. 何谓铸铁的石墨化过程? 影响铸铁的石墨化过程的因素是什么?

22. 铸铁共分为几类? 试比较不同类型铸铁的化学成分与组织特征。

23. 试比较碳钢与灰口铸铁的性能,简述灰口铸铁的特点。

24. 什么是灰口铸铁的"孕育处理"? 它对灰口铸铁的性能有何影响?

25. 合金铸铁共分为几类? 并简述其各自的特点。

26. 铝合金共分为几类? 铝合金的强化方式有哪几种?

27. 黄铜的含锌量是如何影响其力学性能的?

28. 钛合金共分为几类? 试比较其各自的特点。

29. 如何满足滑动轴承合金的性能及组织的要求?

30. 试列举几种常用轴承合金并比较它们的性能及特点。

第4章 非金属材料

除广泛应用的金属材料外,有机高分子材料、和复合材料近年来得到越来越广泛的应用。

4.1 高分子材料

根据其性质及用途,有机高分子材料主要有工程塑料、橡胶及胶粘剂等。

4.1.1 工程塑料

塑料是应用最广泛的有机高分子材料,也是最主要的工程结构材料之一。

1. 塑料的组成

塑料的主要成分是合成树脂,此外还包括填料或增强材料、增塑剂、固化剂、润滑剂、稳定剂、着色剂、阻燃剂等。它是将各种单体通过聚合反应合成的高聚物。树脂在一定的温度、压力下可软化并塑造成型,它决定了塑料的基本属性,并起到粘结剂的作用。其他添料是为了弥补或改进塑料的某些性能。例如填料木粉、碎布、纤维等主要起增强和改善性能的作用,其用量可达 20% ~50%。

2. 塑料的特性

密度小。塑料的相对密度一般只有 1.0 ~2.0,大约为钢的 1/6,铝的 1/2,可有效地减轻车辆、飞机、船舶等运输工具的自重。

耐腐蚀。大多数塑料化学稳定性好,对酸、碱和有机溶液都有良好的抗腐蚀能力,有些还可以与陶瓷材料相媲美。

电绝缘性。绝大多数塑料具有良好的电绝缘性和较小的介电损耗,因此,是理想的电绝缘材料。

耐磨和减摩性好。大部分塑料摩擦系数低,有自润滑能力,可在湿摩擦和干摩擦条件下有效工作。

良好的成型性。大部分塑料都可以直接采用注塑或挤压成型工艺,无须切削,所以可提高生产率、降低成本。

塑料的不足之处是强度、硬度较低,耐热性差,易老化、易蠕变等。

3. 常用工程塑料

根据树脂的热性能,塑料可分为热塑性塑料和热固性塑料两类。

(1)热塑性塑料。

热塑性塑料受热时软化,冷却后变硬,再受热时又软化,具有可塑性和重复性。其树脂结构为线型或支链型结构。常用的塑料有聚烯烃、聚氯乙烯、聚苯乙烯、ABS、聚酰胺、聚甲醛、聚碳酸酯、聚四氯乙烯和聚甲基丙烯酸甲酯等。

1）聚烯烃。聚烯烃塑料主要有聚乙烯 $\{CH_2-CH_2\}_n$ 和聚丙烯 $\{CH-CH_2\}_n$ 等两
$$CH_3$$
种，无毒、无味。

聚乙烯（PE）　按生产工艺不同，分为高压、中压、低压三种。其中高压、低压聚乙烯应用较多。高压聚乙烯的短链分枝多，密度、分子量较小、结晶度较低，所以质地较柔软，常用于制造薄膜、软管等。低压聚乙烯则分子量较大、密度较大、结晶度较高，因此硬度较高、耐磨、耐蚀，绝缘性较好，常用来制造塑料管、板和绳以及载荷不高的齿轮、轴等。

聚丙烯（PP）　相对密度小（0.9～0.92），其强度、刚度和刚性优于聚乙烯。并具有良好的耐蚀性、绝缘性、耐热性（加热到150℃不变形）和耐曲折性（可弯折100万次以上）。可用作各种机械零件、医疗器械、生活用具，如齿轮、法兰、叶片、壳体、包装带等。

2）聚氯乙烯（PVC）。聚氯乙烯 $\{CH_2-CH\}_n$ 按其加入增塑剂量的大小，可分为硬
$$Cl$$
质和软质两种。增塑剂量少的硬质聚氯乙烯其强度、硬度较高，耐蚀、耐油和耐水性好，常用于制造塑料管、塑料板。此外，聚氯乙烯板材及管材易于热成型、热接以及切削加工，故用途广泛。软质聚氯乙烯强度低、硬度低、耐蚀性较差、易老化，可制造薄膜、软管、低压电线的绝缘层等。此外，在聚氯乙烯中加入发泡剂可制成泡沫塑料，常用作垫衬、包装袋等。

3）聚苯乙烯（PS）。聚苯乙烯 $\{CH-CH_2\}_n$ 密度小、无色、透明，透光率仅次于有机

玻璃，着色性好、吸水性极微，而且具有良好的耐蚀性和绝缘性，高频绝缘性尤佳。但其冲击韧性低，耐热性差、易燃且易脆裂。常用来制造仪表零件、设备外壳、日用装饰品等。聚苯乙烯泡沫塑料因其相对密度只有0.033，因而是隔音、包装、救生等器材的极好材料。

4）ABS塑料。ABS塑料是丙烯腈（A）、丁二烯（B）、苯乙烯（S）的三元共聚物，结构式

为 ，它兼有三种组元的特性。丙烯

腈使ABS具有良好的耐热、耐蚀性和一定的表面硬度；丁二烯能提高ABS的弹性和韧性；苯乙烯赋于ABS较高的刚性、良好的加工工艺性和着色性。可见，ABS具有较高的综合性能。此外，ABS的性能还可以根据要求相应改变其组成单体的含量来进行调整。目前，有300多种不同性能的ABS，热变形温度从60～120℃不等。有些ABS能耐低温，在－40℃仍有很高的冲击韧性，还具有很好的电绝缘性、尺寸稳定性、低吸水性、光滑表面、高硬度等特性。各种ABS塑料的性能见表4-1。

ABS的用途极广，在机械工业中可制造轴承、齿轮、叶片、叶轮、设备外壳、管道、容器、把手等，在电气工业中可用于制造仪器、仪表的各种零件等。近年来在交通运输车辆、飞机零件上的应用发展很快，如车身、方向盘和内衬材料等。

5）聚酰胺（PA）。聚酰胺在商业上又称为尼龙或锦纶，是由二元胺与二元酸缩聚而成，或由氨基酸脱水成内酰胺后再聚合得。其结构式分为二类：$\{NH(CH_2)_m-NHC\square-$

$(CH_2)_n—2C\square\}_x$ 或 $\{NH(CH_2)_{n-1}—C\square\}_x$。由于含有极性基团的尼龙大分子链间易于形成氢键,故分子间作用力大、结晶度较高。所以,尼龙具有较高的强度和韧性,突出的耐磨性和自润滑性以及良好的成型工艺性。此外,其耐蚀性也较好,且抗霉、抗菌、无毒。但尼龙具有较大吸水性,尺寸稳定性差,耐热性不高,蠕变值较大。

表 4 – 1　各种 ABS 塑料的力学性能

性　能 ＼ 品　种	超高冲击型	高强度中冲击型	低温冲击型	耐热型
拉伸强度 MPa	35	63	21 ~ 28	53 ~ 56
拉伸弹性模量 MPa	1800	2900	700 ~ 1800	2500
弯曲强度 MPa	62	97	25 ~ 46	84
弯曲弹性模量 MPa	1800	3000	1200 ~ 2000	2500 ~ 2600
压缩强度 MPa	—		18 ~ 39	70
缺口冲击韧性,KJ/m² 　23℃	53	6	27 ~ 49	16 ~ 32
0℃				11 ~ 13
– 40℃	—	—	21 ~ 32	1.6 ~ 5.4
			8.0 ~ 18.9	
热变形温度　0.45Mpa	96	98	98	104 ~ 116
℃　　　　1.82MPa	87	89	78 ~ 85	96 ~ 110
连续耐热性℃	71 ~ 99	71 ~ 93	—	87 ~ 110

尼龙品种较多,它是根据胺与酸中的碳原子数或氢基酸中的碳原子数来命名的。如尼龙 6 是由含 6 个碳原子的己内酰胺自身聚合而得。而尼龙 610 则是由 6 个碳原子的己二胺和含 10 个碳原子的癸二酸缩合而成。各种尼龙的性能见表 4 – 2。

表 4 – 2　几种尼龙的性能及用途

项目	单位	尼龙 6*	尼龙 9	尼龙 1010	尼龙 66*	尼龙 610
相对密度		1.13 ~ 1.15	1.05	1.04 ~ 1.06	1.14 ~ 1.15	1.08 ~ 1.09
拉伸强度	MPa	54 ~ 78	58 ~ 65	52 ~ 55	57 ~ 83	47 ~ 60
压缩强度	MPa	60 ~ 90			90 ~ 120	70 ~ 90
弯曲强度	MPa	70 ~ 100	80 ~ 85	82 ~ 89	100 ~ 110	70 ~ 100
冲击强度　带缺口	J	0.31		0.4 ~ 0.5	0.39	0.375 ~ 0.55
冲击强度　不带缺口	J		25 ~ 30	749		
伸长率	%	150 ~ 250		100 ~ 250	60 ~ 200	100 ~ 240
弹性模量	MPa	830 ~ 2600	970 ~ 1270	1600	1400 ~ 3300	1200 ~ 2200
熔点	℃	215 ~ 223	209 ~ 213	200 ~ 210	205	210 ~ 223
马丁耐热	℃	40 ~ 50	42 ~ 48	45	50 ~ 60	51 ~ 53
吸水率	%	1.9 ~ 2	1.2	0.39	1.5	0.5
应用		仪表零件、机械零件、电缆护套等		油管、轴承、螺母、导轨、涂层	仪表、机械零件、电缆护套等	

注:带 * 号的尼龙吸水性很大,其性能上下限相差很大。

尼龙被广泛用于制作各种机器零件,如轴承、齿轮、轴套、螺帽、垫圈等。

6) 聚甲醛(NM)。聚甲醛是一种没有侧链、密度大、结晶度高的工程塑料。按聚合方法有均聚甲醛和共聚甲醛两种。结构式分别为 $CH_3 - C - \Box + CH_2 \Box +_n C - CH_3$（均聚）和

$+(CH_2 +_x +(CH_2 - CH_2 \Box - CH_2 +_y)_n$(共聚)。

聚甲醛具有优异的综合性能。其抗拉强度在 70 MPa 左右,并具有较高的冲击韧性、耐疲劳性和刚性。还具有良好的耐磨性和自润滑性,摩擦系数低而且稳定,在干摩擦条件下尤为突出。使用温度为 -50~110℃,吸水性小,尺寸稳定,但聚甲醛成型时收缩率较大,热稳定性较差。

聚甲醛的综合性能见表 4-3。

聚甲醛已被广泛用于制造齿轮、轴承、凸轮、制动闸瓦、阀门、仪表外壳、化工容器、叶片、运输带等。

7) 聚碳酸酯(PL)。聚碳酸酯是 20 世纪 60 年代初发展起来的一种工程塑料。它的透明度为 86%~92%,有"透明金属"之称。

表 4-3　聚甲醛的综合性能

性能＼类型	均聚甲醛	共聚甲醛	性能＼类型	均聚甲醛	共聚甲醛
相对密度	1.43	1.41	冲击韧性(缺口)KJ/m²	7.6	6.5
拉伸强度 MPa	70	62	冲击韧性(无缺口)KJ/m²	108	90~100
拉伸弹性模量 MPa	2900	2800	结晶度%	75~85	70~75
屈服伸长率%	15	12	马丁耐热温度℃	60~64	57~62
断裂伸长率%	15	60	脆化温度℃		-40
压缩强度 MPa	127	113	熔点℃	175	165
压缩弹性模量 MPa	2900	3200	成型收缩率%	2.0~25	2.5~28
弯曲强度	98	91	吸水率(24 小时)%	0.25	0.22
弯曲弹性模量 MPa	2900	2600	线胀系数(0~40℃)×10⁻⁵℃	8.1~10	9~11

聚碳酸酯大分子链中既有刚性的苯环,又有柔顺的醚链,结构式为

$+\Box - \bigcirc - \overset{CH_3}{\underset{CH_3}{C}} - \bigcirc - \overset{\Box}{C} +_n$,因此,它具有良好的综合性能。其抗拉强度达 66

~70 MPa,耐冲击性能特别突出,比尼龙和聚甲醛高 10 倍左右,是刚而韧的工程塑料。抗蠕变性能好,尺寸稳定,使用温度范围宽,可以长期在 -60~130℃使用。此外,它还具有良好的耐气候性和电性能,在 10~130℃之间介电常数和介质损耗几乎不变。但自润滑性差,耐磨性不如尼龙和聚甲醛,疲劳抗力较低,有应力开裂倾向。其主要性能见表 4-4。

聚碳酸酯常用于制造各种机器、电器及仪表零件,如齿轮、蜗轮、轴承、凸轮、螺校、外壳、护罩等。又由于透明度高,耐冲击性好,因而可用作防盗、防弹窗玻璃、安全帽、驾驶室挡风等。

表 4 - 4 聚碳酸酯的主要性能

性能	数值	性能	数值
抗拉强度 MPa	66 ~ 70	洛氏硬度	75
伸长率 %	~ 100	熔点 ℃	220 ~ 230
拉伸弹性模量 MPa	2200 ~ 2500	热变形温度(1.82Mpa) ℃	130 ~ 140
弯曲强度 MPa	106	马丁耐热温度 ℃	110 ~ 130
压缩强度 MPa	83 ~ 88	脆化温度 ℃	- 100
冲击韧度(缺口)KJ/m²	64 ~ 75	导热系数 KJ/(m·h·℃)	0.7
冲击韧度(无缺口)KJ/m²	不断	线胀系数 × 10⁻⁵℃	6 ~ 7
布氏硬度	97 ~ 104	燃烧性	自熄

8)聚四氟乙烯(F - 4)。聚四氟乙烯的结构式为 $\{CF_2 - CF_2\}_n$。其突出的优点是在很宽的温度范围内性能相当稳定,可长期在 - 180 ~ 240℃之间使用,耐热性和耐寒性极好。

它具有极高的耐蚀性,任何强酸、强碱、强氧化剂对它都不起作用,素有"塑料王"之称。它的摩擦系数极低,只有 0.02 ~ 0.04,是极为优良的减磨、自润滑材料。吸水性极小,绝缘性能优良,是目前介电常数和介电损耗最小的固体材料,且不受频率和温度的影响。但它强度较低,冷流性强,结晶熔点高,加工成型困难。

聚四氟乙烯常用做化工设备的管道、泵、阀门,各种机械的密封垫圈、活塞环、轴承及医疗手术的代用血管、人工心、肺等。

9)聚甲基丙烯酸甲酯(PMMA)。聚甲基丙烯酸甲酯俗称有机玻璃,结构式为

$$\{CH_2-\overset{\overset{\displaystyle CH_3}{|}}{\underset{\underset{\displaystyle \square-CH_3}{|}}{\overset{|}{C}}}-\}_n。$$由加增塑剂或不加增塑剂的聚甲基丙烯酸甲酯挤压成型的板、棒、管材

等半成品塑料,分为透明、半透明、不透明或有色素、无色等品种。

有机玻璃的强度、韧性与硬质聚氯乙烯差不多,透光率可达 92%,透明度比无机玻璃还好,可耐稀酸、碱,不易老化,但表面硬度低,易擦伤、较脆。

有机玻璃主要用于制造要求具有一定透明度和强度的零件,如油标、窥镜、透明管道和仪器、仪表零件等。

(2)热固性塑料。

热固性塑料加热固化后将不再软化,形成不溶、不熔物。其结构为网状结构。常用的有酚醛塑料、环氧塑料等。

1)酚醛塑料(PF)。由酚类和醛类经缩聚反应而制成的树脂称为酚醛树脂。根据不同性能要求加入各种填料便制成各种酚醛塑料。常用的酚醛树脂是由苯酚和甲醛为原料制成的,简称 PF。其性质可根据制备工艺的不同,分热塑性和热固性两类。

以木粉为填料制成酚醛压缩粉,俗称胶木粉,是常用的热固性塑料。经压制而成的电器开关、插座、灯头等,不仅绝缘性好,而且有较好的耐热性,较高的硬度、刚性和一定的强度。

以纸片、棉布、玻璃布等为填料制成的层压酚醛塑料,具有强度高、耐冲击性好以及优良的耐磨性等特点,常用以制造要求受力较高的机械零件,如齿轮、轴承、汽车刹车片等。

2）氨基塑料(UF)。是以氨基化合物(如尿素或三聚氰胺)与甲醛经缩聚反应制成氨基树脂,然后再加入添加剂而制成氨基塑料。氨基塑料中最常用的是脲醛塑料。

用脲醛塑料压塑粉压制的各种制品,具有较高的表面硬度,颜色鲜艳,且有光泽,又有良好的绝缘性,俗称"电玉"。常见的制品有仪表外壳、电话机外壳、开关、插座等。

3）环氧塑料(EP)。环氧塑料是由环氧树脂加入固化剂(胺类和酸酐类)后形成的热固性塑料。它强度较高,韧性较好,并具有良好的化学稳定性、绝缘性以及耐热、耐寒性,长期使用温度为 −80 ~ 150℃,成型工艺性好。可制作塑料模具、船体、电子工业零部件等。

环氧树脂对各种工程材料都有突出的粘附力,是极其优良的粘接剂。目前,广泛用于各种结构粘接剂和制备各种复合材料,如玻璃钢等。

4.1.2　橡胶

橡胶与塑料的不同之处是橡胶在室温下处于高弹态。

1. 工业橡胶的组成

工业橡胶的主要成分是生胶。生胶基本上是线型非晶态高聚物,其结构特点是由许多能自由旋转的链段构成柔顺性很大的大分子长链,通常呈卷曲线团状。当受外力时,分子便沿外力方向被拉直,产生变形,外力去除后又恢复到卷曲状态,变形消失,所以,生胶具有很高的弹性。但生胶分子链间的相互作用力很弱、强度低,易产生永久变形。此外,生胶的稳定性差,如会发粘、变硬、溶于某些溶剂等。为此,工业橡胶中还必须加入各种配合剂。

橡胶的配合剂主要有硫化剂、填充利、软化剂、防老化剂及发泡剂等。硫化剂的作用是使生胶分子在硫化处理中产生适度交联而形成网状络构,从而大大提高橡胶的强度、耐磨性和刚性,并使其性能在很宽的湿度范围内具有较高的稳定性。

2. 橡胶的性能特点

(1) 高弹性能。

1) 高弹态。

受外力作用而发生的变形是可逆的弹性变形,外力去除后,只需要千分之一秒便可恢复到原来的状态。

高弹变形时,弹性模量低,只有 1 MPa。

高弹变形时,变形量大,可达 100% ~ 1000%。

2) 回弹性能。

橡胶具有良好的回弹性能。如天然橡胶的回弹度可达 70% ~ 80%。

(2) 强度。

经硫化处理和炭黑增强后,其抗拉强度达 25 ~ 35MPa,并具有良好的耐磨性。

3. 常用橡胶材料

根据原材料的来源可分为天然橡胶和合成橡胶。按应用范围又可分为通用橡胶和特种橡胶。

(1) 天然橡胶。

天然橡胶是橡胶树上流出的胶乳,经过加工制成的固态生胶。它的成分是异戊二烯高

分子化合物,结构式为 $\left\{ CH_2 - \overset{\underset{|}{CH_3}}{C} = CH - CH_2 \right\}_n$。天然橡胶具有很好的弹性,但强度、

硬度并不高。为了提高其强度并使其硬化,要进行硫化处理。经处理后抗拉强度约为 17 ～ 29 MPa,用炭黑增强后可达 35 MPa。

天然橡胶是优良的电绝缘体,并有较好的耐碱性。但耐油、耐溶剂性和耐臭氧老化性差,不耐高温,使用温度 -70 ～110℃ ,广泛用于做轮胎、胶带、胶管等。

(2) 合成橡胶。

1) 丁苯橡胶(SBR)。丁苯橡胶是应用最广、产量最大的一种合成橡胶。它是以丁二烯和苯乙烯为单体形成的共聚物。丁苯橡胶的性能主要受苯乙烯含量的影响,随苯乙烯含量的增加,橡胶的耐磨性、硬度增大而弹性下降。

丁苯橡胶比天然橡胶质地均匀,其耐磨、耐热、耐老化性能好。但加工成型困难,硫化速度慢。这种橡胶广泛用于制造轮胎、胶布、胶板等。

2) 顺丁橡胶(BR)。顺丁橡胶是丁二烯的聚合物。其原料易得,发展很快,产量仅次于丁苯橡胶。

顺丁橡胶的特点是具有较高的耐磨性,比丁苯橡胶高 26% ,它可制造轮胎、三角胶带、减震器、橡胶弹簧、电绝缘制品等。

(3) 特种合成橡胶。

1) 丁腈橡胶(NBR)。丁腈橡胶是丁二烯和丙烯腈的共聚物。丙烯腈的含量一般在 15% ～50% 之间,过高会失去弹性,过低则不耐油。

丁腈橡胶具有良好的耐油性及对有机溶液的耐蚀性,有时也称为耐油橡胶。此外,还有较好的耐热、耐磨和耐老化性等。但其耐寒性和电绝缘性较差,加工性能也不好。它主要用于制造耐油制品,如输油管、耐油耐热密封圈、储油箱等。

2) 硅橡胶。硅橡胶的分子结构中是以硅原子和氧原子构成主链。这种链 $\{Si - \square\}$ 是柔性链。极易于内旋转,因而硅橡胶在低温下也具有良好的弹性。此外,硅氧键的键能较高,这就使硅橡胶有很高的热稳定性。

硅橡胶品种很多,目前用量最大的是甲基乙烯基硅橡胶。其加工性能好,硫化速度快,能与其他橡胶并用,使用温度为 -70 ～300℃ 。

由于硅橡胶具有优良的耐热性、抗寒性、耐候性、耐臭氧性以及良好的绝缘性,它主要用于制造各种耐高低温的橡胶制品。如管道接头、高温设备的垫圈、衬垫、密封件及高压电线、电缆的绝缘层等。常用橡胶的性能和用途见表 4 - 5。

表 4 - 5　常用橡胶的性能和用途

类别	名称	代号	抗拉强度 MPa	伸长率 (%)	使用温度 ℃	回弹性	耐磨性	耐浓碱性	耐油性	耐老化	用途
通用橡胶	天然	NR	25 ～30	650 ～900	-50 ～120	好	中	中	差		轮胎、通用制品
	丁苯	SBR	15 ～20	500 ～600	-50 ～140	中	好	中	差	好	轮胎、胶板、通用制品
	顺丁	BR	18 ～25	450 ～800	120	好	好	好	差		轮胎、耐寒运输带
	丁腈	NBR	15 ～30	300 ～800	-35 ～175	中	中	中	好	中	输油管、耐油密封圈
	氯丁	CR	25 ～27	800 ～1000	-35 ～130	中	中	好	好	好	胶管、胶带、电线包皮

(续表)

类别	名称	代号	抗拉强度 MPa	伸长率 (%)	使用温度 ℃	回弹性	耐磨性	耐浓碱性	耐油性	耐老化	用途
特种橡胶	聚氨酯	UR	20～35	300～800	80	中	好	差	好		胶管、耐磨制品
	三元乙丙	EPDM	10～25	400～800	150	中	中	好	差	好	散热管、绝缘体
	氟	EPM	20～22	100～500	－50～300	中	中	中	好	好	高级密封件、高真空耐蚀件
	硅		4～10	50～500	－70～275	差	差	好	差		耐高低温零件、绝缘体
	聚硫		9～15	100～700	80～135	差	差	好	好	好	

4.1.3　胶粘剂

在工程中,工程材料的连接方法除焊接、铆接、螺纹连接之外,还有一种连接工艺称为粘接剂粘接,又称胶接。其特点是接头处应力分布均匀,应力集中小、接头密封性好,而且制作工艺简单,成本低。

1. 胶粘剂的组成

胶粘剂的组成根据使用性能要求的不同而采用不同的配方。但其中粘性基料是主要的组成成分,它对粘接剂的性能起主要作用,它必须具有优异的粘附力及良好的耐热性、抗老化性等。常用粘性基料有环氧树脂、酚醛树脂、聚氨酯树脂、氯丁橡胶、丁腈橡胶等。

胶粘剂中除了粘性基料外,通常还有各种添加剂,如填料、固化剂、增塑剂等。这些添加剂是根据胶粘剂的性质及使用要求而选择的。

根据胶粘剂粘性基料的化学成分,胶粘剂可分为无机胶和有机胶。按其主要用途可分为结构胶、非结构胶和其他胶粘剂。

2. 常用胶粘剂

(1) 有机胶粘剂。

1) 环氧胶粘剂。环氧胶粘剂是以环氧树脂为基料的胶粘剂。目前常用的环氧树脂主要是双酚 A 型的,它对许多工程材料均有很强的粘附力,如金属、玻璃、陶瓷等。

由于环氧树脂是线型高聚物,本身不会固化,所以必须加入固化剂,使其形成体型结构,才能发挥其优异的物理、力学性能。常用的固化剂有胺类、酸酐类、咪唑类和聚酰胺树脂等。

环氧树脂固化后会变脆,为了提高冲击韧度,常加入增塑剂和增韧剂,如对苯二甲酸二丁酯、丁腈橡胶等。环氧胶粘剂常用作各种结构用胶。

2) 改性酚醛胶粘剂。酚醛树脂固化后有较多的交联键。因此,它具有较高的耐热性和很好的粘附力,但脆性较大。为了提高韧性,需要进行改性处理。

由酚醛树脂与丁腈混橡胶混合而成的改性胶粘剂称为酚醛－丁腈胶。它的胶接强度高,弹性、韧性好,耐振动、耐冲击,具有较广的使用温度范围,可在－50～180℃之间长期工作。此外,还耐水、耐油、耐化学介质腐蚀。主要应用于金属及大部分非金属材料的结构中,如汽车刹车片的粘合,飞机中铝、铜合金的粘合等。

由酚醛树脂与缩醛树脂混合而成的胶粘剂称为酚醛－缩醛胶。它具有较高的胶接强度,特别是冲击韧度和耐疲劳性好。同时,也具有良好的耐老化性和综合性能,适用于各种金属和非金属材料的胶接。但它们的耐热性能比酚醛 - 丁腈胶差。

（2）无机胶。

无机胶主要有磷酸型、硼酸型和硅醛型。目前工程上常用的是磷酸型。

磷酸型胶粘剂的组成为:磷酸铝 1 ml[磷酸(相对密度 1.7)100 ml + 氢氧化铝(化学纯) 5 ~ 10 g)] + 氧化铜(180 目以上)3.5 ~ 4.5 g。

与有机胶粘剂相比,无机胶有下列特点:

1）优良的耐热性,长期使用温度为 800 ~ 1000℃,并具有一定的强度,这是有机胶无法比拟的。

2）胶接强度高,抗剪强度可达 100 MPa,抗拉强度也有 22 Mpa。

3）较好的低温性能,可在 - 196℃下工作,强度几乎无变化。

4）耐候性、耐水性和耐油性良好,但耐酸、碱性较差。

常用材料适用的部分胶粘剂见表 4 - 6。

表 4 - 6　常用材料适用的部分胶粘剂

胶粘剂 ＼ 被胶粘材料	钢铁铝	热固性塑料	硬聚氯乙烯	软聚氯乙烯	聚乙烯聚丙烯	聚酰胺	聚碳酸酯	聚甲醛	ABS	橡胶	玻璃陶瓷	混凝土	木料	皮革
无机胶	可	—	—	—	—	—	—	—	—	—	优	—	—	—
聚氯乙烯 - 醋酸乙烯	可	—	良	优	—	—	—	—	—	—	—	—	良	可
聚丙烯酸酯	良	良	可	—	—	—	良	—	可	可	良	—	—	良
α - 氰基丙烯酸酯	良	良	可	—	可	可	良	—	良	良	可	—	—	—
聚氨酯	良	良	良	可	可	可	良	良	良	良	可	—	优	优
脲醛	—	可	—	—	—	—	—	—	—	—	—	—	优	—
环氧;胺类固化	优	优	—	—	可	可	—	良	良	可	优	良	良	—
环氧;酸酐固化	优	优	—	—	良	—	—	—	—	—	优	良	良	—
环氧 - 丁腈	优	良	—	—	—	—	—	—	可	可	良	—	—	—
酚醛 - 缩醛	优	良	—	—	—	—	—	—	—	—	良	—	—	—
酚醛 - 氯丁	可	—	—	—	—	—	—	—	—	优	—	可	可	—
氯丁橡胶	可	可	良	可	—	—	—	—	—	优	可	—	良	优
聚酰亚胺	良	良	—	—	—	—	—	—	—	—	良	—	—	—

4.2　工　业　陶　瓷

陶瓷是各种无机非金属材料的通称,是现代工业中很有发展前途的一类材料。今后将是陶瓷材料、高分子材料和金属材料三足鼎立的时代,它们构成了固体材料的三大支柱。

4.2.1　陶瓷材料的分类

除了玻璃、水泥、耐火材料以外,按成分和用途的不同,陶瓷可分为普通陶瓷、特种陶瓷和金属陶瓷三类。

普通陶瓷,又称为传统陶瓷,是以粘土、长石、石英等为主要成分制成的,杂质较多。常用作日用陶瓷、建筑陶瓷、电绝缘陶瓷、化工陶瓷、多孔陶瓷等。

特种陶瓷是以人工提炼的、纯度较高的化合物为原料制成的陶瓷。如氧化物、氮化物、碳化物、碱土金属碳酸盐等的烧结材料。它们具有各种独特的力学、物理和化学性能,可满足工程上的特殊需要。常见的有高温陶瓷、高强度陶瓷、精密陶瓷、磁性陶瓷、压电陶瓷、电容器陶瓷等。

金属陶瓷是由金属和陶瓷组成的非均质复合材料,它应属于复合材料,但习惯上被看作陶瓷的一部分。由于粉末冶金的生产工艺与陶瓷类似,因此粉末冶金生产的金属材料也统称为金属陶瓷。采用不同组成的金属和陶瓷,并改变它们的相对数量,可以制成各种结构材料、工具材料、耐热材料和电工材料等。

4.2.2　陶瓷材料的性能

1. 力学性能

陶瓷材料具有很高的弹性模量和硬度,是各类材料中最高的(如表4-7),比金属高若干倍,比有机高聚物高2.4个数量级。这是由于陶瓷材料具有强大的化学键所致。

表4-7　各种常见材料的弹性模量和硬度

材料	弹性模量(MN/m^2)	硬度(HV)
橡胶	6.9	很低
塑料	1380	~17
镁合金	41300	30~40
铝合金	72300	~170
钢	207000	300~800
氧化铝	400000	~1500
碳化钛	390000	~3000
金刚石	1171000	6000~10000

陶瓷的塑性变形能力很低,在室温下几乎没有塑性。由于陶瓷晶体滑移系数很少,共价键有明显的方向性和饱和性,离子键的同性离子接近时斥力很大,当产生滑移时,极易造成键的断裂,再加上有大量气孔存在,所以陶瓷材料呈现出很明显的脆性特征,韧性极低。

由于陶瓷内气孔、杂质和各种缺陷的存在,所以陶瓷材料的抗拉强度很低,抗弯强度较高,而抗压强度非常高,受压时,裂纹不易扩展。

2. 热性能

陶瓷材料熔点高,具有比金属材料高得多的耐热性。此外,它的热膨胀系数低、导热性小,是优良的绝热材料。但陶瓷的抗热振性低,这是它的致命弱点之一。

3. 电性能

陶瓷材料的导电性变化范围很广。由于离子晶体无自由电子,所以大多数陶瓷材料都是良好的绝缘体。但不少陶瓷既是离子导体,又有一定的电子导电性。例如氧化物 ZnO、

NiO、Fe_3O_4 等实际上是半导体。可见,陶瓷也是重要的半导体材料。此外,最近几年出现的超导材料,大多数也是陶瓷材料。

4. 化学性能

陶瓷的组织结构很稳定,这是由于其具有强大的离子键和共价键结构,并且在离子晶体中金属原子被包围在非金属原子的间隙中,形成稳定的化学结构。因此,陶瓷材料具有良好的抗氧化性和不可燃烧性,即使在 1000℃ 的高温也不会被氧化。此外,陶瓷对酸、碱、盐等介质均具有较强的抗蚀性,与许多金属熔体也不发生作用,因而是极好的耐蚀材料和坩埚材料。

5. 光学性能

光学性能对于近代陶瓷材料来讲也具有重要地位,如制造固体激光器材料、光导纤维材料、光存储材料等。这些材料的研究和应用,对通讯、摄影、计算机等具有重要的实际意义。

氧化铝透明陶瓷的出现,是光学材料的重大突破。透明陶瓷大多是单一晶相组成的多晶材料,1 mm 厚的试片透光率可达 80% 以上。

4.2.3 常用工业陶瓷

1. 传统陶瓷(普通陶瓷)

传统陶瓷是以高岭土($Al_2O_3 \cdot SiO_2 \cdot 2H_2O$)、长石(钾长石($K_2O \cdot Al_2O_3 \cdot 6SiO_2$)和钠长石($Na_2O \cdot Al_2O_3 \cdot 6SiO_2$))、石英($SiO_2$)为原料配制成的。这类陶瓷的主晶相为莫来石,约占 25% ~ 30%,玻璃相 35% ~ 60%,气相占 1% ~ 3% 以上。通过改变组成物的配比、熔剂、辅料以及原料的细度和致密度,可以获得不同特性的陶瓷。

传统陶瓷质地坚硬,有良好的抗氧化性、耐蚀性和绝缘性,能耐一定的高温,成本低、生产工艺简单。但由于含有较多的玻璃相,故结构疏松,强度较低,在一定温度下会软化,耐高温性能不如近代陶瓷,通常最高使用温度为 1200℃ 左右。

传统陶瓷广泛应用于日用、电气、化工、建筑等部门,如装饰陶瓷、餐具、绝缘子、耐蚀容器、管道、设备等。

2. 近代陶瓷(特种陶瓷)

(1)氧化物陶瓷。

氧化物陶瓷可以是单一氧化物,也可是复合氧化物。目前应用最广泛的是氧化铝陶瓷。这类陶瓷以 Al_2O_3 为主要成分,并按 Al_2O_3 的含量不同可分为刚玉瓷、刚玉 - 莫来石瓷和莫来石瓷。其中刚玉瓷中 Al_2O_3 的含量高达 99%。

氧化铝陶瓷的熔点在 2000℃ 以上,耐高温,能在 1600℃ 左右长期使用。具有很高的硬度,仅次于碳化硅、立方氮化硼、金刚石等,并有较高的强度、高温强度和耐磨性。此外,它还具有良好的绝缘性和化学稳定性,能耐各种酸碱的腐蚀,但氧化铝陶瓷的缺点是热稳定性低。

氧化铝陶瓷广泛用于制造高速切削工具、量规、拉丝模、高温炉零件、空压机泵零件、内燃机火花塞等。此外,还可用作真空材料、绝热材料和坩埚材料。

工业上应用的氧化物陶瓷的基本性能见表 4 - 8。

表4-8　高耐火度氧化物陶瓷的基本性能

氧化物 性能	Al$_2$O$_3$	ZnO$_2$	BeO	MgO	CaO	ThO$_2$	UO$_2$
熔点(℃)	2050	2700	2580	2800	2570	3050	2760
理论密度(g/cm^3)	3.99	5.60	3.02	3.58	3.35	9.69	10.96
强度(MPa)　抗拉	255	147	98	98		98	
抗弯	147	226	128	108	78		
抗压	2943	2060	785	1373		1472	961
弹性模量(MPa)	375×10^3	169×10^3	304×10^3	210×10^3		137×10^3	161×10^3
莫氏硬度	9	7	9	5~6	4~5	6.5	3.5
线膨胀系数×10^{16}(C-1)	8.4	7.7	10.6	15.6	13.8	10.2	10.5
无气孔时的导热系数 (W/mK)	28.8	1.74	209	34.5	14.0	8.49	7.33
体积电阻率(Ω·cm)	10^{16}	10^4(1000℃)	10^{14}	10^{15}	10^{14}	10^{13}	10^3(800℃)
抗氧化性	中等	中等	中等	中等	中等	中等	中等
热稳定性	高	低	高	低	低	低	
抗磨蚀能力	高	高	中等	中等	中等	高	

(2) 氮化物陶瓷。

元素周期表中第Ⅱ～Ⅳ族的过渡元素,均可生成高熔点氮化物,它们的化学稳定性好。最常用的氮化物陶瓷是氮化硅(Si$_3$N$_4$)和氮化硼(BN)陶瓷。

氮化硅陶瓷摩擦系数小,有自润滑性,所以具有良好的耐磨性,而且化学稳定性高,可耐各种无机酸和碱溶液的腐蚀,并能抵抗熔融铝、铅、镍等非铁金属的侵蚀,还具有优异的绝缘性。可用来制造各种泵的密封环、热电偶套管、切削刀具、高温轴承等。

氮化硼陶瓷具有石墨型六方结构所以又称为白石墨,能耐高温,并有自润滑性。常用作高温轴衬、高温模具及耐摩擦零件等。在高压和1360℃温度时,六方氮化硼转变为立方结构的β-BN,相对密度为3.45,具有极高的硬度。能抗高温达2000℃,已成为仅次于金刚石硬度的新型超硬材料,可用来制作金属切削刀具。适用于高硬度金属材料(调质、淬火钢)的精加工、高强度钢和耐热钢的精加工、有色金属的低粗糙度加工等。

(3) 碳化物陶瓷。

碳化物陶瓷有SiC、WC、TiC等。这类材料具有高的硬度、熔点和化学稳定性。

碳化物陶瓷具有较高的高温强度,其抗弯强度在1400℃时仍保持在300~600 MPa,而其他陶瓷在1200℃时抗弯强度已显著下降。此外,它还具有很高的热传导能力,较好的热稳定性、耐磨性、耐蚀性和抗蠕变性。

碳化硅陶瓷可用来制造工作温度高于1500℃的零件炉零件,如火箭喷嘴、热电偶套管、高温电炉零件、各种泵的密封圈等。

3. 金属陶瓷

金属陶瓷是把金属的热稳定性和韧性与陶瓷的硬度、耐火度、耐蚀性综合起来而形成的具有高强度、高韧性、高耐蚀和高的高温强度的新型材料。

(1) 氧化物基金属陶瓷。

这是目前应用最多的金属陶瓷。在这类金属陶瓷中,通常以铬为粘结剂,其含量不超过

10%。由于铬能和 Al_2O_3 形成固溶体,故可将 Al_2O_3 粉牢固地粘结起来。此外,铬的高温性能较好,抗氧化性和耐蚀性较高,所以和纯氧化铝陶瓷相比,其韧性、热稳定性和抗氧化能力有所改善。

氧化铝基金属陶瓷的特点是热硬性高(达 1200℃)、高温强度高、抗氧化性良好,与被加工金属材料的粘着倾向小,可提高加工精度和降低表面粗糙度。但它们的脆性仍较大,且热稳定性较低。主要用作工具材料,如刀具、模具、喷嘴、密封环等。

(2)碳化物基金属陶瓷。

碳化物基金属陶瓷应用较为广泛,常用作工具材料,通常又称为硬质合金。另外也作为耐热材料使用,是一种较好的高温结构材料。

硬质合金一般以钴为粘结剂,其含量在 3% ~8%。含钴量愈高,则韧性和结构强度愈好,但硬度和耐磨性稍有下降。常用的有 WC – Co、WC – TiC – Co 和 WC – TiC – TaC – Co 物硬质合金。其性能特点是硬度高,可达 86 ~93HRA(相当于 69 ~81HRC),热硬性好(工作温度达 900 ~1000℃),用硬质合金制作的刀具,切削速度比高速钢高 4 ~7 倍,刀具寿命可提高几倍到几十倍。切削加工用的硬质合金按切屑排出形式和加工对象的范围可分为三个主要类型,分别以字母 P、M、K 表示。P——加工长切屑黑色金属,以蓝色作标志;M——加工长切屑或短切屑的黑色金属和有色金属,以黄色作标志;K——加工短切屑的黑色金属、有色金属及非金属材料,以红色作标志。

近年来发展起来的钢结硬质合金,其粘结剂为合金钢(高速钢或箔钢)粉末,且含量很高(50% ~65%)。它的热硬性与耐磨性略逊于一般硬质合金,但韧性好,并可进行锻造、热处理和切削加工。可制造各种形状复杂的刀具。切削加工用硬质合金的代号、用途见表4 –9、表4 – 10。

表 4 –9　用途分组代号与硬质合金牌号对照表(参考件)

用途分组代号	硬质合金牌号对照
P01	YT30、YN10
P10	YT15
P20	YT14
P30	YT5
P40	
P50	
M10	YW1
M20	YW2
M30	
M40	
K01	YG3X
K10	YG6X、YG6A
K20	YG6、YG8N
K30	YG8N、YG8
K40	

高温结构材料中最常用的是碳化铁基金属陶瓷。其粘接金属主要是 Ni、Co,含量高达 60%,以满足高温构件的韧性和热稳定性的需要。其特点是高温性能好,如在 900℃时,仍可保持较高抗拉强度。碳化钛基金属陶瓷主要用作涡轮喷气发动机燃料室、叶片、涡轮盘以及航空、航天装置中的某些耐热件。

表 4-10　切削加工用硬质合金的应用范围、分类和用途分组表

应用范围分类			用途分组			性能提高方向	
代号	被加工材料类别	颜色	代号	被加工材料	适应的加工条件	切削性能	合金性能
P	长切屑的黑色金属	蓝色	P01	钢、铸钢	高切削速度、小切屑截面、无振动条件下的精车、精镗	切屑速度↑　进给量↓	耐磨性↑　韧性↓
			P10	钢、铸钢	高切削速度、中等或小切削截面条件下的车削、仿形车削、车螺纹和铣削		
			P20	钢、铸钢、长切屑可锻铸铁	中等切削速度和中等切削截面、仿形车削和铣削		
			P30	钢、铸钢、长切屑可锻铸铁	中或低等切削速度、中等或大切屑截面条件下的车削、铣削、刨削和不利条件下的加工		
			P40	钢、含砂眼和气孔的铸件钢	低切削速度、大切削角、大切屑截面以及不利条件下的车削、刨削、切槽和自动机床上加工		
			P50	钢、含砂眼和气孔的中和低强度铸件钢	用于要求硬质合金有高韧性的工序。在低切削速度、大切削角、大切屑截面及不利条件下的车削、刨削、切槽和自动机床上加工		
M	长切屑或短切屑的黑色金属和有色金属	黄色	M10	钢、铸钢、锰钢、灰铸铁和合金铸铁	中或高切削速度、小或中等切屑截面条件下的车削	切屑速度↑　进给量↓	耐磨性↑　韧性↓
			M20	钢、铸钢、奥氏体钢或锰钢、灰铸铁	中等切削速度、中等切屑截面条件下的车削、铣削		
			M30	钢、铸钢、奥氏体钢、灰铸铁、耐高温合金	中等切削速度、中等或大切屑截面条件下的车削、铣削、刨削		
			M40	低碳易切钢、低强度钢、有色金属和轻合金	车削、切断,特别适于自动机床上加工		

（续表）

应用范围分类			用途分组			性能提高方向	
代号	被加工材料类别	颜色	代号	被加工材料	适应的加工条件	切削性能	合金性能
K	短切屑的黑色金属、有色金属及非金属材料	红色	K01	特硬灰铸铁、肖氏硬度大于 85 的冷硬铸铁、高硅铝合金、淬硬钢、高耐磨塑料、硬纸板、陶瓷	车削、精削、镗削、铣削、刮削	切屑速度↑ 进给量↓	耐磨性↑ 韧性↓
			K10	布氏硬度高于 220 的灰铸铁、短切屑的可锻铸铁、淬硬钢、硅铝合金、钢合金、塑料、玻璃、硬橡胶、硬纸板、瓷器、石料	车削、铣削、刨削、镗削、拉削、刮削		
			K20	布氏硬度低于 220 的灰铸铁、有色金属、铜、黄铜、铝	用于要求硬质合金有高韧性的车削、铣削、刨削、镗削、拉削		
			K30	低硬度灰铸铁、低强度钢、压缩木料	用于在不利条件可能采用大切削角的车削、铣削、刨削、切槽加工		
			K40	软木或硬木、有色金属	用于在不利条件可能采用大切削角的车削、铣削、刨削、切槽加工		

4.3 复 合 材 料

由两种或两种以上物理、化学性质不同的物质，经人工合成的材料称为复合材料。它不仅具有各组成材料的优点，而且还获得单一材料无法具备的优越的综合性能。

日常所见的人工复合材料很多，如钢筋混凝土就是用钢筋与石子、沙子、水泥等制成的复合材料，轮胎是由人造纤维与橡胶复合而成的材料。

4.3.1 复合材料的性能特点

1. 比强度和比模量高

在复合材料中，由于一般作为增强相的材料多数是强度很高的纤维，而且组成材料密度较小。所以，复合材料的比强度、比模量比其他材料要高得多（见表 4 - 11）。这对宇航、交通运输工具，要求在保证性能的前提下，减轻自重具有重大的实际意义。

2. 疲劳强度较高

碳纤维增强复合材料的疲劳极限相当于其抗拉强度的 70% ~ 80%，而多数金属材料的疲劳强度只有抗拉强度的 40% ~ 50%。这是因为在纤维增强复合材料中，纤维与基体间的界面能够阻止疲劳裂纹的扩展。当裂纹从基体的薄弱环节处产生并扩展到结合面时,受到一定程度的阻碍,因而使裂纹向载荷方向的扩展停止。所以复合材料有较高的疲劳强度。

表 4 -11　　各类材料强度性能的比较

材料	相对密度	抗拉强度 σ_b (MPa)	弹性模量 E (MPa)	比强度 σ_b/ρ	比弹性模量 E/ρ
钢	7.8	1010	206×10^3	129	26×10^3
铝	2.8	461	74×10^3	165	26×10^3
钛	4.5	942	112×10^3	209	25×10^3
玻璃钢	2.0	1040	39×10^3	520	20×10^3
碳纤维Ⅱ/环氧树脂	1.45	1472	137×10^3	1015	95×10^3
碳纤维Ⅰ/环氧树脂	1.6	1050	235×10^3	656	147×10^3
有机纤维(PRD)/环氧树脂	1.4	1373	78×10^3	981	56×10^3
硼纤维/环氧树脂	2.1	1344	206×10^3	640	98×10^3
硼纤维/铝	1.65	981	196×10^3	370	74×10^3

3. 减振性好

当结构所受的外载荷频率与结构的自振频率相同时,将产生共振,容易造成灾难性事故。而结构的自振频率不仅与结构本身的形状有关,而且还与材料比模量的平方根成正比关系。因为纤维增强复合材料的自振频率高,可以避免共振。此外,纤维与基体的界面具有吸振能力,所以具有很高的阻尼作用。

除了上述几种特性外,复合材料还有较高的耐热性和断裂安全性,良好的自润滑和耐磨性等。但它也有缺点,如断裂伸长率较小,抗冲击性较差,横向强度较低,成本较高等。

4.3.2　复合材料的分类

复合材料依照增强相的性质和形态,可分为纤维增强复合材料、层合复合材料和颗粒复合材料三类。

1. 纤维增强复合材料

(1) 玻璃纤维增强复合材料。

玻璃纤维增强复合材料是以玻璃纤维及制品为增强剂,以树脂为粘结剂而制成的,俗称玻璃钢。

以尼龙、聚烯烃类、聚苯乙烯类等热塑性树脂为粘结剂制成的热塑性玻璃钢,具有较高的力学、介电、耐热和抗老化性能,工艺性能也好。与基体材料相比,其强度和疲劳性能可提高 2～3 倍以上,冲击韧度提高 1～4 倍,蠕变抗力提高 2～5 倍,达到或超过了某些金属的强度,可用来制造轴承、齿轮、仪表盘、壳体、叶片等零件。

以环氧树脂、酚醛树脂、有机硅树脂、聚酯树脂等热固性树脂为粘结剂制成的热固性玻璃钢,具有密度小、强度高(表 4 -12)、介电性和耐蚀性及成型工艺性好的优点。可制造车身、船体、直升飞机旋翼等。

(2) 碳纤维增强复合材料。

碳纤维增强复合材料是以碳纤维或其织物为增强剂,以树脂、金属、陶瓷等为粘结剂而制成的。目前有碳纤维树脂、碳纤维金属、磷纤维陶瓷复合材料等。其中,以碳纤维树脂复合材料应用最为广泛。

表 4 – 12 几种树脂浇铸品的力学性能

项目	酚醛树脂	环氧树脂	聚酯树脂	有机硅树脂
相对密度	1.30 ~ 1.32	1.15	1.10 ~ 1.46	1.7 ~ 1.9
抗拉强度(MPa)	42 ~ 63	84 ~ 105	42 ~ 70	21 ~ 49
抗弯强度(MPa)	77 ~ 119	108.3	59.5 ~ 119	68.6
抗压强度(MPa)	87.5 ~ 150	150	91 ~ 169	63 ~ 126

碳纤维树脂复合材料中采用的树脂有聚四氟乙烯树脂等。与玻璃钢相比,其强度和弹性模量高,密度小。因此,它的比强度、比模量在现有复合材料中名列前茅。它还具有较高的冲击韧度和疲劳强度,优良的减磨性、耐磨性、导热性、耐蚀性和耐热性。

碳纤维树脂复合材料广泛用于制造要求比强度、比模量高的飞行器结构件,如导弹的鼻锥体、火箭喷嘴、喷气发动机叶片等。还可制造重型机械的轴瓦、齿轮、化工设备的耐蚀件等。

2. 层合复合材料

层合复合材料是由两层或两层以上的不同性质的材料结合而成,达到增强的目的。

三层复合材料是以钢板为基体,烧结铜为中间层,塑料为表面层制成的。它的物理、力学性能主要取决于基体,而摩擦、磨损性能取决于表面塑料层。中间多孔性青铜使三层之间获得可靠的结合力。表面塑料层常为聚四氟乙烯(如 SF – 1 型)和聚甲醛(如 SF – 2 型)。这种复合材料比单一塑料提高承载能力 20 倍,导热系数提高 50 倍,热膨胀系数降低 75%,从而改善了尺寸稳定性。常用作无油润滑轴承,此外还可制作机床导轨、衬套、垫片等。

夹层复合材料是在两层薄而强的面板(或称蒙皮)中间夹一层轻而柔的材料构成。面板一般由强度高、弹性模量大的材料组成,如金属板、玻璃等。而心料材料有泡沫塑料和蜂窝格子两大类。这类材料的特点是密度小、刚性和抗压稳定性高,抗弯强度好,常用于航空、船舰、化工等工业,如飞机、船舶的隔板及冷却塔等。

3. 颗粒复合材料

颗粒复合材料是由一种或多种颗粒均匀分布在基体材料内而制成的。颗粒起增强作用,一般粒子直径在 0.01 ~ 0.1 nm 范围内。若粒子直径偏离这一数值范围,则无法获得最佳增强效果。

常见的颗粒复合材料有两类:一类是颗粒与树脂复合,如塑料中加颗粒状填料,橡胶用炭黑增强等;另一类是陶瓷粒与金属复合,典型的有金属基陶瓷颗粒复合材料等。

思 考 题

1. 塑料的主要成分是什么? 它起什么作用?
2. 为什么 ABS 塑料种类繁多且综合力学性能良好?

3. 试比较 ABS、尼龙、聚甲醛、聚碳酸酯的性能,并指出它们的应用场合及特点。

4. 试比较热塑性塑料和热固性塑料的结构和性能特点。

5. 有机胶与无机胶各有何优点?

6. 试比较氧化物陶瓷、碳化物陶瓷、氮化物陶瓷的性能特点。

7. 含碳化物的粉末冶金材料同于哪一类陶瓷?它们有何用途?

8. 比较玻璃钢与碳纤维增强的树脂复合材料的性能特点,并指出它们的应用范围。

第5章　金属材料的改性处理

改善金属材料的性能,主要可以通过如下几种途径:

合金化。即加入合金元素,调整材料的化学成分。可显著提高钢的强度、硬度和韧性,并使其具有耐蚀、耐热等特殊性能。

热处理。即金属材料通过不同的加热、保温和冷却方式,使其内部的组织结构发生变化,以达到改善加工工艺性能和强化力学性能的目的。

细晶强化。即通过增加过冷度和变质处理细化晶粒,使金属材料的强度、硬度和塑、韧性都得到提高。

冷变形强化。即对金属材料进行冷塑性变形,改变其组织、结构,使强度、硬度提高,而塑性、韧性下降。

本章主要介绍钢的热处理、钢的表面强化处理、铸铁的改性处理等有关内容。

5.1　金属材料改性处理的理论基础

5.1.1　钢在加热时的组织转变

Fe – Fe_3C 相图中,PSK、GS、ES 三条线是钢的固态平衡临界温度线,分别以 A_1、A_3、A_{cm} 表示,但在实际加热时,相变临界温度都会有所提高。为区别于平衡临界温度,分别以 Ac_1、Ac_3、Ac_{cm} 表示。实际冷却时,相变临界温度又都比平衡时的临界温度有所降低,分别以 Ar_1、Ar_3、Ar_{cm} 表示。图 5 – 1 为这些临界温度线在 Fe – Fe_3C 相图上的位置示意图。上述的实际临界温度并不是固定的,它们受到含碳量、合金元素含量、奥氏体化温度、加热和冷却速度等因素的影响而变化。

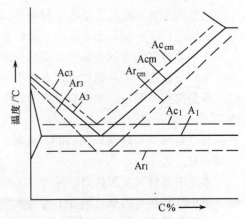

图 5 – 1　碳钢实际加热和冷却的临界温度线在 Fe – Fe_3C 相图上的位置

1. 奥氏体的形成

以共析碳钢为例,常温组织为珠光体,当温度加热到 Ac_1 以上时,必将发生奥氏体转变,其转变也是由形核和核长大两个基本过程完成的。此时珠光体很不稳定,铁素体和渗碳体的界面在成分和结构上处于有利于转变的条件,首先在这里形成奥氏体晶核,随即建立奥氏体与铁素体以及奥氏体与渗碳体之间的平衡,依靠铁、碳原子的扩散,使邻近的铁素体晶格改组为面心立方晶格的奥氏体。同时,邻近的渗碳体不断溶入奥氏体,一直进行到铁素体全部转变为奥氏体,这样各个奥氏体的晶核均得到了长大,直到各个位向不同的奥氏体晶粒接触为止。

由于渗碳体的晶体结构和含碳量都与奥氏体的差别很大,故铁素体向奥氏体的转变速度要比渗碳体向奥氏体的溶解快得多。渗碳体完全溶解后,奥氏体中碳浓度的分布是不均匀的,原来是渗碳体的地方碳浓度较高,原先是铁素体的地方碳浓度较低,必须继续保温,通过碳的扩散获得均匀的奥氏体。

上述奥氏体的形成过程可以看成由奥氏体形核、晶核的长大、残留渗碳体的溶解和奥氏体的均匀化四个阶段组成,图 5 – 2 示意说明了转变的整个过程。

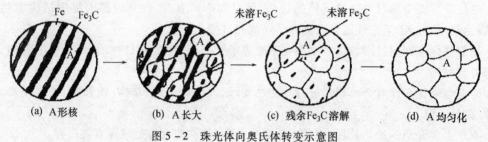

图 5 – 2　珠光体向奥氏体转变示意图

亚共析钢和过共析钢的完全奥氏体化过程与共析钢基本相似。亚共析钢加热到 Ac_1 以上时,组织中的珠光体先转变为奥氏体,而组织中的铁素体只有在加热到 Ac_3 以上时才能全部转变为奥氏体。同样,过共析钢只有加热到 Ac_{cm} 以上时才能得到均匀的单相奥氏体组织。

2. 奥氏体晶粒大小及影响因素

钢的奥氏体晶粒的大小直接影响到冷却后所得的组织和性能。奥氏体的晶粒越细,冷却后的组织也越细,其强度、塑性和韧性愈好。因此在用材和热处理工艺上,如何获得细的奥氏体晶粒,对工件最终的性能和质量具有重要意义。

(1) 奥氏体晶粒度。

晶粒度是表示晶粒大小的一种指标,奥氏体晶粒度有三种不同的概念:

起始晶粒度。指珠光体刚刚全部转变成奥氏体时其晶粒的大小。

实际晶粒度。指钢在某个具体热处理或热加工条件下所获得的奥氏体晶粒的大小。

本质晶粒度。表示钢在规定条件下奥氏体晶粒的长大倾向。

根据奥氏体晶粒在加热时长大的倾向性不同,将钢分为两类:一类是晶粒长大倾向小的钢,称本质细晶粒钢;另一类是晶粒长大倾向大的,称本质粗晶粒钢。据冶金部标准规定,本质晶粒度是将钢加热到 930 ± 10℃、保温 3 ~ 8 小时冷却后,在显微镜下放大 100 倍测定的奥氏体晶粒的大小。

本质细晶粒钢在加热到临界点 Ac_1 以上直到 930℃晶粒并无明显长大,超过此温度后,由于阻止晶粒长大的氧化铝等不熔质点消失,晶粒随即迅速长大。

本质粗晶粒钢,由于没有氧化物等阻止晶粒长大的因素,加热到临界点 Ac_1 以上,晶粒开始不断长大。

在工业生产中,一般经铝脱氧的钢大多是本质细晶粒钢,而只用锰硅脱氧的钢为本质粗晶粒钢;沸腾钢一般都为本质粗晶粒钢,而镇静钢一般为本质细晶粒钢。需经热处理的工件一般都采用本质细晶粒钢。

为了评定奥氏体晶粒的大小,制定了奥氏体晶粒等级标准,如图 5 - 3 所示。一般结构钢的奥氏体晶粒度分为 8 级,1 级最粗,8 级最细,一般认为 1 ~ 4 级为粗晶粒,5 ~ 8 级为细晶粒。

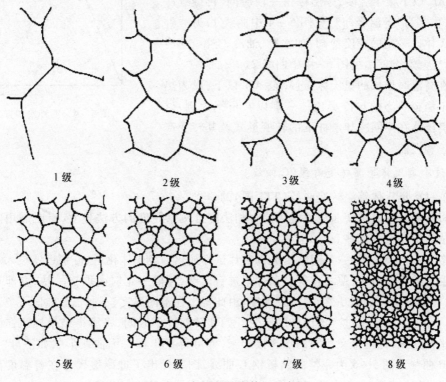

1 级　　　　　2 级　　　　　3 级　　　　　4 级

5 级　　　　　6 级　　　　　7 级　　　　　8 级

图 5 - 3　标准晶粒度等级示意图

(2) 影响奥氏体晶粒度的因素。

1) 加热温度和保温时间。

随着奥氏体晶粒长大,晶界总面积减少而系统的能量降低。所以在高温下奥氏体晶粒长大是一个自发过程。奥氏体化温度越高,晶粒长大越明显。在一定温度下,保温时间越长越有利于晶界总面积减少而导致晶粒粗化。

2) 钢的成分。

奥氏体中含碳量增加时,奥氏体晶粒的长大倾向也增大,碳是一个促使钢的奥氏体晶粒长大的元素。如果碳以未溶碳化物的形式存在,则具有阻碍晶粒长大的作用。

钢中加入能形成稳定碳化物的元素(如 Ti、V、Nb、Zr 等)、能生成氧化物和氮化物的元素(如 Al),会不同程度地阻碍奥氏体晶粒长大。因为这些碳化物、氧化物和氮化物弥散分布在晶界上,起到了阻碍晶粒长大的作用。

Mn 和 P 是促进奥氏体晶粒长大的元素,在热处理加热温度的选择和温度控制中必须小心谨慎,以免晶粒长大而导致工件性能下降。

5.1.2　钢在冷却时的组织转变

对钢加热奥氏体化后,再进行冷却,奥氏体将发生变化。因冷却条件不同,转变产物的组织结构也不同,性能也会有显著的差异。所以,冷却过程是热处理的关键工序,决定着钢在热处理后的组织和性能。

热处理的冷却方式可分为两种:一种是将奥氏体迅速冷至 Ar_1 以下某个温度,等温停留一段时间,再继续冷却,通常称之为"等温冷却",见图 5-4 中曲线 1;另一种是将奥氏体以一定的速度冷却,如水冷、油冷、空冷、炉冷等,称为"连续冷却",见图 5-4 中曲线 2。

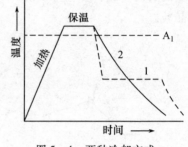

图 5-4　两种冷却方式

钢在高温时形成的奥氏体,过冷至 Ar1 以下,成为热力学上不稳定状态的过冷奥氏体。现以共析钢为例,讨论过冷奥氏体在不同冷却条件下的转变形式及其转变产物的组织和性能。

1. 过冷奥氏体等温转变曲线(C 曲线)

(1) 过冷奥氏体等温转变曲线(TTT 图)的建立。

共析碳钢的等温转变曲线通常采用金相法配合测量硬度的方法建立,有时需用磁性法和膨胀法给予补充和校核。

如图 5-5 所示。将一系列共析碳钢薄片试样加热到奥氏体化后,分别迅速投入 Ac_1 以下不同温度的等温槽中,使之在等温条件下进行转变,每隔一定时间取出一块,立即在水中冷却,对各试样进行金相观察,并测定硬度,由此得出在不同温度、不同恒温时间下奥氏体的转变量。并分别测定出过冷奥氏体的转变开始和转变终了时间,将所得结果标注在温度与时间的坐标系中,再将意义相同的点连接起来,即可得 TTT 图。因曲线形状如字母"C",故又称为 C 曲线。图 5-6 为完整的共析钢 C 曲线,图中标出了过冷奥氏体在各温度范围内等温所得组织和硬度。应当注意的是,这里时间采用了对数坐标分度。

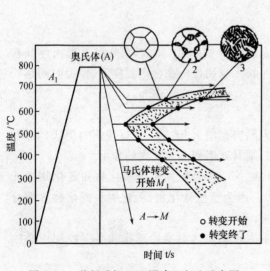

图 5-5　共析碳钢 TTT 图建立方法示意图

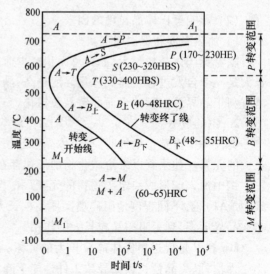

图 5-6　共析碳钢 C 曲线及转变产物

（2）过冷奥氏体等温转变产物的组织和性能。

C 曲线上方一条水平线为 A1 线,在 A1 线以上区域奥氏体能稳定存在。在 C 曲线中,左边一条曲线为转变开始线,在 A1 线以下和转变开始线以左为过冷奥氏体区。由纵坐标轴到转变开始线之间的水平距离表示过冷奥氏体等温转变前所经历的时间,称为孕育期。由 C 曲线形状可知,过冷奥氏体等温转变的孕育期随着等温温度而变化,C 曲线鼻尖处的孕育期最短,过冷奥氏体最不稳定,提高或降低等温温度,都会使孕育期延长,过冷奥氏体稳定性增加。C 曲线中右边一条线为转变终止线,其右边的区域为转变产物区,两条曲线之间的区域为转变过渡区,即转变产物与过冷奥氏体共存区。C 曲线下方的两条水平线:Ms（230℃）为马氏体转变的开始线;Mf（-50℃）为马氏体转变的结束线。

由 C 曲线图可知,奥氏体在不同的过冷度下有不同的等温转变过程,相应地有不同的转变产物,以共析钢为例,根据转变产物的不同特点,可划分为三个转变区。

1）珠光体类型组织转变区。过冷温度在 A₁ ~ 550℃ 之间的转变产物为珠光体类型组织。如图 5 - 6 所示,首先在奥氏体晶界或缺陷密集处形成渗碳体晶核,而后依靠周围奥氏体不断供给碳原子而长大,同时渗碳体晶核周围的奥氏体中的含碳量逐渐减少,于是 $\gamma - Fe$ 晶格转变为 $\alpha - Fe$ 晶格而成为铁素体。铁素体的溶碳能力很低,在长大过程中将过剩的碳扩散到相邻的奥氏体中,使其含碳量升高,又为生成新的渗碳体核晶创造条件。这样反复进行,奥氏体就逐渐转变成渗碳体和铁素体片层相间的珠光体组织。随着转变温度的下降,渗碳体形核并长大加快,因此形成的珠光体变得越来越细,为区别起见。根据片层间距的大小,将珠光体类组织分为珠光体、索氏体、托氏体,其形成温度范围、组织和性能见表 5 - 1。

总体上讲,珠光体组织中层片间距愈小,相界面越多,其塑性变形的抗力愈大,强度、硬度愈高。同时由于渗碳体片变薄,使其塑性和韧性有所改善。

从上面的分析也可看出,奥氏体向珠光体的转变是一种扩散型相变,它是通过铁、碳原子的扩散和晶格的改组来实现的。

表 5 - 1 共析碳钢的三种珠光体类组织与性能

组织名称及符号	珠光体（P）	索氏体（S）	托氏体（T）
形成温度范围	A1 ~ 650℃	650 ~ 600℃	600 ~ 650℃
片层间距（μm）	>0.4	0.4 ~ 0.2	<0.2
HBS	70 ~ 230	230 ~ 320	330 ~ 400
σ_b/MPa	550	870	1100

2）贝氏体转变区。过冷温度在 550℃ ~ Ms 之间,转变产物为贝氏体（B）。贝氏体是由铁素体及分布弥散的碳化物所形成的亚稳组织。奥氏体向贝氏体的转变属半扩散型转变,铁原子基本不扩散而碳原子尚有一定的扩散能力。当转变温度在 550 ~ 350℃ 范围内,先在奥氏体晶界上碳含量较低的地方生成铁素体晶核,然后向晶粒内沿一定方向成排长大成一束大致平行的含碳微过饱和的铁素体板条。在此温度下碳仍具有一定的扩散能力,铁素体长大时它能扩散到铁素体外围,并在板条的边界上形成沿板条长轴方向排列的碳化物短棒或小片,形成羽毛状的组织,称为上贝氏体（B$_上$）,如图 5 - 7、图 5 - 8 所示。

当温度降到 350℃ ~ Ms 之间时,铁素体晶核首先在奥氏体晶界或晶内某些缺陷较多的

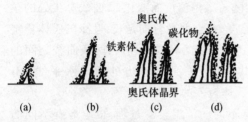

图 5 - 7　上贝氏体形成机理示意图

图 5 - 8　上贝氏体显微组织,540X

地方形成,然后沿奥氏体的一定晶向呈片状长大。因温度较低,碳原子的扩散能力更小,只能在铁素体内沿一定的晶面以细碳化物粒子的形式析出,并与铁素体叶片的长轴成 55°~60°。这种组织称下贝氏体($B_下$),在光学显微镜下呈暗黑色针叶状,如图 5 - 9、图 5 - 10 所示。

　　贝氏体的力学性能完全取决于显微组织结构和形态。上贝氏体中铁素体较宽,塑性变形抗力较低。同时渗碳体分布在铁素体之间,容易引起脆断,在工业生产上应用价值较低。下贝氏体组织中的片状铁素体细小,碳的过饱和度大,位错密度高。而且碳化物沉淀在铁素体内弥散分布,因此硬度高、韧性好,具有较好的综合力学性能。共析钢下贝氏体硬度为 45~55HRC,生产中常采用等温淬火的方法获得下贝氏体组织。

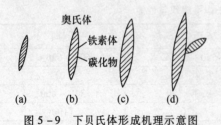

图 5 - 9　下贝氏体形成机理示意图

图 5 - 10　贝氏体显微组织,540X

　　3)马氏体转变。钢从奥氏体状态快速冷却到 Ms 温度以下,则发生马氏体转变。由于温度很低,碳来不及扩散,全部保留在 $\alpha - Fe$ 中,形成碳在 $\alpha - Fe$ 中过饱和的固溶体,即马氏体(M)。此转变属非扩散型转变。

　　Ms、Mf 分别为马氏体转变的开始点和终止点。过冷奥氏体快速冷却至 Ms(230℃)则开始发生马氏体转变,直至 Mf(-50℃)转变结束。如仅冷却到室温,则仍有一部分奥氏体未转变而被保留下来。通常将奥氏体在冷却过程中发生相变后,在环境温度下残存的奥氏体叫做残余奥氏体,因此马氏体转变量主要取决于 Mf 线。奥氏体中的含碳量越高,Mf 点越低,转变后的残余奥氏体量也就越多,如图 5 - 11 所示。

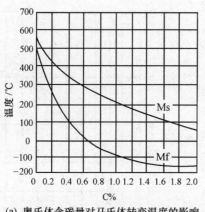
(a) 奥氏体含碳量对马氏体转变温度的影响

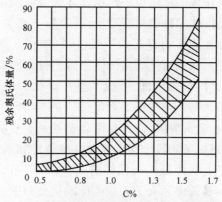
(b) 奥氏体含碳量对残余奥氏体量的影响

图 5 – 11　奥氏体含碳量的影响

马氏体的显微组织形态主要有板条状和片状两种,这主要由钢的含碳量决定。含碳量小于 0.2% 时,马氏体呈板条状,如图 5 – 12 所示。含碳量大于 1.0% 时,马氏体呈片状或针叶状,如图 5 – 13 所示,含碳量介于 0.2% ~ 1.0% 的马氏体,则是由板条状马氏体和片状马氏体混合组成,且随着奥氏体含碳量的增加,板条状马氏体数量不断减少,而片状马氏体逐渐增多。板条状马氏体和片状马氏体性能比较见表 5 – 2。

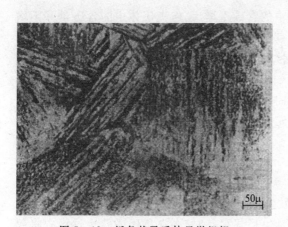
图 5 – 12　板条状马氏体显微组织

图 5 – 13　片状马氏体性显微组织

表 5 – 2　板条状马氏体和片状马氏体的性能

马氏体类型	σ_b/MPa	$\sigma_{0.2}$/MPa	HRC	δ/%	α_k/J · cm^{-2}
板条状马氏体(含碳量 0.2%)	1500	1300	50	9	60
片状马氏体(含碳量 1%)	2300	2000	66	1	10

马氏体的硬度与其含碳量有密切的关系。如图 5 – 14 所示,随着含碳量的增加,马氏体的硬度增加,尤其在含碳量较低的情况下,硬度增加较明显,但当含碳量超过 0.6% 时硬度不再继续增高,这是由于随奥氏体中含碳的增加,导致淬火后的残余奥氏体增加而总的硬度下降之故。

马氏体的塑性和韧性也和含碳量有关。因高碳马氏体晶格的畸变增大,淬火应力也较大,往往存在许多内部显微裂纹,所以塑性和韧性都很差。低碳板条状马氏体中碳的过饱和度较小,淬火内应力较低,一般不存在显微裂纹,同时板条状马氏体中的高密度位错是不均匀分布的,存在低密度区,这为位错运动提供了活动余地,所以板条状马氏体具有较好的塑性和韧性。在生产上利用低碳马氏体的优点,常采用低碳钢淬火和低温回火工艺获得性能优良的回火马氏体,这样不仅降低了成本,而且得到了良好的综合力学性能。

(3) 影响 C 曲线的因素。

1) 含碳量的影响。

含碳量对 C 曲线的形状和位置有很大的影响。随着奥氏体中含碳量的增加,其过冷奥氏体稳定性增加,C 曲线的位置右移。应当指出,在通常的热处理加热条件下,对过共析钢规定

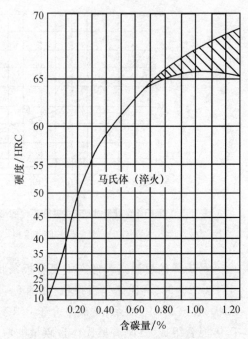

图 5 – 14　含碳量对马氏体硬度的影响

淬火加热温度为 Ac1 以上 30 ~ 50℃,虽然钢中的含碳量增大,但奥氏体中的含碳量并不增高,而未溶渗碳体量增多,可以作为珠光体转变的核心,促进奥氏体分解,因而 C 曲线左移。因此在通常的热处理加热条件下,对亚共析钢,碳的增加将使 C 曲线右移;对过共析钢,碳的增加将使 C 曲线左移;而共析钢的过冷奥氏体最稳定,C 曲线最靠右边,如图 5 – 15 所示。亚共析钢、过共析钢的 C 曲线和共析钢的 C 曲线比较,亚共析钢在奥氏体向珠光体转变之前,有先共析铁素体析出,C 曲线图上有一条先共析铁素体线(图 5 – 15a),而过共析钢存在一条二次渗碳体的析出线(图 5 – 15c)。

2) 合金元素的影响。

除了钴以外,所有的合金元素溶入奥氏体后,都将增大其稳定性,使 C 曲线右移。碳化物形成元素含量较多时,使 C 曲线的形状也发生变化,如图 5 – 16 所示。必须注意,合金元素如未完全溶入奥氏体,而以化合物(如碳化物)形式存在时,则在奥氏体转变过程中将起晶核作用,使过冷奥氏体稳定性下降,C 曲线左移。

除 Co、Al 之外,溶于奥氏体中的合金元素均会不同程度地降低马氏体转变的开始温度 Ms 与马氏体转变的终了温度 Mf,使钢淬火到室温时的残余奥氏体量增加。

3) 加热温度和保温时间的影响。

随着加热温度的提高和保温时间的延长,奥氏体的成分更加均匀,作为奥氏体转变的晶核数量减少,同时奥氏体晶粒长大、晶界面积减少,这些都不利于过冷奥氏体的转变,从而提高了过冷奥氏体的稳定性,使 C 曲线右移。

2. 过冷奥氏体连续转变曲线(CCT 图)

在生产实践中,奥氏体大多是在连续冷却中转变的,这就需要测定和利用过冷奥氏体连续转变曲线图(又称 CCT 图),图 5 – 17 中实线为共析碳钢的 CCT 图。

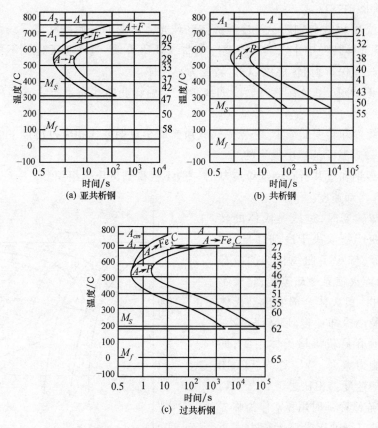

图 5 – 15　含碳量对碳钢 C 曲线的影响

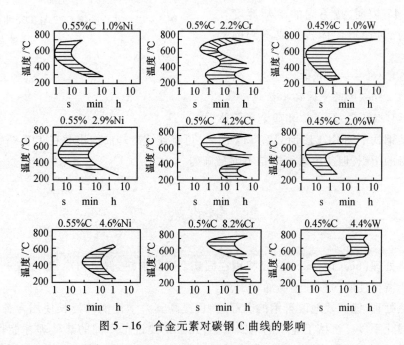

图 5 – 16　合金元素对碳钢 C 曲线的影响

（1）CCT 图的特点。

图中 Ps 线和 Pf 线分别表示过冷奥氏体向珠光体转变的开始线和终了线。K 线表示过冷奥氏体向珠光体转变中止线。凡连续冷却曲线碰到 K 线,过冷奥氏体就不再继续发生珠光体转变,而一直保持到 Ms 温度以下,转变为马氏体。

从图 5 – 17 可看出,连续冷却转变曲线位于等温转变曲线右下方。这两种转变的不同处在于:

1）在连续冷却转变曲线中,珠光体转变所需的孕育期要比相应过冷度下的等温转变略长,而且是在一定温度范围中发生的。

2）共析碳钢和过共析碳钢连续冷却时一般不会得到贝氏体组织。

（2）临界冷却速度。

连续冷却转变时,过冷奥氏体的转变过程和转变产物取决于冷却速度,如图 5 – 17 所示,与 CCT 曲线相切的冷却曲线 V_k 叫做淬火临界冷却速度,它表示钢在淬火时过冷奥氏体全部发生马氏体转变所需的最小冷却速度。V_k 值愈小,钢在淬火时愈容易获得马氏体组织,即钢接受淬火能力愈大。V'_k 称为 TTT 图的上临界冷却速度。相比之下,$V'_k > V_k$可以推断,在连续冷却时用 V'_k 作为临界冷却速度去研究钢的接受淬火能力大小是不合适的。

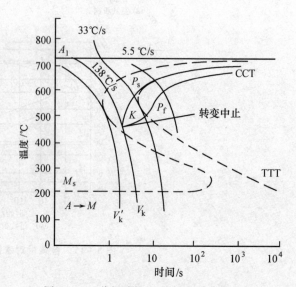

图 5 – 17　共析碳钢 CCT 与 TTT 曲线比较

图 5 – 17 表明,按不同的冷却速度连续冷却时,过冷奥氏体转变成不同的产物:

1）5.5℃/秒——珠光体。

2）33℃/秒——珠光体和少量马氏体。

3）138℃/秒——马氏体和残余奥氏体。

如果某钢找不到 CCT 图而只有 TTT 图时,可将连续冷却曲线重叠在 TTT 图上用以定性地分析应得的组织,但从定量上则是不够精确的。

5.2　钢的热处理

钢的热处理(heat treatment),是将钢在固态下进行加热、保温和冷却,改变其内部组织,从而获得所需要性能的一种金属加工工艺。

通过热处理,能有效地改善钢的内部组织,提高其力学性能并延长使用寿命,是钢铁材料重要的强化手段。机械工业中的钢铁制品,几乎都要进行不同的热处理才能保证其性能和使用要求。所有的量具、模具、刃具和轴承,70%～80% 的汽车零件和拖拉机零件,60%～

70% 的机床零件都必须进行各种专门的热处理,才能合理的加工和使用。

钢的热处理可分为整体热处理和表面热处理两大类。整体热处理包括退火、正火、淬火、回火;表面热处理包括表面淬火和化学热处理。本节主要介绍整体热处理的各工艺的特点、操作及应用。钢的表面热处理的各工艺的特点、操作及应用将在下一节中讲述。

5.2.1　退火和正火

退火与正火主要用于各种铸件、锻件、热轧型材及焊接构件,由于处理时冷却速度较慢,故对钢的强化作用较小,在许多情况下不能满足使用要求。除少数性能要求不高的零件外,一般不作为获得最终使用性能的热处理,而主要用于改善其工艺性能,故称为预备热处理。退火与正火的目的有以下几点:

(1) 消除残余内应力,防止工件变形、开裂。

(2) 改善组织,细化晶粒。

(3) 调整硬度,改善切削性能。

(4) 为最终热处理(淬火、回火)作好组织上的准备。

1. 退火

退火是将钢加热至适当温度,保温一定时间,然后缓慢冷却的热处理工艺。根据目的和要求的不同,工业上常用的退火工艺有完全退火、等温退火、球化退火、去应力退火和均匀化退火。

(1) 完全退火。

完全退火是将亚共析钢加热至 Ac_3 以上 30~50℃,经保温后随炉冷却(或埋在砂中或石灰中冷却)至 500℃ 以下后在空气中冷却,以获得接近平衡组织的热处理工艺。

(2) 等温退火。

等温退火是将钢加热至 Ac_3 以上 30~50℃,保温后较快地冷却到 Ar1 以下某一温度等温,使奥氏体在恒温下转变成铁素体和珠光体,然后出炉空冷的热处理工艺。由于转变在恒温下进行,所以组织均匀,而且可大大缩短退火时间。

完全退火和等温退火主要用于亚共析成分的各种碳钢和合金钢的铸件、锻件及热轧型材,有时也用于焊接结构。

(3) 球化退火。

球化退火是将过共析钢加热至 Ac_1 以上 20~40℃,保温适当时间后缓慢冷却,以获得在铁素体基体上均匀地分布着球粒状渗碳体组织的热处理工艺。这种组织也称为球化体,如图 5-18 所示。

过共析钢经热轧、锻造空冷后,组织为片层状珠光体和网状二次渗碳体。这种组织硬度高,塑性、韧性差,脆性大,不仅切削性能差,而且淬火时易产生变形和开裂。因此,必须进行球化退火,使网状二次渗碳体和珠光体中的片状渗碳体

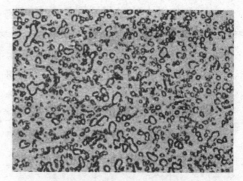

图 5-18　T12 钢球化退火显微组织(500X)

球粒化,降低硬度,改善切削性能。此工艺常用于过共析碳钢和合金工具钢。共析钢以及接近共析成分的亚共析钢也可采用球化退火工艺来获得最佳的塑性和较低的硬度,以利于冷成型加工(冷挤、冷拉、冷冲等)。

(4) 去应力退火。

去应力退火是将工件加热至 Ac_1 以下 100～200℃,保温后缓冷的热处理工艺。其目的主要是消除构件(铸件、锻件、焊接件、热轧件、冷拉件)中的残余内应力。

(5) 均匀化退火。

为减少钢锭、铸件或锻坯的化学成分的偏析和组织的不均匀性,将其加热到 Ac_3 以上150～200℃,长时间(10～15 小时)保温后缓冷的热处理工艺,称为均匀化退火或扩散退火,其目的是为了达到化学成分和组织均匀化,均匀化退火后钢的晶粒粗大,因此一般还要进行完全退火或正火。

各种退火工艺规范见图 5－19。

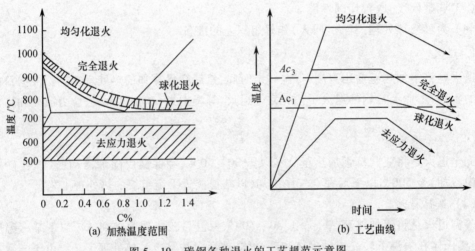

(a) 加热温度范围　　　　　　　　(b) 工艺曲线

图 5－19　碳钢各种退火的工艺规范示意图

2. 正火

正火是将工件加热至 Ac_3 或 Ac_{cm} 以上 30～50℃,保温后出炉空冷的热处理工艺。

正火与退火的主要区别是正火的冷却速度稍快,所得组织比退火细,硬度和强度有所提高。正火主要应用于以下几方面:

(1) 对于力学性能要求不高的零件,正火可作为最终热处理。

(2) 低碳钢退火后硬度偏低,切削加工后表面粗糙度高。正火后可获得合适的硬度,改善切削性能。

(3) 过共析钢球化退火前进行一次正火,可消除网状二次渗碳体,以保证球化退火时渗碳体全部球粒化。

5.2.2　淬火

淬火是将钢件加热至 Ac_3 或 Ac_1 以上某一温度,保温后以适当速度冷却,获得马氏体和

(或)下贝氏体组织的热处理工艺。其目的是提高钢的硬度和耐磨性。淬火是强化钢件的最重要的热处理方法。

1. 钢的淬火工艺

(1)淬火温度的选择。

碳钢的淬火温度可利用 Fe - Fe$_3$C 相图来选择(如图 5 - 20 所示)。为了防止奥氏体晶粒粗化,一般淬火温度不宜太高,只允许超出临界点 30 ~ 50℃。

对于亚共析碳钢,适宜的淬火温度一般为 Ac$_3$ + 30 ~ 50℃,这样可以获得均匀细小的马氏体组织。如果淬火温度过高,则将获得粗大的马氏体组织,同时引起钢件较严重的变形。如果淬火温度过低,则在淬火组织中将出现铁素体,造成钢的硬度不足,强度不高。

对于过共析碳钢,适宜的淬火温度一般为 Ac$_1$ + 30 ~ 50℃,这样可以获得均匀细小的马氏体和粒状渗碳体的混合组织。如果淬火温度过高,则将获得粗片状马氏体组织,同时引起较严重变形,淬火开裂倾向增大;还由于渗碳体溶解过多,淬火后钢中残余奥氏体量增多,降低钢的硬度和耐磨性。如果淬火温度过低,则可能得到非马氏体组织,钢的硬度达不到要求。

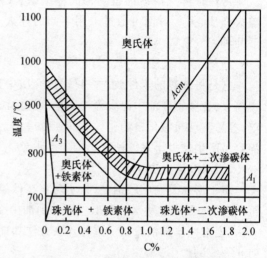

图 5 - 20 碳钢的淬火加热温度范围

对于合金钢,因为大多数合金元素阻碍奥氏体晶粒长大(Mn、P 除外),所以淬火温度允许比碳钢稍微提高一些,这样可使合金元素充分溶解和均匀化,以便取得较好的淬火效果。

(2)淬火冷却介质。

淬火时为了得到马氏体组织,冷却速度必须大于淬火临界冷却速度 V$_K$。但快冷又不可避免地造成很大的内应力,引起工件变形与开裂。因此,理想的淬火冷却介质应具有图 5 - 21 所示的冷却曲线。即只在 C 曲线鼻部附近快速冷却,而在淬火温度到 650℃ 之间以及 Ms 点以下以较慢的速度冷却。但实际生产中还没有找到一种淬火介质能符合这一理想淬火冷却速度。常用的淬火冷却介质是水、盐水和油。

水的冷却能力很强,而加入 5% ~ 10% NaCl 的盐水,其冷却能力更强,尤其在 650 ~ 550℃ 的范围内冷却速度非常快,大于 600℃/s。但在 300 ~ 200℃ 的温度范围,冷却能力仍很强,这将导致工件变形,甚至开裂。因而主要用于淬透性较小的碳钢零件。

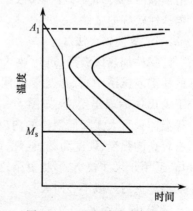

图 5 - 21 理想淬火冷却速度

淬火油几乎都是矿物油。其优点是在 300 ~ 200℃ 的范围内冷却能力低,有利于减小变形和开裂,缺点是在 650～550℃ 范围冷却能力远低于水,所以不宜用于碳钢,通常只用作合金钢的淬火介质。

为减少工模具淬火时的变形,工业上常用熔融盐浴或碱浴作为冷却介质来进行分级淬火或等温淬火。

(3)淬火方法。

为保证淬火时既能得到马氏体组织,又能减小变形,避免开裂,一方面可选用合适的淬火介质,另一方面可通过采用不同的淬火方法加以解决。工业上常用的淬火方法有以下几种:

1)单液淬火法。

它是将加热的工件放入一种淬火介质中连续冷却至室温的操作方法。例如:碳钢在水中淬火,合金钢在油中淬火等均属单液淬火法,如图 5－22 中曲线 1 所示。这种方法操作简单,容易实现机械化自动化。但在连续冷却至室温的过程中,水淬容易产生变形和裂纹,油淬容易产生硬度不足或硬度不均匀等现象。

2)双液淬火法。

对于形状复杂的碳钢件,为了防止在低温范围内马氏体相变时发生裂纹,可在水中淬冷至接近 Ms 温度时从水中取出立即转到油中冷却,如图 5－22 中曲线 2 所示,这就是双液淬火法,也常叫水淬油冷法。这种淬火方法如能恰当地掌握好在水中的停留时间,即可有效地防止裂纹的产生。

3)分级淬火法。

钢件加热保温后,迅速放入温度稍高于 Ms 点的恒温盐浴或碱浴中,保温一定时间,待钢件表面与心部温度均匀一致后取出空冷,以获得马氏体组织的淬火工艺,如图 5－22 中曲线 3 所示。这种淬火方法能有效地减小变形和开裂倾向。但由于盐浴或碱浴的冷却能力较弱,故只适用于尺寸较小、淬透性较好的工件。

4)等温淬火法。

钢件加热保温后,迅速放入温度稍高于 Ms 点的盐浴或碱浴中,保温足够时间,待奥氏体转变成下贝氏体后取出空冷,如图 5－22 中曲线 4 所示。等温淬火可大大降低钢件的内应力,下贝氏体又具有较高的强度、硬度和塑、韧性,综合性能优于马氏

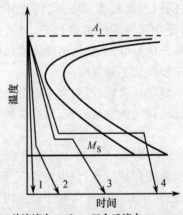

1— 单液淬火;　2— 双介质淬火;
3— 马氏体分级淬火;　4— 贝氏体等温淬火.
图 5－22　不同淬火方法示意图

体,适用于尺寸较小、形状复杂,要求变形小,且强、韧性都较高的工件,如弹簧、工模具等。等温淬火后一般不必回火。

5)局部淬火法。

有些工件按其工作条件如果只是局部要求高硬度,则可进行局部加热淬火的方法,以避免工件其他部分产生变形和裂纹。

6)冷处理。

为了尽量减少钢中残余奥氏体以获得最大数量的马氏体,可进行冷处理,即把淬冷至室

温的钢继续冷却到 −70 ～ −80℃（也可冷到更低的温度），保持一段时间，使残余奥氏体在继续冷却过程中转变为马氏体，这样可提高钢的硬度和耐磨性，并稳定钢件的尺寸。

（4）钢的淬透性和淬硬性。

1）淬透性。

在规定条件下，决定钢材淬硬层深度和硬度分布的特性称为淬透性。一般规定，钢的表面至内部马氏体组织占 50% 处的距离称为淬硬层深度。淬硬层越深，淬透性就越好。如果淬硬层深度达到心部，则表明该工件全部淬透。

钢的淬透性主要取决于钢的临界冷却速度 V_k。临界冷却速度越小，过冷奥氏体越稳定，钢的淬透性也就越好。

合金元素是影响淬透性的主要因素。除 Co 和大于 2.5% 的 Al 以外，大多数合金元素溶入奥氏体都使 C 曲线右移，降低临界冷却速度，因而使钢的淬透性显著提高。

此外，提高奥氏体化温度，将使奥氏体晶粒长大、成分均匀，奥氏体稳定，使钢的临界冷却速度减小，改善钢的淬透性。

在实际生产中，工件淬火后的淬硬层深度除取决于淬透性外，还与零件尺寸及冷却介质有关。

2）淬硬性。

钢在理想条件下进行淬火硬化后所能达到的最高硬度的能力称为淬硬性。它主要取决于马氏体中的含碳量，合金元素对淬硬性影响不大。

（5）钢的淬火变形与开裂。

1）热应力与相变应力（组织应力）。

工件淬火后出现变形与开裂是由内应力引起的。内应力分为热应力与相变应力。

工件在加热或冷却时，由于不同部位存在着温度差而导致热胀或冷缩不一致所引起的应力称为热应力。

淬火工件在加热时，铁素体和渗碳体转变为奥氏体，冷却时又由奥氏体转变为马氏体。由于不同组织的比容不同，故加热冷却过程中必然要发生体积变化。热处理过程中由于工件表面与心部的温差使各部位组织转变不同时进行而产生的应力称为相变应力。

淬火冷却时，工件中的内应力超过材料的屈服点，就可能产生塑性变形，如内应力大于材料的抗拉强度，则工件将发生开裂。

2）减小淬火变形和开裂的措施。

对于形状复杂的零件，应选用淬透性好的合金钢，以便能在缓和的淬火介质中冷却；工件的几何形状应尽量做到厚薄均匀，截面对称，使工件淬火时各部分能均匀冷却；高合金钢锻造时应尽可能地改善碳化物分布，高碳及高碳合金钢采用球化退火有利于减小淬火变形；适当降低淬火温度、采用分级淬火或等温淬火都能有效地减小淬火变形。

5.2.3　回火

将淬火后的钢件加热至 Ac_1 以下某一温度，保温一定时间，然后冷至室温的热处理工艺称为回火。

钢件淬火后必须进行回火，其主要目的是：减少或消除淬火应力，减小变形，防止开裂；

通过采用不同温度的回火来调整硬度,减小脆性,获得所需的塑性和韧性;稳定工件的组织和尺寸,避免其在使用过程中发生变化。

1. 淬火钢回火时的组织转变

随回火温度的升高,淬火钢的组织发生以下几个阶段的变化:

(1) 马氏体的分解。

在 100 ~ 200℃ 回火时,马氏体开始分解。马氏体中的碳以 ε 碳化物($Fe_{2.4}C$)的形式析出,使过饱和程度略有减小,这种组织称为回火马氏体($M_回$)。因碳化物极细小,且与母体保持共格,故硬度略有下降。

(2) 残余奥氏体的转变。

在 200 ~ 300℃ 回火时,马氏体继续分解,同时残余奥氏体也向下贝氏体转变。此阶段的组织大部分仍然是回火马氏体,硬度有所下降。

(3) 回火托氏体的形成。

在 300 ~ 400℃ 回火时,马氏体分解结束,过饱和固溶体转变为铁素体。同时非稳定的 ε 碳化物也逐渐转变为稳定的渗碳体,从而形成在铁素体的基体上分布着细颗粒状渗碳体的混合物,这种组织称为回火托氏体($T_回$),此阶段硬度继续下降。

(4) 渗碳体的聚集长大。

回火温度在 400℃ 以上时,渗碳体逐渐聚集长大,形成较大的粒状渗碳体,这种组织称为回火索氏体($S_回$),与回火托氏体相比,其渗碳体颗粒较粗大。随回火温度进一步升高,渗碳体迅速长大,而且铁素体开始发生再结晶,由针状形态变成等轴多边形。

图 5 - 23 为钢的硬度与回火温度的关系曲线。

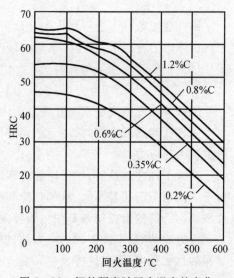

图 5 - 23　钢的硬度随回火温度的变化

2. 回火的种类及应用

根据零件对性能的不同要求,按其回火温度范围,可将回火分为以下几类:

(1) 低温回火(150 ~ 250℃)。

回火后的组织为回火马氏体,基本上保持了淬火后的高硬度(一般为 58 ~ 64HRC)和高耐磨性,主要目的是为了降低淬火应力。一般用于有耐磨性要求的零件,如刀具、工模具、滚动轴承、渗碳零件等。

(2) 中温回火(350 ~ 500℃)。

回火后的组织为回火托氏体,其硬度一般为 35 ~ 45HRC,具有较高的弹性极限和屈服点。因而主要用于有较高弹性、韧性要求的零件,如各种弹簧。

(3) 高温回火(500 ~ 650℃)。

回火后的组织为回火索氏体,这种组织既有较高的强度,又具有一定的塑性、韧性,其综合力学性能优良。工业上通常将淬火与高温回火相结合的热处理称为调质处理,它广泛应用于各种重要的结构零件,特别是在交变负荷下工作的连杆、螺栓、齿轮及轴类等,也可用于量具、模具等精密零件的预备热处理。硬度一般为 200 ~ 350HBS。

除了以上三种常用的回火方法外,某些高合金钢还在 640 ~ 680℃ 进行软化回火。某些量具等精密工件,为了保持淬火后的高硬度及尺寸稳定性,有时需在 100 ~ 150℃ 进行长时间的加热(10 ~ 50 小时),这种低温长时间的回火称为尺寸稳定处理或时效处理。

从以上各温度范围中可看出,没有在 250 ~ 350℃ 之间进行回火,因为这是钢容易发生低温回火脆性的温度范围。

5.3　钢的表面强化处理

在冲击、交变和摩擦等动载荷条件下工作的机械零件,如齿轮、曲轴、凸轮轴、活塞销等汽车、拖拉机和机床零件,要求表面具有高的强度、硬度、耐磨性和疲劳强度,而心部则要有足够的塑性和韧性。如果仅从选材和普通热处理工艺上来满足要求是很困难的。而表面强化处理,则是能满足要求的合理选择。

5.3.1　钢的表面热处理

1. 钢的表面淬火

表面淬火是一种不改变表层化学成分,只改变表层组织的局部热处理方法。表面淬火是通过快速加热,使钢件表层奥氏体化,然后迅速冷却,使表层形成一定深度的淬硬组织(马氏体),而心部仍保持原来塑性、韧度较好的组织(退火、正火或调质处理组织)的热处理工艺。

根据加热方法的不同,表面淬火可分为感应加热表面淬火、火焰加热表面淬火、接触电阻加热表面淬火、电解液加热表面淬火、激光加热表面淬火和电子束加热表面淬火等。下面主要介绍感应加热表面淬火、火焰加热表面淬火和激光加热表面淬火。

(1) 感应加热表面淬火。

感应加热表面淬火,是利用电磁感应、集肤效应、涡流和电阻热等电磁原理,使工件表层快速加热,并快速冷却的热处理工艺。

感应加热表面淬火时,将工件放在铜管制成的感应器内,当一定频率的交流电通过感应器时,处于交变磁场中的工件产生感应电流,由于集肤效应和涡流的作用,工件表层的高密度交流电产生的电阻热迅速加热工件表层,很快达到淬火温度,随即喷水冷却,工件表层被淬硬。如图 5 - 24 所示。

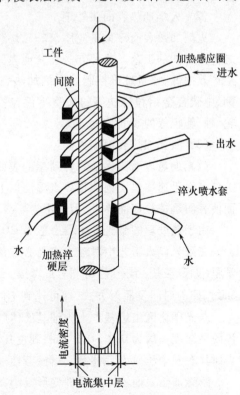

图 5 - 24　感应加热表面淬火示意图

感应加热时,工件截面上感应电流的分布状态与电流频率有关。电流频率愈高,集肤效应愈强,感应电流集中的表层就愈薄,这样加热层深度与淬硬层深度也就愈薄。因此,可通过调节电流频率来获得不同的淬硬层深度。常用感应加热种类及应用见表5-3。

感应加热速度极快,只需几秒或十几秒。淬火层马氏体组织细小,机械性能好。工件表面不易氧化脱碳,变形也小,而且淬硬层深度易控制,质量稳定,操作简单,特别适合大批量生产。常用于中碳钢或中碳低合金钢工件,例如45、40Cr、40MnB 等。也可用于高碳工具钢或铸铁件,一般零件淬硬层深度约为半径的1/10时,即可得到强度、耐疲劳性和韧性的良好组合。感应加热表面淬火不宜用于形状复杂的工件,因感应器制作困难。

表5-3 感应加热种类及应用范围

感应加热类型	常用频率	一般淬硬层深度/mm	应 用 范 围
高频感应加热	200~1000 kHz	0.5~2.5	中小模数齿轮及中小尺寸的轴类零件
中频感应加热	2500~8000 Hz	2~10	较大尺寸的轴和大中模数齿轮
工频感应加热	50 Hz	10~20	较大直径零件穿透加热,大直径零件如轧辊、火车车轮的表面淬火
超音频感应加热	30~36 kHz	淬硬层能沿工件轮廓分布	中小模数齿轮

为了保证心部具有良好的力学性能,表面淬火前应进行调质或正火处理。表面淬火后应进行低温回火,减少淬火应力,降低脆性。

(2)火焰加热表面热处理。

火焰加热表面淬火是应用氧—乙炔(或其他可燃气体)火焰,对零件表面进行加热,随之淬火冷却的工艺。这种方法和其他表面加热淬火法比较,其优点是设备简单、成本低,但生产效率低,质量较难控制。火焰加热表面淬火淬硬层深度一般为2~6mm,通常用于中碳钢、中碳合金钢和铸铁等的大型零件,进行单件、小批量生产或局部修复加工,例如大型齿轮、轴、轧辊等的表面淬火。

(3)激光加热表面淬火。

激光加热表面淬火是一种新型的表面强化处理方法。它利用激光来扫描工件表面,使工件表面迅速加热至钢的临界点温度以上,当激光束离开工件表面时,由工件自身大量吸热而使表面迅速冷却而淬火,因此不需要冷却介质。

用于热处理的激光发生器一般为 CO。气体激光器最大输出功率大于 1000 W。

在激光淬火工艺中对淬火表面必须预先施加吸光涂层,该涂层由金属氧化物、暗色的化学膜(如磷酸盐)或黑色材料(如炭黑)组成。通过控制激光入射功率密度(10^3~10^5W/cm^2)、照射时间及照射方式,即可达到不同淬硬层深度、硬度、组织及其他性能要求。

激光硬化区组组基本上为细马氏体(铸铁的激光硬化区组织为细马氏体加未溶石墨),淬硬层深度一般为 0.3~0.5 mm,硬度比常规淬火的相同含碳量的钢材硬度高10%左右。表面具有残余压应力,耐磨性、耐疲劳性一般均优于常规热处理。

激光加热表面淬火后零件变形极小,表面质量很高,特别适用于拐角、沟槽、盲孔底部及深孔内壁的热处理。工件经激光表面淬火后,一般不再进行其他加工就可以直接使用。

2. 钢的化学热处理

化学热处理是将钢件置于活性介质中加热并保温,使介质分解析出的活性原子渗入工件表层,改变表层的化学成分、组织和性能的热处理工艺。化学热处理的目的是提高工件表面的硬度、耐磨性、疲劳强度、耐热性、耐蚀性和抗氧化性能等。常用的化学热处理有渗碳、渗氮、碳氮共渗和渗金属等。

（1）渗碳。

渗碳是将工件置于渗碳介质中加热并保温,使介质分解析出活性炭原子并渗入工件表层的化学热处理工艺。渗碳适用于承受冲击载荷和强烈摩擦的低碳钢或低碳合金钢工件,如汽车和拖拉机的齿轮、凸轮、活塞销、摩擦片等零件。渗碳层深度一般为 0.5 ~ 2mm,渗碳层的碳含量可达到 0.8% ~ 1.1% 。渗碳后应进行淬火和回火处理,这样才能有效地发挥渗碳的作用。

按渗碳所用的渗碳剂不同,可分为气体渗碳、固体渗碳和液体渗碳三类。生产中常用的渗碳方法主要为气体渗碳。

气体渗碳是将工件置于密闭的加热炉中(如井式气体渗碳炉),通入煤气、天然气等渗碳气体介质(或滴入煤油、丙酮等易于气化分解的液体介质),加热到 900 ~ 950℃ 的渗碳温度后保温,工件在高温渗碳气氛中进行渗碳的热处理工艺。

气体渗碳的关键过程是渗碳剂在高温下分解析出活性炭原子[C],依靠工件表层与内部的碳浓度差,不断地从表面向内部扩散而形成渗碳层。活性炭原子生成的反应为:

$$2CO \rightarrow CO_2 + [C]; CH_4 \rightarrow 2H_2 + [C]; CO + H_2 \rightarrow H_2O + [C]$$

气体渗碳的渗层厚度与渗碳时间有关,在温度 900 ~ 950℃ 下每保温 1 小时,渗入厚度约增加 0.2 ~ 0.3 mm。低碳钢渗碳缓冷后的显微组织表层为珠光体和二次渗碳体,心部为原始的亚共析钢组织,中间为过渡组织。一般规定,从表面到过渡层的 1/2 处称为渗碳层厚度。

气体渗碳的渗碳层质量好,渗碳过程易控制,生产率高,劳动条件较好,易于实现机械化和自动化。但设备成本高,维护调试要求较高,故不适宜单件和小批量生产。

（2）渗氮。

渗氮又称氮化,是将工件置于含氮介质中加热至 500 ~ 560℃,使介质中分解析出的活性氮原子渗入工件表层的化学热处理工艺。渗氮层深度一般为 0.6 ~ 0.7 mm。渗氮广泛应用于承受冲击、交变载荷和强烈摩擦的中碳合金结构钢等的重要精密零件,如精密机床丝杆、镗床主轴、高速柴油机曲轴、汽轮机的阀门、阀杆等。

为了有利于渗氮过程中在工件表面形成颗粒细小、分布均匀、硬度极高且非常稳定的氮化物,氮化用钢通常是含有 Al、Cr、Mo 等元素的合金钢,最典型的氮化钢是 38CrMoAl,氮化硬度可达 1000HV 以上。

工件渗氮后,表面即具有很高的硬度及耐磨性,不必再进行热处理。但由于渗氮层很薄,且较脆,因此要求心部具有良好的综合力学性能,故渗氮前应进行调质处理,以获得回火索氏体组织。

1）气体渗氮。

将工件置于井式炉中加热至 550 ~ 570℃,并通入氨气,氨气受热分解生成活性氮原子

$(2NH_3 \rightarrow 3H_2 + 2[N])$,渗入工件表面。渗氮保温时间一般为 $20 \sim 50$ h,氮化层厚度 $0.2 \sim 0.6$ mm。

2)离子氮化。

将工件置于离子氮化炉内,抽出炉内空气,待真空度达 1.33 Pa 后通入氨气,炉压升至 70 Pa 时接通电源,在阴极(工件)和阳极间施加 $400 \sim 700$ V 的直流电压,使炉内气体放电,迫使电离后的氮离子高速轰击工件表面,并渗入工件表层形成氮化层。其最大优点是氮化时间短,仅为气体氮化时间的 1/3 左右,且渗层质量好。

(3)碳氮共渗。

碳氮共渗是将碳和氮原子都渗入工件表层的一种化学热处理工艺。碳氮共渗的方法有液体碳氮共渗和气体碳氮共渗两种,目前主要使用的是气体碳氮共渗。

气体碳氮共渗又分为高温($820 \sim 880℃$)以渗碳为主的气体碳氮共渗和低温($560 \sim 580℃$)以渗氮为主的气体氮碳共渗两类。常用的共渗介质是尿素、甲酰胺和三乙醇胺。

气体碳氮共渗的共渗层比渗碳层硬度高,耐磨性、抗蚀性和疲劳强度更好;比渗氮层深度大,表面脆性小而抗压强度高;共渗速度快,生产率高,变形开裂倾向小。广泛应用于自行车、缝纫机、仪表零件、齿轮、轴类等机床、汽车的小型零件,以及模具、量具和刀具的表面处理。

5.3.2 钢的表面形变强化

钢的表面形变强化主要用于提高钢的表面性能,已成为提高钢的疲劳强度、延长使用寿命的重要工艺措施。目前常用的有喷丸、滚压和内孔挤压等表面形变强化工艺。

1. 喷丸

喷丸是利用高速弹丸流强烈喷射工件表面,从而产生表面形变强化的工艺。弹丸流使工件表面层产生强烈的冷塑性变形,形成极高密度的位错($\rho > 1 \times 10^{12}/cm^2$),使亚晶粒极大地细化,并形成较高的宏观残余压应力,因而提高工件的抗疲劳性能和抗应力腐蚀性能。例:将 1Crl3 不锈钢采用喷丸强化处理后,将试样加载产生 420 MPa 的拉应力,并放入150℃的饱和水蒸气中作应力腐蚀试验。结果未喷丸的试样在一周内断裂,而喷丸后的试样到 8 周后才断裂。

常用的喷丸有铸铁弹丸(含碳 $2.75\% \sim 3.60\%$,硬度 $58 \sim 65$HRC,经退火提高韧性,硬度降低为 $30 \sim 57$HRC,弹丸直径 $d = \Phi 0.2 \sim 1.5$mm)、钢弹丸(含碳 0.7% 的弹簧钢或不锈钢,硬度 $45 \sim 50$HRC,$d = \Phi 0.4 \sim 1.2$mm)和玻璃弹丸硬度(硬度 $46 \sim 50$ HRC,$d = \Phi 0.05 \sim 0.4$mm)。喷丸设备可采用机械离心式喷丸机或气动式喷丸机。

2. 滚压

滚压强化适用于外圆柱面、锥面、平面、齿面、螺纹、圆角、沟槽及其他特殊形状的表面,滚压加工属于无切削加工,能较容易地压平工件表面的粗糙度凸峰,使表面粗糙度 Ra 达到 $0.4 \sim 0.1\mu m$,同时不切断金属纤维,增加滚压层的位错密度,形成有利的残余压应力,提高工件的耐磨性和疲劳强度。例如,滚压螺纹比车削螺纹提高生产率 $10 \sim 30$ 倍,抗拉强度提高 $20\% \sim 30\%$,疲劳强度提高 50%。

5.3.3　钢的表面覆层强化

表面覆层强化是在金属表面涂覆一层其他金属或非金属，以提高其耐磨性、耐蚀性、耐热性或进行表面装饰等。常用的方法有金属喷涂、金属碳化物覆层和非金属覆层等。

1. 金属喷涂

金属喷涂是将金属粉末熔化，并喷涂在工件表面形成覆层的方法。常用氧 - 乙炔火焰喷涂或等离子喷涂。等离子喷涂是将金属粉末送入含有 Ar(氩)、He(氦)、H_2、N_2 等气体的等离子枪内，加热微熔并喷射到工件表面形成覆层。其优点是等离子喷射火焰温度高(达50000K)、喷射速度快又有惰性气体保护，故覆层与基材粘附力强。根据喷涂的目的，可以喷涂不同的材料，如在已磨损的机件上喷涂一层耐磨合金，以进行修复，或在钢铁零件上喷涂一层铝，以提高其耐蚀性。也可将氧化铝、氧化锆、氧化铬等氧化物喷涂到钢的表面，使之具有良好的耐磨、耐热性能。

为了提高覆层与基材的结合强度，又发展了喷涂重熔技术。如沈阳工业大学与沈阳鼓风机厂协作研究提高风机叶片耐磨性的喷涂重熔工艺。采用镍基、钴基自熔合金，先在16Mn 钢试样上用氧 - 乙炔火焰预热到200℃，接着进行喷涂 0.8 ~ 1.5mm 的覆层，而后再用氧 - 乙炔火焰加热重熔，生成较薄的合金层，使覆层与基材达到原子间的冶金结合。试验结果表明，16Mn 钢经镍基、钴基自熔合金喷涂重熔后，耐磨性提高 2 ~ 4 倍。

2. 金属碳化物覆层

在钢件表面涂覆一层金属碳化物，可显著提高其耐磨性、耐蚀性和耐热性。金属碳化物的覆层方法有化学气相沉积(CVD)法、物理气相沉积(PVD)法和盐浴(TD)法。

(1) 化学气相沉积法。

将工件置于反应室中，抽真空并加热至 900 ~ 1100℃。如要涂覆 TiC 层，则将钛以挥发性氯化物(如 $TiCl_4$)与气体碳氢化合物(如 CH_4)一起通入反应室内，这时就会在工件表面发生化学反应生成 TiC，并沉积在工件表面形成 6 ~ 8 μm 厚的覆盖层。工件经气相沉积镀覆后，再进行淬火、回火处理，表面硬度可达 2000 ~ 4000 HV。

化学气相沉积碳化钛工艺于 1954 ~ 1960 年由原西德法兰克福有限公司首先研制出，直至 1968 年才投入生产。

(2) 物理气相沉积。

物理气相沉积是通过蒸发、电离或溅射等过程，产生金属粒子并与反应气体反应形成化合物沉积在工件表面。物理气相沉积方法有真空镀、真空溅射和离子镀三种。目前应用较广的是离子镀。

离子镀是借助于惰性气体的辉光放电，使镀料(如金属 Ti)气化蒸发离子化，离子经电场加速，以较高能量轰击工件表面，此时如通入 CO_2、N_2 等反应气体，便可在工件表面获得TiC、TiN 覆盖层，硬度高达 2000 HV。离子镀的重要特点是沉积温度只有 500℃左右，且覆盖层附着力强，适用于高速钢工具、热锻模等。

(3) 盐浴法。

盐浴法是由日本丰田公司中央研究所提出的一种覆渗碳化物的工艺，可以在工件表面形成 V、Nb、Ta、Ti、W、Mo、Cr、B 等元素的碳化物。

其工艺是将钢件浸入含有碳化物生成元素的金属粉末的硼砂浴中,加热温度为 800 ~ 1100℃,时间为 1 ~ 10h。具体参数按基体材料和渗层厚度而定。

Cr 的碳化物渗层硬度为 l400 ~ 2000 HV,Nb 的碳化物渗层硬度为 2500 ~ 3100 HV,V 的碳化物渗层硬度为 3200 ~ 3800 HV。该工艺已广泛应用于各种模具、刃具、工夹具和机械零件中,对提高使用寿命有显著效果。

3. 离子注入

离子注入是根据工件的性能要求选择适当种类的原子,使其在真空电场中离子化,并在高压作用下加速注入工件表层的技术。

离子注入使金属材料表层合金化,显著提高其表面硬度、耐磨性及耐腐蚀性等。

(1) 对硬度的影响。

离子注入产生表面硬化,主要是利用 N、C、B 等非金属元素注入钢铁、有色金属及各种合金中,当注入离子的剂量大于 $10^{17}/cm^2$ 时,将产生明显的硬化作用,一般可提高 10% ~ 100%,甚至更高。

(2) 对耐磨性的影响。

由于离子注入提高了硬度,因此,耐磨性增加。另一方面,实践证明,离子注入还能改变金属表面的摩擦系数。例如钢中注入 $2.8 \times 10^{16}/cm^2$ 的 Sn^+ 时,摩擦系数从 0.3 降至 0.1 左右。GCrl5 轴承钢注入 N_2 后,磨损率减少 50%,38CrMoAl 氮化钢注入 N、C、B 后磨损率减少达 90%。

(3) 对耐蚀性的影响。

钢注入某些合金元素后,将大大提高耐蚀性。例如在含硫的氧化性环境中工作的燃煤设备,由于氧和硫的综合腐蚀作用导致锅炉管件等零件过早蚀穿而发生事故。但当离子注入 Ce、Y、Hf、Th、Zr、Nb、Ti 或其他能稳定氧化物的活性元素后,能大大提高耐腐蚀能力。

5.4　铸铁的改性处理

5.4.1　铸铁改性的基本途径

工业生产中常用铸铁的组织为:钢的基体 + 石墨。它们的性能主要决定于铸铁中石墨的形状、大小、分布和基体组织的类型。因此,铸铁强化也应该从这两方面着手。

1. 改变石墨的形状、大小和分布

人们通过改变石墨的形状、大小和分布的规律,在灰铸铁的粗片状石墨的基础上,使石墨呈细小而均匀地分布,研制成功了孕育铸铁;使石墨呈团絮状、球状和蠕虫状,获得了可锻铸铁,球墨铸铁和蠕墨铸铁。

2. 改变基体组织

铸铁中的基体组织是决定其力学性能的重要因素,铸铁可通过合金化和热处理的办法强化基体,进一步提高铸铁的力学性能。

5.4.2　铸铁热处理方法

铸铁热处理主要改变铸铁的基体组织,因其基体相当于钢的组织,故热处理规律与钢基本相同。

1. 退火

(1) 消除内应力的退火。

铸件在铸造冷却过程中容易产生内应力,导致铸件翘曲和裂纹。为保证尺寸稳定性,防止变形开裂,对一些形状复杂的铸件,如机床床身、柴油机汽缸等,往往进行消除内应力的退火。其规范一般为:加热温度 500 ~ 550℃,加热速度 60 ~ 120℃/h,经一定时间保温后,炉冷到 150 ~ 220℃出炉空冷。

(2) 低温退火。

球墨铸铁的基体往往包含铁素体和珠光体,为了获得较高的塑性、韧性,必须使珠光体中的 Fe_3C 分解。其方法是:将球铁件加热到 700 ~ 760℃,保温 2 ~ 8 h 后,随炉冷却至 600℃出炉空冷。最终组织为铁素体基体上分布着石墨。

(3) 高温退火。

当铸铁组织中不仅有珠光体,而且还有自由渗碳体时,为使自由渗碳体分解,需将铸铁件加热至 850 ~ 950℃,保温 2 ~ 5 h 后,随炉冷却至 600℃,再出炉空冷。最终组织为铁素体基体上分布着石墨。

2. 正火

(1) 高温正火。

一般将铸铁件加热到 880 ~ 920℃,保温 1 ~ 3h,使基体组织全部奥氏体化,然后出炉空冷。获得珠光体型的基体组织。

(2) 低温正火。

一般将铸件加热到 840 ~ 880℃,保温 1 ~ 4 h,然后出炉空冷,获得珠光体和铁素体的基体组织,强度比高温正火略低,但塑性和韧性较高。低温正火要求原始组织中无自由渗碳体,否则将影响力学性能。

正火后,为了消除正火时铸件产生的内应力,通常还要进行去应力退火。

3. 调质处理

对于受力情况复杂、综合力学性能要求较高的重要零件,如柴油机连杆、曲轴等,需进行调质处理。一般将工件加热至 860 ~ 900℃,保温后油淬,然后在 550 ~ 600℃回火 2 ~ 4 h,最终组织为回火索氏体与球状石墨。

4. 等温淬火

对于一些外形复杂,易变形或开裂的零件,如齿轮、凸轮等,为提高其综合力学性能,可采用等温淬火。其工艺是:将工件加热至 860 ~ 900℃,适当保温后,迅速移至 250 ~ 300℃的盐浴炉中保温 30 ~ 90 min,然后取出空冷,一般不再回火。等温淬火后的组织是下贝氏体与球状石墨。在生产上,等温淬火只适用于截面尺寸不大的零件。

5. 表面淬火

有些铸件,如机床导轨的表面、气缸的内壁等,需要有较高的硬度和耐磨性,常进行表面淬火处理,如高频表面淬火、火焰表面淬火等。

6. 化学热处理

对于要求表面耐磨或抗氧化、耐蚀的铸铁件,特别是球墨铸铁件,可进行化学热处理,如软氮化、渗铝、渗硼、渗硫等。

5.4.3　铸铁的合金化

常规元素高于规定含量或含有一种或多种合金元素并具有某种特殊性能的铸铁称为合金铸铁。如具有耐磨、耐热、耐蚀等特殊性能,这种铸铁又称特殊性能铸铁。

铸铁中合金元素的作用如下:

1. Cr 元素

Cr 元素是合金铸铁中应用最广泛的合金元素,其作用是:使铸铁在高温下表面形成一层致密氧化层,提高耐热性、耐蚀性;提高基体(铁素体)电极电位,以提高耐蚀性;当含量较高时,可形成团块状的碳化物(Cr_7C_3),此碳化物具有比渗碳体更高的硬度,可显著提高抗磨性。由于成团块状,对铸铁的韧性有较大的改善。

2. P 元素

在铸铁中其含量通常为 0.3% ~ 0.6%。P 主要以磷共晶形式存在,呈断续网状分布在基体上,具有良好的减摩作用,可显著提高铸铁的耐磨性。

3. Si、Al 等元素

这些元素使铸铁表面形成一层连续致密的氧化层,对铸铁起到良好的保护作用,可提高铸铁的耐热性和耐蚀性。

4. Mo、Cu、W、V、Ti 等其他合金元素

这些元素可细化组织,提高铁素体电极电位,进一步提高铸铁的耐磨性、耐热性和耐蚀性。

思　考　题

1. 简述热处理的概念、作用和常用种类。

2. 试述加热时共析钢奥氏体形成的几个阶段,分析亚共析钢和过共析钢奥氏体形成的主要特点。

3. 说明共析钢 C 曲线各个区、各条线的物理意义,在曲线上标注出各类转变产物的组织名称及其符和性能。指出影响 C 曲线形状和位置的主要因素。

4. 什么是马氏体转变临界冷却速度(V_k)? 它对钢的淬火有何意义? 它的大小受哪些因素影响? 它与钢的淬透性有何关系?

5. 试比较共析钢过冷奥氏体等温转变图和连续转变图的异同点。

6. 试述马氏体转变的特点。定性说明两种主要类型马氏体的组织形态和性能差异。

7. 正火和退火的主要区别是什么? 生产中应如何选择正火和退火? 下列情况下该用退火还是正火? 简述原因。

(1) 20 钢齿轮锻件;(2) 45 钢小轴轧材毛坯;(3) 45 钢钳口铁锻件;(4) T12 钢锉刀锻件。

8. 简述各种淬火方法及其适用范围。

9. 什么是回火？为什么淬火钢均应回火？

10. 三种类型的回火分别得到什么组织和性能？

11. 将一退火状态的 T8 钢圆柱形零件(Φ12×100)整体加热至 800℃后,把 A 段长度(见下图)入水冷却,B 段长度空冷,处理后零件的硬度分布如图示。试判断各点的显微组织,并用 C 曲线近似分析其形成原因。

圆柱零件及其硬度分布情况

12. 分析下列说法在什么情况下正确？什么情况下不正确？

(1) 钢奥氏体化后,冷得愈快钢的硬度愈高;

(2) 淬火钢硬而脆;

(3) 钢中含合金元素愈多,其淬火硬度愈高。

13. 用 T10 钢制造形状简单的手工刀具和用 45 钢制造较重要的螺栓,工艺路线均为:

锻造→热处理→机加工→热处理→精加工,对两种工件:(1) 说明预备热处理的工艺方法及其作用;(2) 写出最终热处理工艺名称,并指出最终热处理后的显微组织及大致硬度。

14. 现有 20 钢和 40 钢制造的齿轮各一个,为提高齿面的硬度和耐磨性,宜采用何种热处理工艺？齿面热处理后在组织和性能上有何差异？

15. 甲、乙两厂同时生产一种 45 钢零件,硬度要求为 220 – 250 HBS。甲厂采用正火处理,乙厂采用调质处理,都达到硬度要求。试分析甲、乙两厂产品的组织和性能的差异？

16. 主要热处理缺陷有哪些？

17. 零件的热处理技术条件如何标注？

第6章　金属的液态成型

金属的液态成型是指熔炼金属,制造铸型,并将熔融金属浇入铸型内,凝固后获得一定形状和性能铸件的成型方法。金属的液态成型也称为铸造。

金属液态成型具有下列优点:

(1)能制造各种尺寸和形状复杂的铸件,尤其是内腔复杂的铸件。工件轮廓尺寸可小至几毫米,大至几十米;重量可从几克至数百吨。如各种箱体、机床床身、机架、水压机横梁等的毛坯均为金属液态成型。

(2)铸件的形状和尺寸与零件很接近,因而节省了金属材料和加工工时。精密铸件可省去切削加工,直接用于装配。

(3)绝大多数金属均能用液态成型的方法制成铸件。对于一些不宜锻压或不宜焊接的合金件(如铸铁件、青铜件),铸造是一种较好的成型方法。

(4)液态成型生产适用于各种生产类型,包括手工生产、机械生产。

(5)液态成型所用的原材料来源广泛,价格低廉,并可回收使用,还可利用金属废料和废机件。一般情况下,液态成型生产不需要大型、精密的设备,生产周期较短。因此,铸件成本低。

液态成型生产仍有不足,其生产工序多,工艺过程难以精确控制,这使得铸件质量不够稳定,其力学性能不如同类材料的锻件高;铸件表面较粗糙,尺寸精度不高;工人劳动强度大,劳动条件较差,对环境造成污染等问题。

随着现代科学技术和精密铸造的发展,铸件表面质量有了很大提高,公差等级最高可达IT12~IT11,表面粗糙度值 Ra 可达 0.8 μm,已成为少屑和无屑加工的重要方法之一。此外,由于球墨铸铁等高强度铸造合金的普遍采用,显著提高了铸件的力学性能,可用球墨铸铁件来替代原先用钢材锻造的某些零件,如用珠光体球墨铸铁制造曲轴,用贝氏体球墨铸铁制造齿轮等,使铸造的应用日趋广泛。目前,我国已建立起相当数量的现代化铸造工厂或车间,采用了很多新工艺、新设备,电子计算机也已开始用于生产,实现了生产机械化、自动化。热成型过程的计算机模拟技术、精密成型技术都取得很大进展,使铸件质量和生产率得到了很大提高,工人劳动条件得到显著改善。

6.1　合金的液态成型工艺理论基础

合金在液态成型过程中所表现出来的工艺性能称为合金的铸造性能,通常用充型能力和收缩性能来衡量。合金的铸造性能好坏对能否获得完好的铸件具有极为重要的意义。

6.1.1 合金的充型能力

1. 合金的充型能力概念

液态合金充满铸型型腔,并获得形状完整、轮廓清晰、尺寸准确的铸件的能力,称为合金的充型能力。充型能力好的合金,在液态成型过程中有利于液态合金中非金属夹杂物和气体的上浮与排除;有利于合金凝固收缩时的补缩作用;避免产生浇不足、冷隔、夹渣、气孔和缩孔等缺陷;能浇注出薄壁、形状复杂、表面质量好的铸件。

2. 影响合金充型能力的因素

(1) 合金的流动性。合金的流动性是指液态合金自身的流动能力,流动性好的合金充型能力强。化学成分对合金的流动性影响最大。不同种类的合金具有不同的流动性。由表 6-1 可知,灰铸铁流动性最好,有色合金流动性居中,而铸钢的流动性最差。

表 6-1 常用合金的流动性

合金		铸型种类	浇注温度 $t/℃$	螺旋线长度 l/mm
灰铸铁	$w_{c+si} = 6.2\%$	砂型	1300	1500
	$w_{c+si} = 5.9\%$	砂型	1300	1300
	$w_{c+si} = 5.2\%$	砂型	1300	1000
	$w_{c+si} = 4.2\%$	砂型	1300	600
铸钢($w_c = 0.4\%$)		砂型	1600	100
			1640	200
镁合金(Mg-Al-Zn)		砂型	700	400~600
铝硅合金(硅铝明)		金属型(300℃)	680~720	700~800
锡青铜($w_{Sn} = 9\%~11\%$、$w_{Za} = 2\%~4\%$)		砂型	1040	420
硅黄铜($w_{si} = 1.5\%~4.5\%$)		砂型	1100	1000

同种合金中,成分不同的合金具有不同的结晶特点,其流动性也不同。例如,纯金属和共晶成分合金的结晶是在恒温下进行的,结晶过程从表面开始向中心逐层推进。由于凝固层的内表面比较平滑,对尚未凝固的液态合金流动的阻力小,有利于合金充填型腔。此外,在相同的浇注温度下,共晶成分合金凝固温度最低,相对来说,液态合金的过热度(即浇注温度与合金熔点温度差)大,推迟了液态合金的凝固,因此共晶成分合金的流动性最好。其他成分合金的结晶是在一定温度范围内进行的,即结晶区域为一个液相和固相并存的两相区。在此区域初生的树枝状枝晶使凝固层内表面参差不齐,阻碍液态合金的流动。而且因固态晶体的导热系数大,使液体冷却速度加快,故流动性差。合金结晶温度范围愈宽,液相线和固相线距离愈大,凝固层内表面愈参差不齐,这样流动阻力就愈大,流动性也愈差。因此,选择铸造合金时,在满足使用要求的前提下,应尽量选择靠近共晶成分的合金。

合金成分中凡能形成低熔点化合物、降低合金液的粘度和表面张力的元素,均能提高合金的流动性,如铸铁中的磷。凡能形成高熔点夹杂物的元素,都会降低合金的流动性。例如铸铁中硫和锰化合生成的 MnS,熔点为 1620℃,成为固态夹杂物悬浮在铁水中,阻碍了铁水流动,使其流动性降低。

（2）浇注温度。浇注温度高可降低合金液的粘度,增加过热度,保持液态时间长,传给铸型的热量增多,使合金的冷却速度变慢,因而提高了合金的充型能力。所以,提高浇注温度是防止铸件产生浇不足、冷隔和夹渣等缺陷的重要工艺措施。但浇注温度过高,会增加合金的总收缩量,吸气增多,铸件易产生缩孔、缩松、粘砂和气孔等缺陷。因此,在保证合金充型能力的条件下,浇注温度应尽量低些,力争做到"高温出炉,低温浇注"。例如,灰铸铁件的浇注温度一般为 1200 ~ 1380°C,对于壁厚小于 10 mm 的复杂薄壁铸件,其浇注温度为 1340 ~ 1430°C。

（3）铸型特点。铸型中凡能增加合金流动阻力和冷却速度、降低流速的因素,均能降低合金的充型能力。例如,型腔过窄、浇注系统结构复杂、直浇道过低、内浇道截面太小或布置不合理、型砂水分过多或透气性不好、铸型材料热导性过大等,都会降低合金的充型能力。为改善铸型的充型条件,铸件的壁厚应大于规定的"最小壁厚",铸件形状应力求简单,并在铸型工艺上针对需要采取相应措施,例如加高直浇道,增加内浇道截面,增设气口或冒口,对铸型烘干等。

6.1.2　合金的收缩性能

1. 合金收缩的概念

高温合金液从浇入铸型到冷凝至室温的整个过程中,其体积和尺寸减小的现象,称为收缩。收缩是合金的物理本性,也是铸件中许多缺陷(如缩孔、缩松、变形、裂纹、残余应力)产生的根源。整个收缩过程,可划分为三个互相联系的阶段。

（1）液态收缩。指合金液从浇注温度冷却到凝固开始温度(液相线温度)之间的体积收缩。这个阶段合金处于液态的收缩,它使型腔内液面降低。

（2）凝固收缩。合金从凝固开始温度冷却到凝固终止温度(固相线温度)之间的体积收缩,仍表现为型腔内液面降低。

（3）固态收缩。指合金从凝固终止温度冷却到室温之间的体积收缩。这个阶段合金处于固态下的收缩。

合金的液态收缩和凝固收缩表现为合金的体积缩小,通常用体收缩率表示。合金的固态收缩也是体积变化,表现为三个方向线尺寸的缩小,直接影响铸件尺寸变化,因此常用线收缩率表示。

2. 影响合金收缩的因素

（1）化学成分。不同种类的合金,其收缩率不同。同类合金中,化学成分不同,其收缩率也不同。灰铸铁的收缩率最小,这是因为铸铁中的碳大部分以石墨形式存在,而石墨的比容(单位重量的体积)大,在结晶时每析出 1% 石墨,铸铁体积膨胀 2%,体积膨胀抵消了部分凝固收缩。在灰铸铁中提高碳、硅的含量(含量是指质量份数,以下类同)和减少硫的含量,均可使其收缩减小。

（2）浇注温度。浇注温度主要影响液态收缩。浇注温度愈高,液态收缩愈大。一般浇注温度每提高 100℃,体积收缩增加 1.6% 左右。

（3）铸件结构与铸型条件。铸件的结构、大小、壁的厚薄、砂型和砂芯的退让性、浇冒口系统的类型和开设位置、砂箱的结构及箱带的位置等均对铸件的收缩产生影响。铸型中各部分冷却速度不同,彼此相互制约,对其收缩产生阻力。又因铸型和型芯对铸件收缩产生机械阻力,因而其实际线收缩率比自由线收缩率小。所以在设计模样时,必须根据合金的品种,铸件的形状,尺寸等因素,选取适宜的收缩率。

3. 缩孔、缩松、内应力的形成和控制

在铸件缺陷中,孔眼类缺陷、裂纹类缺陷占有很大的比重,严重影响铸件的力学性能和表面质量。必须深入了解这些缺陷的特性,以便采取相应的预防措施。

(1) 缩孔、缩松的形成及控制。

合金液在铸型内冷凝过程中,若其体积收缩得不到补充时,将在铸件最后凝固的部位形成孔洞,这种孔洞称为缩孔。缩孔分为集中缩孔和分散缩孔两类。通常所说的缩孔,主要是指集中缩孔,分散缩孔一般称为缩松。

1) 缩孔形成过程。合金液充满铸型后,由于散热开始冷却,并产生液态收缩。在浇注系统尚未凝固期间,所减少的合金液可从浇口得到补充,液面不下降仍保持充满状态。随着热量不断散失,合金液温度不断降低,靠近型腔表面的合金液很快就降低到凝固温度,凝固成一层硬壳。如内浇道已凝固,则形成的硬壳就像一个密封容器,内部包住了合金液。温度继续下降,铸件除产生液态收缩和凝固收缩外,还有先凝固的外壳产生的固态收缩。由于硬壳内合金液的液态收缩和凝固收缩远远大于硬壳的固态收缩,故液面下降并与硬壳顶面脱离,产生了间隙。温度继续下降,外壳继续加厚,液面不断下降,待内部完全凝固,则在铸件上部形成了缩孔。如图 6-1。缩孔一般隐藏在铸件上部或最后凝固部位,有时经切削加工可暴露出来。缩孔有时也产生在铸件的上表面,呈明显凹坑,这种缩孔也称"明缩孔"。缩孔形状不规则,多呈倒锥形,其内表面较粗糙。

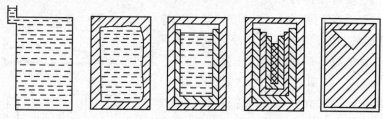

图 6-1　铸件缩孔形成过程

此外,铸件两壁相交处因金属积聚凝固较晚,也易产生缩孔,此处称为热节。热节位置可用画内接圆方法确定,铸件中壁厚较大及内浇道附近也是热节形成的地方。

纯金属及共晶成分的合金,因其结晶温度范围较窄,流动性较好,易于形成集中缩孔。

2) 缩松形成过程。具有结晶区间的合金,结晶时是在铸件截面上一定的宽度区域内进行的。合金的结晶温度范围愈宽,愈易形成缩松。根据缩松的分布形态,将其分为宏观缩松与显微缩松两类。

当合金液充满型腔,并向四处散热时,因合金的结晶温度范围较宽,铸件截面先生成的树枝状晶体不断长大直到相互接触,此时合金液被分割成许多小的封闭区。铸件中心部分的液态区已不存在,而成为液态和固态共存的凝固区,其凝固层内表面参差不齐,呈锯齿状,剩余的液体被凹凸不平的凝固层内表面分隔成许多有残留液相的小区,这些小液态区彼此间的通道变窄,增大了合金液的流动阻力,加之铸型的冷却作用变弱,促使剩余合金液温度趋于一致而同时凝固。凝固中金属体积减小又得不到液态金属的补充时,就形成了缩松。这种缩松常出现在缩孔的下方或铸件的轴线附近。一般用肉眼能观察出来,所以称为宏观缩松。

当合金液在很宽的结晶温度范围内结晶时,初生的树枝状枝晶很发达,以致将液体分隔成许多孤立的微小区域,若补缩不良,则在枝晶间或枝晶内会形成缩松,这种缩松更为细小,要用显微镜才能看到,故称显微缩松,如图 6 - 2 所示。显微缩松在铸件中难以完全避免,它对一般铸件危害性较小,故不将其作为缺陷看待。但是,如铸件为防止在压力下发生渗漏而要求有较高的致密性,或考虑物理、化学性能时,则应设法防止或减少显微缩松。

图 6 - 2　显微缩松

3) 缩孔与缩松的控制。任何形态的缩孔都会使铸件力学性能显著下降,缩松还能影响铸件的致密性和物理、化学性能。因此,缩孔和缩松是铸件的重大缺陷,必须根据铸件技术要求,采取适当工艺措施,予以控制。

缩松分布面广,难以发现,难以消除。集中缩孔易于检查与修补,并可采取工艺措施加以防止。因此,生产中应尽量避免产生缩松或尽量使缩松转化为缩孔。防止缩孔与缩松的主要措施是:

① 合理选择铸造合金。从缩孔和缩松的形成过程可知,结晶温度范围宽的合金,易形成缩松,铸件的致密性差。因此,生产中应尽量采用接近共晶成分的或结晶温度范围窄的合金。

② 合理选用凝固原则。铸件的凝固原则分为“顺序凝固”和“同时凝固”两种。

“顺序凝固”就是在铸件可能出现缩孔的热节处(即内接圆直径最大的部位),通过增设冒口或冷铁等一些工艺措施,使铸件的凝固顺序形成向着冒口的方向进行,即离冒口最远的部位先凝固,冒口本身最后凝固,如图 6 - 3 所示。按此原则进行凝固,就可保证铸件各个部位的凝固收缩都能得到合金液的补缩,从而将缩孔转移到冒口中,获得完整、致密的铸件。

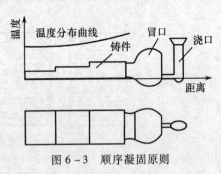

图 6 - 3　顺序凝固原则

图 6 - 4 为阀体铸件的两种铸造方案。左半图没有设置冒口,热节处可能产生缩孔。右半图增设了冒口和冷铁后,铸件实现了顺序固,防止了缩孔的产生。

明冒口的表面露于上箱,它是靠金属的静压力起补缩作用。明冒口造型方便、操作灵活、便于浇注时补充热金属液,应用广泛。但其补缩效率低,消耗金属多。在成批大量生产中,常用暗冒口,暗冒口散热慢,补缩效率较高,便于对铸件侧面或下部进行补缩。

冷铁一般用铸铁或钢制成,其作用是增大铸件厚大部位的冷却速度,防止产生缩孔。顺序凝固的缺点是铸件各部分温差大,内应力大,容易产生变形和裂纹。此外,由于设置了冒口,增加了金属的消耗,耗费了工时。顺序凝固主要用于凝固收缩大、结晶温度范围窄的合金。如铸钢、高牌号灰铸铁、可锻铸铁和黄铜等。

"同时凝固"是采用工艺措施使铸件各部分之间没有温差或温差很小,同时进行凝固,如图 6 - 5 所示。采用同时凝固,可使铸件内应力较小,不易产生变形和裂纹。但在铸件中心区域往往有缩松,组织不够致密。此原则主要用于凝固收缩小的合金(如灰铸铁和球墨铸铁)、壁厚均匀的薄壁铸件以及结晶温度范围宽而对铸件的致密性要求不高的铸件(例如锡青铜铸件)等。

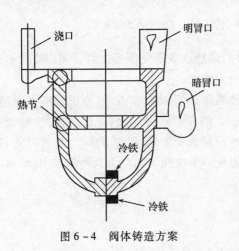

图 6 - 4　阀体铸造方案

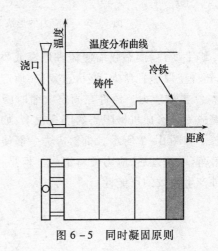

图 6 - 5　同时凝固原则

(2)铸造内应力、变形和裂纹的形成和控制。

铸件在凝固后继续冷却时,若在固态收缩阶段受到阻碍,则将产生应力,此应力称为 铸造内应力。它是铸件产生变形、裂纹等缺陷的主要原因。

1)铸造内应力形成过程　铸造内应力按其产生原因,可分为热应力和机械应力两种。

① 热应力。铸件在凝固和冷却过程中,由于不同部位不均衡的收缩而引起的应力称为热应力。

金属在冷却过程中,从凝固终止温度到再结晶温度阶段,处于塑性状态。此时,伸长率高、塑性好,在较小的外力下,就会产生塑性变形,但不会产生应力。低于再结晶温度的金属处于弹性状态,受力时不仅产生弹性变形,而且还产生应力。

其热应力的形成过程可分为三个阶段说明。

用如图 6 - 6(a)所示的框形来分析热应力的形成,图中三根长度相等的竖杆,它们由上下两根横杆连为一个整体。I 杆比 II 杆的直径小。假定在固态收缩开始时,I、II 杆温度相同且铸件下面无横杆连接,三竖杆均能自由收缩,冷却时因细杆比粗杆冷得快,其收缩量比粗杆大,收缩后如图 6 - 6(b)。但实际情况是铸件下面有横杆连接,收缩后造成细杆比自由收缩的长度长些(被拉伸),粗杆比自由收缩的长度短些(被压缩),如图 6 - 6(c)。此时,粗杆、细杆均处于高温塑性状态,故只产生塑性变形,不产生应力。继续冷却收缩,当细杆已进入弹性状态粗杆仍处于塑性状态时,则粗杆随细杆的收缩而产生塑性变形。在铸件内仍不产生内应力,再继续冷却收缩,当细杆已冷至接近室温时,其长度基本不变,比时,粗杆也进入弹性状态,但因温度高仍在继续收缩。若下面无横杆相连,使粗杆能自由收缩,则粗杆比细杆短,如图 6 - 6(d)。但实际上下面有横杆相连,三竖杆只能保持同一长度,结果造成粗杆被细杆弹性地拉长一些,细杆被粗杆弹性地压缩一些。最终在粗杆中形成了拉应力,细杆中产生了压应力,如图 6 - 6(e)。若拉应力超过金属的强度极限时,粗杆将断裂,如

图 6 – 6(f)。

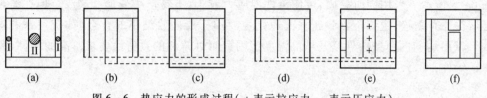

图 6 – 6　热应力的形成过程(+ 表示拉应力、– 表示压应力)

综上所述,固态收缩使铸件厚壁或心部受拉伸,薄壁或表层受压缩。合金固态收缩率愈大,铸件壁厚差别愈大,形状愈复杂,所产生的热应力愈大。

② 机械应力。铸件在固态收缩时因受到机械阻碍而形成的应力,称为机械应力,也称收缩应力。形成机械阻碍的因素很多,如型砂或芯砂的高温强度过高,退让性差,吃砂量过少等。如图 6 – 7 所示。机械应力一般使铸件产生拉伸或剪切应力,这种应力是暂时的,铸件经落砂、清理后,应力便可消失。但是,机械应力在铸型中能与热应力共同起作用,增加了铸件产生裂纹的可能性。

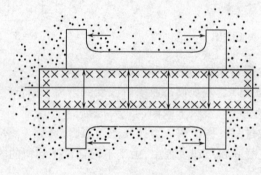

图 6 – 7　收缩应力

铸件中存有内应力后,其本身就已经承受了载荷,因而使铸件在工作中的实际承载能力下降。

2) 铸件的变形与裂纹。当铸件中存有内应力时,会使其处于不稳定状态。如内应力超过合金的屈服点时,常使铸件产生变形,变形可减缓其内应力。当铸造内应力超过合金的强度极限时,铸件便会产生裂纹,裂纹是铸件的严重缺陷。车床床身的导轨部分因较厚而存在拉应力,床壁部分因较薄而受压应力,于是床身向着导轨方向弯曲,使导轨下凹。平板铸件(图 6 – 8)中心部分较边缘散热慢,受拉应力,边缘部分受压应力,而铸型上面比下面冷却快,上面受压应力,下面受拉应力,使平板产生变形。

裂纹分为热裂与冷裂两种。热裂是在凝固后期高温下形成的。此时,结晶出来的固体已形成完整的骨架,开始进入固态收缩阶段,但晶粒间还有少量液体,因此合金的强度很低。如果合金的固态收缩受到铸型或型芯的阻碍,使机械应力超过了该温度下合金的强度,则发生热裂。热裂纹具有裂纹短、缝隙宽、形状曲折、断面严重氧化、无金属光泽、裂口沿晶界产生和发展等特征。热裂是铸钢和铝合金铸件常见的缺陷。

冷裂是在较低温度下形成的,常出现在铸件受拉伸的部位。其裂缝呈长条形而且宽度均匀,裂口常穿过晶粒延伸到整个断面。壁厚差别大、形状复杂或大而薄的铸件易产生冷裂。

　　3）铸件变形、裂纹的控制。所有减少铸造内应力的措施都有助于控制铸件的变形和裂纹。在铸件设计时,应力求壁厚均匀,形状简单与对称如图 6 - 9c 所示。对于细而长、大而薄等易变形铸件,可将模样制成与铸件变形方向相反的形状,待铸件冷却时变形正好与相反的形状抵消(此法称"反变形法")。此外,在铸造工艺上应采取措施使铸件同时凝固;在铸件上附加工艺筋,使之承受部分拉应力,工艺筋在铸件热处理消除内应力后去掉 。

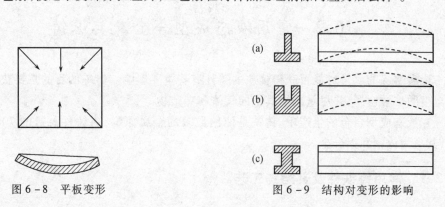

图 6 - 8　平板变形　　　　　　　　　　图 6 - 9　结构对变形的影响

　　实践证明,铸件变形后虽可消除部分内应力,但仍有部分内应力保留在铸件内,称此部分应力为残余应力。此外,经机械加工后铸件还会因内应力的重新分布而变形,使零件丧失精度。因此,对于重要的、精密的铸件,如车床床身等,必须采用自然时效或去应力退火等方法,将残余应力有效地去除。

　　采取工艺措施以减少机械应力。合理选用型砂和芯砂的粘结剂与添加剂,以改善其退让性;大的型芯可制成中空的或内部填以焦炭;严格限制钢和铸铁中硫的含量(因硫能增加热脆性,降低合金的高温强度);选用收缩率小的合金等。

　　合理控制合金成分,降低合金的脆性。钢和铸铁中的磷能显著降低合金的冲击韧性,增加脆性,所以应严格控制合金中磷的含量。

6.1.3　合金的偏析和吸气性

　　1. 偏析

　　在铸件中出现化学成分不均匀的现象称为偏析。偏析使铸件性能不均匀,严重时会造成废品。偏析分为晶内偏析和区域偏析两类。

　　晶内偏析(又称枝晶偏析)是指晶粒内各部分化学成分不均匀的现象。采用扩散退火可消除晶内偏析。

　　区域偏析是指铸件上、下部分化学成分不均匀的现象。为防止区域偏析,在浇注时应充分搅拌或加速合金液冷却。

　　2. 吸气性

　　合金在熔炼和浇注时吸收气体的性能称为合金的吸气性。气体来源于炉料熔化和燃料燃烧时产生的各种氧化物和水气;浇注时带入铸型的空气;造型材料中的水分等。

　　气体在合金中的溶解度随温度和压力的提高而增加。因此在合金液冷凝过程中,随着温度降低会析出过饱和气体。若这些气体来不及从合金液中逸出,将在铸件中形成气孔、针孔或非金属夹杂物(如 FeO、Al$_2$O$_3$ 等),从而降低了铸件的力学性能和致密性。为减少合金的吸气性,可缩短熔炼时间;选用烘干过的炉料;在熔剂覆盖层下或在保护性气体介质中或在真空中熔炼合金;进行精炼除气处理;提高铸型和型芯的透气性;降低造型材料中的含水量和对铸型进行烘干。

6.2　常用液态成型合金及其熔铸

金属熔炼的质量对能否获得优质的铸件有着重要影响。熔炼的目的是要获得预定成分和温度的熔融金属,并尽量减少其中的气体和夹杂物。

在液态成型合金的生产中,铸铁是使用最多的金属原料,占铸件总量的 70% ~75% 以上,其次为铸钢和铝合金。

6.2.1　常用铸铁件及其熔铸工艺

铸铁在机械产品中应用很广,一般占机器总重量的 40% ~90% 。生产中常用的铸铁件有以下几种:

1. 灰口铸铁

(1) 灰口铸铁的育孕处理。灰口铸铁的力学性能较低($\sigma \leqslant 250$MPa、$\delta \leqslant 0.5\%$)。为提高力学性能生产中常进行孕育处理。孕育处理就是在浇注前往铁水中加入孕育剂,以产生大量人工晶核,细化珠光体基体。经过孕育处理的铸称为"孕育铸铁"。常用的孕育剂是含硅 75% 的硅铁或者硅钙合金,其块度为 3 ~18 mm,加入量为铁水重量的 0.2 ~0.5% 。孕育剂可放在出铁槽或浇包中,随高温铁水冲熔并被吸收。孕育处理前的原始铁水中碳、硅的含量必须低(一般 Wc = 2.7 ~3.3% 、Wsi = 1.0 ~2.0%),这种铁水若不经孕育处理就直接浇注将得到白口或麻口组织。因低碳铁水流动差,加上孕育处理时铁水温度要降低,所以铁水的出炉温度应高达 1400 ~1450°C。

孕育铸铁的强度、硬度比一般灰铸铁有显著提高,其抗拉强度为 250 ~400 MPa,硬度为 170 ~270 HBS。碳的含量愈低,石墨片愈细小,则强度、硬度愈高,耐磨性愈好。但因石墨仍为片状,故塑性、韧性仍很低。孕育铸铁的冷却速度对其组织、性能影响极小,这就使铸件的厚大截面上的组织、性能均匀。

孕育铸铁适用于对强度、硬度和耐磨性要求较高的重要铸件,尤其是厚大铸件,如床身、配换齿轮、凸轮轴、气缸体和气缸套等。

(2) 灰口铸铁的铸造性能。灰口铸铁有良好的铸造性能,主要表现在流动性好和收缩性小两个方面。

生产中一般用碳当量来综合反映灰口铸铁中主要元素对其流动性的影响。对未经处理和未加大量合金元素的铸铁,碳当量的计算方法是:将铸铁中硅、磷的含量折算为相当碳的含量,并与实有的碳含量相加之和,用公式表示为:

$$W_{CE} = [Wc + 1/3(Wsi + Wp)] \times 100\%$$

共晶成分的铸铁当浇注温度一定时,随碳当量的增加,其流动性急剧增大。这是因为碳当量的增加可使液相线温度降低,增加了过热度,延长了纯液态流动时间。此外,碳当量的增加还可降低铁水粘度,使结晶温度范围减小,流动阻力减小。

对于过共晶铸铁,在一定范围内流动性随碳当量的增加而增加。这是因为从液体中析出的石墨热导性差,结晶潜热高(约为铁的 14 倍),使铁水保持流动状态的时间增长所致。生产中常用的灰铸铁,其碳当量接近 4.3%,结晶温度范围甚窄,基本上是按层状凝固方式结晶的,因此具有很好的流动性,可浇注薄壁和形状复杂的铸件。

灰口铸铁在凝固时易形成坚硬的外壳,这层硬壳可承受因金属液结晶时石墨析出体积膨胀所造成的压力,保证了铸型型腔不会因此压力而扩大或变形。与此同时,这种压力还可推动铸型内未凝固的铁水去填补结晶间的间隙,因而可抵消全部或部分凝固收缩,防止了缩孔、缩松的形成。灰铸铁这一结晶特点,称为“自身补缩”能力。自身补缩能力的程度取决于石墨化的程度,析出石墨愈多,产生的体积膨胀和压力愈大,自身补缩能力就愈强。一切能提高石墨化程度的因素都有利于防止产生收缩。铸铁碳当量是影响形成缩孔、缩松倾向大小的主要因素。低牌号铸铁(HT150、HT200)碳当量高,形成缩孔、缩松的倾向小,自身补缩能力强;高牌号铸铁碳当量低,形成缩孔、缩松的倾向大。在常用铸造合金中灰口铸铁收缩最小。

3) 灰口铸铁的铸造工艺特点。目前 90% 的灰口铸铁用冲天炉熔炼,冲天炉炉料由金属炉料、燃料(焦炭、天然气)和熔剂(石灰石)组成。金属炉料包括高炉铸造生铁、回炉铁(废旧铸件、浇冒口等)、废钢和铁合金(硅铁、锰铁等)。用电弧炉和感应炉可熔炼出高质量的灰口铸铁。

灰口铸铁件主要用砂型铸造,高精度灰口铸铁件可用特种铸造方法铸造。因灰口铸铁的铸造性能好,所以其铸造工艺较简单。由于流动性好,故其浇注系统多采用封闭式($S_内 < S_横 < S_直$)或半封闭式($S_内 < S_直 < S_横$,S—浇道横截面积),以达到较好的挡渣效果。因熔点低,浇注温度不高,所以对造型材料的耐火性要求不高,因其收缩小又具有自身补缩能力,故其防止收缩的工艺措施要求不高,一般不用冒口或只用出气口。灰口铸铁多采用同时凝固原则,高牌号灰口铸铁常采用顺序凝固原则。

2. 球墨铸铁(简称球铁)

(1) 球墨铸铁球化、孕育处理。球铁是用灰口铸铁成分的铁水经球化、孕育处理后制成的。为保证球铁质量,生产中应注意下列几点:

1) 球墨铸铁的化学成分选择。原铁水成分与灰口铸铁原则上相同,但要求严格。一般为:高碳($W_c = 3.6\% \sim 4\%$),高硅($2.0\% \sim 3.2\%$),以改善球化效果和铸造性能;低硫($W_s \leqslant 0.07\%$),因硫会增加球化剂损耗,严重影响球化效果;低磷($W_p \leqslant 0.1\%$),因磷会降低球铁塑性、韧性和强度,增加冷脆性。

2) 球化剂和孕育剂。球化剂的作用是促使石墨结晶时呈球状析出。常用的球化剂有镁或镁系合金和稀土硅铁镁合金。我国目前广泛采用的是稀土硅铁镁合金球化剂。镁是良好的促进石墨球化的元素,实验证明:铁水中只要残留 0.04% ~ 0.08% 的镁时,石墨就会完全球化。但镁的沸点低(1120℃)、密度小(1.738 g/cm³),若直接加到铁水中,将立即沸腾气化,其回收率只有 5% ~ 10%,且操作方法复杂,劳动条件差,易出事故。仅用稀土元素作球化剂,其作用不如镁,但却有强烈的脱硫、去氧、除气、净化金属、细化晶粒、改善铸造性能的作用。把稀土元素、镁和硅铁熔化制成稀土硅铁镁合金作球化剂,综合了稀土和镁的优点,球化效果好。此外,稀土硅铁镁合金密度比铁水大,可使球化处理的设备简单,与铁水反应平稳,利用率高,劳动条件得到改善。球化剂的加入量一般为铁水重量的 1.3% ~ 1.8%。因镁等球化剂都是阻碍石墨化的元素,故球化处理后,为提高铁水石墨化能力,防止出现白口或麻口组织,还要进行孕育处理。常用的孕育剂是 W_{Si} = 75% 的硅铁,加入量一般为铁水重量的 0.4% ~ 1.0%。孕育剂还有细化石墨,它使铁水分布均匀和减轻偏析。

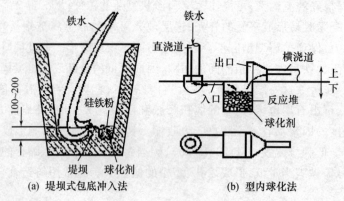

图 6 – 10 球化处理方法

球化剂加入铁水的过程,称为球化处理。球化处理方法很多,用稀土硅铁镁合金进行球化处理时,一般采用包底冲入法,如图 6 – 10(a)所示;型内球化法,如图 6 – 10(b)所示。

(2) 球墨铸铁的铸造性能和工艺特点。球铁的铸造性能介于灰口铸铁与铸钢之间。因其化学成分接近共晶点(碳当量为 4.5% ~ 4.7%),所以其流动性与灰口铸铁相近,可生产壁厚为 3 ~ 4 mm 的铸件。但由于球化和孕育处理时,降低了铁水温度,且易于氧化,因此要求铁水的出炉温度高,以保证必需的浇注温度。同时要加大内浇道截面,采用快速浇注等措施,以防止产生浇不足、冷隔等缺陷。

球铁件表面完全凝固的时间长,而且外壁与中心几乎同时凝固,造成凝固后期外壳不坚实。此时因析出石墨的膨胀所产生的压力会使铸型型腔扩大,使铸件尺寸及铸件内各结晶体之间间隙增大,故容易产生缩孔、缩松等缺陷。球铁的线收缩率为 1.25% ~ 1.7%,常采用顺序凝固原则,并增设冒口以加强补缩。此外,球铁凝固时有较大内应力,产生变形、裂纹的倾向大,所以要注意消除内应力。

由于铁水中 MgS 与型砂中水分作用,生成 H_2S 气体,易使铸件产生皮下气孔。所以应严格控制型砂中水分和铁水中硫的含量。

球铁还易产生石墨飘浮及球化不良等缺陷,所以必须严格控制碳、硅的含量和尽量缩短球化处理后铁水停留时间。一般不超过 15 ~ 20 min。球化处理后常含有 MgO、MgS 等夹渣,故应考虑排渣措施,一般常采用封闭式浇注系统。

3. 可锻铸铁

可锻铸铁件的生产过程是,首先获得白口铸铁件,然后经高温石墨化退火。

可锻铸铁的碳、硅含量较低,熔点比灰口铸铁高,结晶温度范围较宽,故其流动性差,凝固收缩大,易产生浇不足、冷隔、缩孔及裂纹等缺陷。为避免产生这些缺陷,在铸造工艺上应按照顺序凝固的原则设置冒口和冷铁,提高铁水的出炉温度和浇注温度;适当提高型砂的耐火性、退让性和透气性;为挡住熔渣,在浇注系统中应安放过滤网。

6.2.2 铸钢件

铸钢按化学成分分为碳素铸钢和合金铸钢两大类。碳素铸钢占铸钢总产量的 80% 以上,应用最广。碳素铸钢的强度与球铁相当,但塑性、冲击韧性、疲劳强度比球铁高得多。因此,对承受较复杂、交变应力和较大冲击载荷的场合,铸钢比球铁更好。此外铸钢的焊接性比球铁好得多,便于采用铸—焊组合工艺制造重型零件。用于制造零件的铸钢主要是中碳钢。

低合金铸钢(合金总的质量份数 <5%)的力学性能比碳钢高;高合金铸钢(合金总的质量份数 >10%)常具有耐热、耐酸、耐磨和抗氧化等特殊性能。例如,高锰钢用来铸造坦克履带、挖土机掘斗;高速钢可直接铸出异形铣刀;铸造不锈钢则用于制造耐酸泵等耐蚀件。合金铸钢件主要用于动力机械、石油化工、冶金等工业部门,其重量为几克至几十吨,壁厚为 1 ~ 300 mm。

1. 铸钢件的熔炼

铸钢的强度和韧性均较高,常用来制造较重要的铸件。熔炼铸钢的方法主要有平炉、电弧炉和感应电炉等。平炉炼钢适于重型机器厂生产重型铸件,其容量一般在 100t 以下,炼钢周期长、结构庞大复杂。生产中常用三相电弧炉来熔炼,其容量为 1 ~5t,熔炼时间约为 2 ~4h。三相电弧炉的温度容易控制,熔炼质量好、速度快、操作较方便,它既可以用来熔炼碳钢,又可熔炼合金钢。但其消耗电能多、成本较高。

生产小型铸钢件也可用工频或中频感应炉来熔炼。感应电炉炼钢具有温度高、钢水质量高、熔炼速度快、操作简便、劳动条件好、能耗少等特点。但设备投资大,容量小。它能熔炼各种合金钢和含碳量极低的钢种。

真空感应电炉和等离子感应炉等炼钢法也被广泛采用。等离子感应炉的生产率比感应电炉高 25% ~30% ,而耗电量却比感应电炉低很多。

熔炼铸钢的炉料包括废钢、回炉钢、炼钢生铁、矿石、熔剂和其他材料。铸钢件可用砂型铸造、壳型铸造、熔模铸造、离心铸造和金属型铸造等方法生产。

2. 铸钢的铸造性能和工艺特点

铸钢的熔点高(约1500℃)、流动性差、收缩率高(达 2.0%),在熔炼过程中易吸气和氧化,易产生粘砂、浇不足、冷隔、缩孔、变形、裂纹、夹渣和气孔等缺陷。因此其铸造性能差,在铸造工艺上应采取相应措施,以确保铸钢件质量。

铸钢的浇注温度高(1550 ~1650℃),因此所用型(芯)砂的透气性、耐火性、强度和退让性都要好。原砂要采用颗粒大而均匀的石英砂,大铸件常用人工破碎的石英砂。为防止粘砂,铸型表面要涂以石英扮或锆砂粉涂料。为减少气体来源,提高合金的流动性和铸型强度,大件多用干型或快干型来铸造。

中小型铸钢件的浇注系统开设在分型面上或开设在铸件的上面(顶注),大型铸钢件的开设在下面(底注)。为使金属液迅速充满铸型、减少流动阻力,其浇注系统的形状应简单,内浇道横截面面积应是灰口铸铁的 1.5 ~2 倍,一般采用开放式。铸钢件大多需要设置一定数量的冒口,采用顺序凝固原则,以防缩孔、缩松等缺陷。冒口所耗钢水常占浇入金属总重量的 25% ~50%。为了控制凝固顺序,在热节处需设置冷铁。对少数壁厚均匀的薄件,因其产生缩孔的可能性小,可采用同时凝固原则,并常多开内浇道,以使钢水均匀、迅速地充满铸型。

6.2.3　有色合金铸件生产

常用的铸造有色合金有铜合金、铝合金、镁合金及轴承合金。在机械制造中应用最多的是铸造铝合金和铸造铜合金。

1. 铸造铝合金

(1)铝合金的铸造性能和工艺特点。铸造铝合金有铝硅、铝铜、铝镁和铝锌等四类合金。其中铝硅合金(又称硅铝明)具有良好的铸造性能,如流动性好、收缩率较小(0.8 ~1.1%)、不易产生裂纹、致密性好。应用较广,约占铸造铝合金总产量的 50% 以上。含硅10% ~13% 的铝硅合金是最典型的铝硅合金,是共晶类型的合金。

铸造铝合金的熔点低、流动性好,对型砂耐火性要求不高,可用细砂造型以减小铸件的表面粗糙度,还可浇注薄壁复杂铸件。为了防止铝液在浇注过程中的氧化和吸气,通常采用开放式浇注系统并多开内浇道,使铝液迅速而平稳地充满铸型,不产生飞溅、涡流和冲击。为去除铝液中的夹渣和氧化物,浇注系统的挡渣能力要强。应能造成合理的温度分布,使铸件进行顺序凝固,并在最后凝固部位设置冒口进行补缩,以利于消除缩孔和缩松等缺陷。

(2)铝合金的精炼和变质处理。精炼的目的在于去除铝液中的气体和各种非金属夹杂物,保证获得高质量的液态铝合金。常用的精炼剂是六氯乙烷或氯化锌等。在熔炼后期,将精炼剂用钟罩压入铝液中 1/3 深处,形成不溶于铝液的 Cl_2、$AlCl_3$、HCl 气泡并上浮,溶解于铝液中的氢气及其他气体迅速向气泡中扩散聚集,其中的氧化物等杂质也会被吸附在气泡表面被带到液面上来,氧化物等杂质经扒渣而除去,使铝液得到净化。

对铝合金熔液还要进行变质处理。当含硅量大于 6% 的铝合金浇注厚壁铸件时,易出现针状粗晶粒组织,使铝合金的力学性能下降。为了消除这种组织,在浇注之前向铝合金液中加入重量为其 2% ~3% 的钠盐和钾盐混合物(常用 NaF、$NaCl$、KCl、Na_3AlF_6)。在铝合金凝固结晶时,钠原子可阻止硅生成针状粗晶粒组织,使晶粒细化,从而提高力学性能。

2. 铸造铜合金

(1)铜合金铸造性能和工艺特点铸造铜合金分为铸造黄铜和铸造青铜两大类。

铸造黄铜的熔点低,结晶温度范围较窄(30 ~70℃),流动性好,对型砂的耐火性要求不高,可用较细的型砂造型以减小铸件表面粗糙度值,减少加工余量,并可浇注薄壁复杂铸件。但铸造黄铜容易产生集中缩孔,铸造时应配置较大的冒口。

常用的铸造青铜有锡青铜、铝青铜和铅青铜分别以锡、铝为主要合金化元素。

锡青铜的结晶温度范围宽(150 ~200℃),流动性差,但凝固收缩及线收缩率均小,不易产生缩孔,却易产生枝晶偏析与缩松,降低了铸件致密度。然而这种缩松便于存储润滑油,故适于制造滑动轴承。为此,壁厚不大的锡青铜铸件,常用同时凝固的方法。锡青铜宜采用金属型铸造,因冷却速度大,铸件结晶细密。锡青铜在液态下易氧化,在开设浇口时,应使金属液流动平稳、防止飞溅,常采用底注式浇注系统。

　　铝青铜的结晶温度范围窄,流动性好,易获得致密铸件。但其收缩大,易产生集中缩孔,为此需安置冒口、冷铁,使之顺序凝固。又因铝青铜易吸气和氧化,所以浇注系统宜采用底注式,并在浇注系统中安放过滤网以除去浮渣。

　　铅青铜浇注时因铅密度大会下沉,故需控制浇注温度,浇注前要充分搅拌,并加快铸件冷却,以减少偏析。

　　(2) 铜合金铸造熔炼特点。液态铜合金易氧化生成 Cu_2O 溶于铜中使力学性能下降,因此在熔化铜合金时,应使金属炉料不与燃料直接接触,以减少铜及合金元素的氧化和烧损,保持金属料的纯净。为此,常加入熔剂(硼砂或玻璃)以覆盖铜液,造成铜液与空气隔开。熔炼青铜时还要加入磷铜等脱氧剂进行脱氧。因锌是良好的脱氧剂,所以熔化黄铜时,不必另加熔剂和脱氧剂。熔化铜合金的金属炉料是纯铜、回炉铜、锌、锡、铅、铁、镍及其他材料。

6.3　砂型铸造方法

　　砂型铸造是铸造生产中的一项极为重要的生产工艺。其基本工艺过程如图 6 - 11 所示。主要工序为制造模样、制备造型材料、造型、造芯、合箱、熔炼、浇注、落砂清理与检验等。

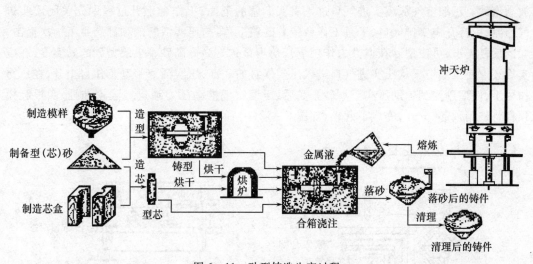

图 6 - 11　砂型铸造生产过程

6.3.1　各种造型方法的特点和应用

　　造型是砂型铸造的最基本工序,通常分为手工造型和机器造型两大类。

1. 手工造型的特点和应用

　　目前手工造型方法在铸造生产中应用很广。手工造型时最主要的紧砂和起模两道工序是用手工进行的。手工造型具有操作灵活、适应性强、工艺装备简单、生产准备时间短、成本低等优点。但铸件质量较差、生产率低、劳动强度大、要求工人技术水平较高。因此主要用于单件小批生产,特别是重型和形状复杂的铸件生产。

手工造型方法很多,应用最广的是两箱分模造型法。生产中应根据铸件尺寸、形状、技术要求、生产批量、生产周期和生产条件等因素,合理地选择造型方法。这对保证铸件质量、提高生产率、降低生产成本是很重要的。

2. 机器造型的特点和应用

机器造型是现代铸造生产的基本方式,它主要是对紧砂和起模两工序的操作实现了机械化。较完善的造型机还可使整个造型过程(包括填砂、搬运和翻转砂箱等)自动进行。机器造型与手工造型相比,可提高生产率,提高铸件精度和表面质量,铸件加工余量小,改善了劳动条件。但它需要专用设备、专用砂箱和模板,投资较大,只有在大批量生产时才能显著降低铸件成本。

机器造型是采用模板进行两箱造型的(因不能紧实中箱,故不能进行三箱造型)。模板是模样和模底板的组合体。一般带有浇口模、冒口模和定位装置。它固定在造型机上,并与砂箱用定位销定位。造型后模底板形成分型面,模样形成铸型型腔。模板上要避免使用活块,否则会显著降低造型机的生产率。在设计大批量生产的铸件及确定其铸造工艺时,应考虑这些要求。

造型机多以压缩空气为动力,也可以是液压的。按照不同的紧砂方式,造型机分为很多种,常用的是震压式造型机,其工作原理如图 6 – 12(a)所示。工作时打开砂斗门向砂箱中放满型砂。压缩空气从震实进气口进入震实活塞的下面,工作台上升过程中先关闭震实进气通路,后打开震实排气口,于是工作台带着砂箱下落,与压实活塞的顶部产生了一次撞击。如此反复震击,可使型砂在惯性力作用下被初步紧实。为提高砂箱上层型砂的紧实度,在震实后还应使压缩空气从压实进气口进入压实气缸的底部,压实活塞带动工作台上升,在压头作用下,使型砂受到辅助压实。型砂紧实后,压缩空气推动压力油进入起模油缸,四根起模顶杆将砂箱顶起、分开,完成了起模,如图 6 – 12(b)所示 。

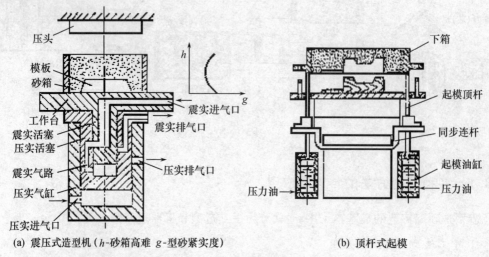

(a) 震压式造型机 (h-砂箱高难 g-型砂紧实度)　　　　　(b) 顶杆式起模

图 6 – 12　震压式造型机的工作过程

在设计大批大量生产的铸件以及确定其造型工艺时,必须考虑到造型机上不能进行三箱造型,模型上尽量避免活块。此外,上箱的型腔应尽量简单,以满足顶箱起模的要求。

6.3.2 铸造工艺设计

为了保证铸件质量,提高生产率,降低成本,铸造生产必须首先根据零件结构特点、技术要求、生产批量和生产条件等进行铸造工艺设计,并绘制铸造工艺图。铸造工艺图是利用各种铸造工艺符号,将各种工艺参数、制造模样和铸型所需的资料,直接用红蓝笔绘在零件图上的图样。图中应表示出:铸件的浇注位置、分型面、型芯的形状、数量、尺寸及其固定方法,机械加工余量、拔模斜度、收缩率以及浇口、冒口、冷铁的尺寸和位置等。铸造工艺图是制造模样、铸型、生产准备和验收的最基本工艺文件。

1. 铸造工艺方案的确定

(1)浇注位置的选择。

浇注位置是指浇注时铸件所处的空间位置。浇注位置对铸件质量有很大影响,选择时应考虑以下原则:

1)铸件的重要加工面或主要工作面应朝下或位于侧面。这是因为铸件下部的缺陷(砂眼、气孔、夹渣等)比上部少,组织比上部致密。当铸件有数个面要加工时,应将较大的面朝下,并对朝上的面采用加大加工余量的办法来保证质量。

图 6-13 为车床床身铸件的浇注位置。因床身导轨面是重要的加工面,所以要求组织均匀致密和硬度高,不允许有任何缺陷,所以将导轨面朝下。图 6-14 为吊车卷筒的浇注位置。因卷筒圆周表面的质量要求高,不允许有铸造缺陷,所以,如采用卧浇(图 6-14(a)),虽便于采用两箱造型,合箱方便,但上部圆周表面的质量难以保证;若采用立浇(图 6-14(b)),可使卷筒的全部圆周表面均处于侧面,保证质量均匀一致。

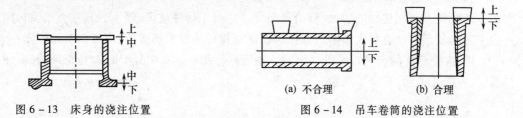

图 6-13 床身的浇注位置   (a) 不合理   (b) 合理   图 6-14 吊车卷筒的浇注位置

2)铸件的宽大平面应朝下。因为在浇注过程中,高温的金属液对型腔的上表面有强烈的热辐射,易导致上表面型砂急剧膨胀而拱起或开裂,使铸件表面产生夹砂、气孔等缺陷。例如图 6-15 所示的平板类铸件,应使大平面朝下,以防产生夹砂等缺陷。

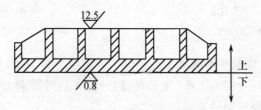

图 6-15 平板的浇注位置

铸件上壁薄而大的平面应朝下或垂直、倾斜,这将有利于金属液的充型,防止产生冷隔或浇不足等缺陷。图 6 - 16(b)所示为箱盖的合理浇注位置。

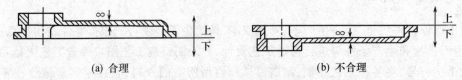

(a) 合理　　　　　　　　　　　　　　　　(b) 不合理

图 6 - 16　箱盖的浇注位置

3) 易形成缩孔的铸件应将截面较厚的部分放在分型面附近的上部或侧面,以便于在厚壁处直接放置冒口,形成自下而上的顺序凝固,有利于补缩,如图 6 - 17 所示。

4) 应能减少型芯的数量(图 6 - 18),便于型芯的固定、排气和检验。图 6 - 19(b)所示为支架的合理浇注位置,它便于合箱和排气,且型芯安放牢固。

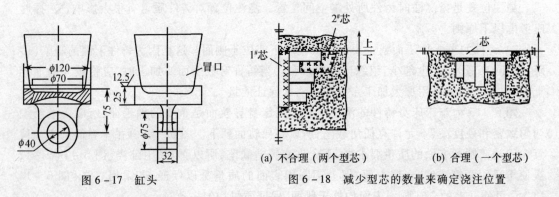

图 6 - 17　缸头　　　　　(a) 不合理 (两个型芯)　　　　(b) 合理 (一个型芯)

　　　　　　　　　　　　图 6 - 18　减少型芯的数量来确定浇注位置

(2) 铸型分型面的选择。

两个铸型相互接触的表面,称为分型面。它对于铸件质量、制模、制芯、合箱和切削加工等工艺的复杂程度有很大影响。选择时在保证铸件质量的前提下,应考虑下列原则:

1) 应使铸件的全部或大部处于同一砂箱内。图 6 - 20 中分型面 A 是正确的,既便于合箱,又可防止错箱,保证了质量。

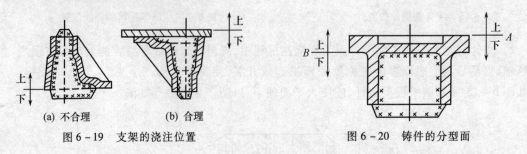

(a) 不合理　　　　(b) 合理

图 6 - 19　支架的浇注位置　　　　　　　图 6 - 20　铸件的分型面

2) 应使铸件的加工面和加工基准面处于同一砂箱中。图 6 - 21(b)所示螺栓塞头的分型面是合理的。因为铸件上部的方头(夹具夹紧处)是车削外圆面上螺纹的基准,它们处于同一砂箱,可避免错箱,保证铸件质量。

若铸件的加工面很多,又不可能都与基准面放在分型面的同一侧时,则应使加工基准面与大部分加工面处在分型面的同一侧。图 6 - 22 轮毂铸件在加工 φ161 mm 外圆时是以

φ278 mm 为基准。因此,分型面 A 比 B 好,否则容易因错箱而使 φ161 mm 外圆的加工余量不够。

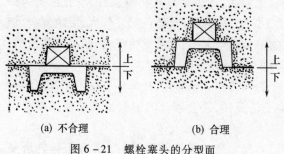

(a) 不合理　　　　　　(b) 合理

图 6-21　螺栓塞头的分型面

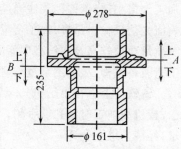

图 6-22　轮毂的分型面

3) 应尽量减少分型面的数量,最好只有一个分型面。这样可简化操作过程,提高铸件精度,因为多一个分型面,铸型就增加一些误差。图 6-23 所示为绳轮铸件,在大批量生产时,采用图中所示的环状型芯,可将原来两个分型面(三箱造型)减为一个,使之变成工艺简便的两箱造型,便于在造型机上生产。

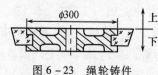

图 6-23　绳轮铸件

4) 应尽量减少型芯和活块的数量,以简化制模、造型、合箱等工序。

5) 为便于造型、下芯、合箱及检验型腔尺寸,应尽量使型腔和主要型芯处于下箱。但下箱的型腔也不宜过深,并力求避免使用吊芯和大的吊砂。图 6-24 所示的两种分型方案,虽然都便于在下芯时检查铸件壁厚,但方案 Ⅱ 可使型腔及型芯的大部分都位于下箱。上箱型腔浅,形状简单,这可减低上箱高度,有利于起模和翻箱操作。

6) 为保证能从铸型中取出模样,而不损坏铸型,分型面应选在铸件的最大截面处。

7) 应尽量选用平直面作为分型面,少用曲面,以简化模具制造和造型工艺。图 6-25 所示为起重臂铸件,图中的分型面为平面,可用分模造型。如用俯视图所示的弯曲分型面,则需用挖砂或假箱造型。即使是大批量生产,也会使模板的制造成本增加。

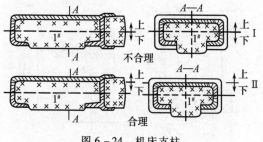

图 6-24　机床支柱

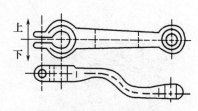

图 6-25　起重臂的分型面

在具体选择铸件分型面时,很难全面符合上述原则。为了保证铸件质量,应量尽避免合箱后翻转砂型。一般应首先确定浇注位置,再考虑分型面。对于质量要求不高的铸件,应先选择能使工艺简化的分型面,而浇注位置的选择则处于次要地位。

(3) 工艺参数的确定。

1) 机械加工余量。为保证零件加工尺寸和精度,在铸件工艺设计时应预先增加在机械加工时切去的金属层厚度,称为加工余量。其大小取决于铸件的材料、铸造方法、铸件尺寸与复杂程度、生产批量、加工面在铸型中的位置、加工质量要求等。灰口铸铁件表面较平整,加工余量小;铸钢件因浇注温度高,表面粗糙,变形大,加工余量应比铸铁件大;有色金属件表面光洁且材料昂贵,加工余量比铸铁小;手工造型、单件生产、铸件尺寸较大、形状复杂、加工质量要求较高及在铸型中朝上的加工面,加工余量应大些;大批量生产,因使用机器造型,工艺装备完善,故加工余量小些。一般取值为 3 ~ 10 mm。

铸铁件上直径小于 30 mm 和铸钢件上直径小于 60 mm 的孔,在单件小批生产时可不铸出,待机械加工时钻孔。否侧,不仅会使造型工艺复杂,还会因孔的偏斜给机械加工带来困难,经济上也不合算。

2) 收缩率。因收缩的影响,铸件冷却后,其尺寸要比模样的尺寸小。为保证铸件所要求的尺寸,必须加大模样的尺寸。合金的线收缩率与合金的种类及铸件的尺寸、结构形状的复杂程度等因素有关。通常灰口铸铁的线收缩率为 0.7% ~ 1.0%,铸钢为 1.6% ~ 2.0%,有色金属为 1.0% ~ 1.5%。

3) 拔模斜度(起模斜度)。为使模样(或型芯)易从铸型(或芯盒)中取出,在制造模样或芯盒时,凡平行于拔模方向上的壁,需给出一定的斜度,此斜度称为拔模斜度。木模外壁的拔模斜度一般为 30′ ~ 3°,如图 6 - 26 所示。平行壁愈高,其斜度愈小;内壁的斜度比外壁大;金属模的斜度小于木模;机器造型的斜度比手工造型小,具体数值可查有关手册。

4) 芯头。在铸型中芯头可使型芯定位准确、安放牢固、排气顺利。芯头的形状和尺寸对于型芯在合箱时的工艺性和稳定性有很大影响。芯头分为垂直芯头和水平芯头两大类。垂直型芯一般都有上、下芯头,如图 6 - 27(a) 所示,但短而粗的型芯也可不留上芯头。芯头高度 H 主要取决于芯头直径 d。为增加芯头的稳定性和可靠性,下芯头的斜度应小(a = 5° ~ 10°)、高度 H 应大;为易于合箱,上芯头的斜度应大(a = 6° ~ 15°)、高度 H 应小。水平芯头如图 6 - 27(b) 所示的长度 L 主要取决于芯头的直径 d 和型芯的长度。为便于下芯及合箱,铸型上的芯座端部也应有一定的斜度 a。为便于铸型的装配,芯头与铸型芯座之间应留有 1 ~ 4 mm 的间隙 δ。

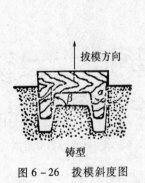

图 6 - 26　拔模斜度图

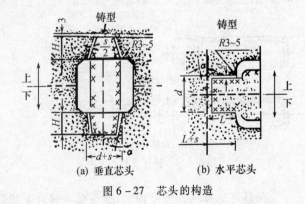

(a) 垂直芯头　　(b) 水平芯头

图 6 - 27　芯头的构造

5) 浇注系统。为引导金属液填充型腔和冒口而设于铸型中的一系列通道,称为浇注系统。它由外浇口(浇口杯)1、直浇道 2、横浇道 3 和内浇道 4 组成。如图 6 - 28 所示。浇注系统要保证金属液能均匀、平稳地充满型腔,避免冲坏型腔;应阻止熔渣、砂粒、气体和其他杂质进入型腔,能调节铸件冷却凝固顺序,并有一定的补缩能力。

内浇道与型腔直接相连,它的位置和方向应该能引导金属液平稳地流入型腔,不能产生冲击和飞溅。一般高度较大、形状较复杂的铸件,其内浇道应开设在型腔底部,称底注式;高度小、形状简单的铸件,内浇道多开设在型腔顶部,称顶注式。圆形铸件的内浇道多从切线方向开设在圆周上,为使灰口铸铁件各部分均匀冷却,常将内浇道开设在铸件壁较薄的部位。尺寸较大,形状复杂的薄壁铸可在多处开设内浇道。

图 6 - 28　浇注系统

6)冒口。冒口的主要作用是补给铸件凝固收缩时所需的金属,避免产生缩孔。对收缩大的合金(如铸钢和有色金属)则必须考虑设置合适尺寸的冒口。冒口中的金属液应最后凝固,它的位置一般设在铸件的最高或最厚处。灰口铸铁因收缩小,其冒口主要用于在浇注时排出型腔内的气体,以使铁水迅速充满型腔和观察铸型是否浇满,所以冒口尺寸较小,又称出气口,它应设置在型腔的最高处或距离内浇道较远的地方。小铸件一般不用出气口。

2. 铸造工艺图示例

现以图 6 - 29 所示支承台零件为例,进行综合工艺分析。支承台零件承受中等载荷,起支承作用,材料为灰铸铁(牌号 HT200),小批量生产。

由于材料为灰铸铁,其铸造性能良好,能满足质量要求。支承台是一个回转体构件,宜采用分模两箱造型方法。生产批量小,宜采用砂型铸造手工造型方法。

(1)选择分型面。

选择通过轴线的纵向剖面为分型面,工艺简便。

(2)确定浇注位置。

水平浇注使两端面侧立,因两端面为加工面有利于保证铸件质量。

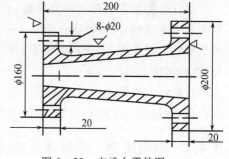

图 6 - 29　支承台零件图

(3)确定工艺参数。

1)加工余量。图样要求仅两端面加工,需留加工余量,$\phi20$ mm 的 8 个孔不能铸出,采用干、湿型砂铸型铸出的灰铸铁件的尺寸公差等级为 CT13 ~ CT15,与加工量等级 MA 的匹配关系是(CT13 ~ CT15)/H。若取 CT14/H,基本尺寸为 200 mm(大于 160 ~ 250 mm,双侧切削加工)。查铸造专用表(尺寸公差表、加工余量表)可知,铸件尺寸公差数值为 14 mm,支承台两侧面的加工余量值为 7.5 mm。

2)拔模斜度。使用木模,拔模斜度选择为 $\alpha = 3°$;铸件法兰(两端圆盘)较厚,可在远离分型面处减少 2 mm 加工余量,以获得拔模斜度。

3)线收缩率。材料为灰铸铁,铸件结构有一定的受阻收缩,线收缩率选择为 1% 。

4)型芯头。支承台具有锥形空腔,宜设计整体型芯,芯头尺寸及装配间隙可查有关手册确定。

将上面确定的各项内容,用规定的颜色,符号(一般分型线、加工余量、浇注系统均用红线表示,分型线用红色写出"上、下"字样,不铸出的孔、槽用红线打叉。芯头边界用蓝色线表示,芯用蓝色"X"标注)描绘在零件的主要投影图上,铸造工艺图的绘制即先完成,如图6-30所示。

根据铸造工艺图就可画出铸件(毛坯)图,如图6-31所示。铸件图是反映铸件实际形状、尺寸和技术要求的图样,是铸造生产、铸件检验与验收的主要依据。

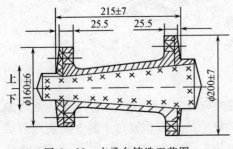

图 6-30　支承台铸造工艺图

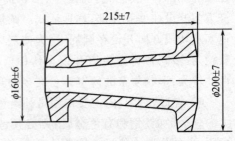

图 6-31　支承台毛坯图

6.4　合金液态成型件的结构工艺设计

设计合金液态成型件的结构时,不仅要保证其使用性能和力学性能的要求,还必须考虑合金的液态成型方法、液态成型工艺和合金铸造性能等对液态成型件结构的要求,同时还要考虑后期机械加工、装配和运输方面的要求,使零件全部生产过程能做到技术合理、工艺可行、造价经济。

正确的铸件结构应使液态成型生产工艺过程简便,减少和避免产生缺陷。铸件结构是否合理,即结构工艺性是否好,对铸件质量、生产率及成本有很大影响。

6.4.1　砂型铸造工艺对铸件结构的要求

为了简化制模、造型、制芯、合箱和清理等铸造生产工序,节约工时,减少废品,并为实现生产机械化创造条件,在设计铸件时应考虑以下因素:

1. 铸件外形应力求简单

铸件外形应避免采用不必要的曲面和内凹,力求做到外形简单,可采用直线、平面轮廓,以便于制模、造型和简化铸造生产的各个工序,如图6-32所示,图中 A、B 处是曲面。

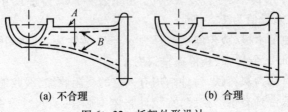

(a) 不合理　　　　　　(b) 合理

图 6-32　托架外形设计

2. 减少与简化分型面

铸件分型面的数量应尽量少,且尽量为平面,以利于减少砂箱数量和造型工时,简化造型工艺,减少错箱、偏芯等缺陷,提高铸件尺寸精度。图 6-33(a)所示结构要采用所示两个分型面三箱造型,若改为图 6-33(b)所示结构则变为一个分型面两箱造型。

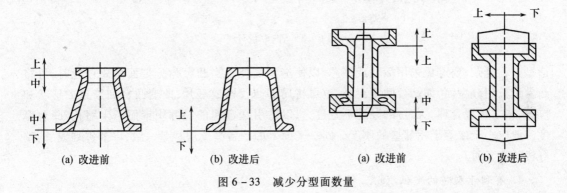

(a) 改进前   (b) 改进后   (a) 改进前   (b) 改进后

图 6-33   减少分型面数量

3. 避免不必要的型芯和活块

因型芯和活块会使造型、造芯及合箱工艺复杂,工作量增加,成本提高,并易产生缺陷。因此设计铸件结构时应尽量减少型芯和活块。图 6-34 所示的两种结构均能满足使用要求,但用筋板结构(图 6-34(b))代替"箱形"结构(图 6-34(a)),可省去型芯,简化工艺操作。

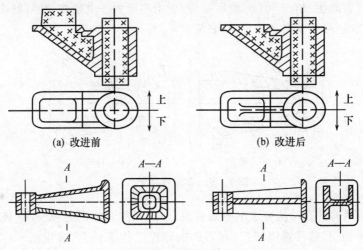

(a) 改进前   (b) 改进后

图 6-34   两种结构设计

铸件内腔一般由型芯制出。但在一定条件下,也可用内腔自然形成的砂垛(上箱叫吊砂,下箱叫自带型芯)来获得。图 6-35(a)中铸件批量不大,其内腔出口处较小,所以只好采用普通型芯。图 6-35(b)是改进后的结构,内腔改为开口式,且 H/D<1,所以可采用自带型芯来取代普通型芯,使造型简便,成本低。

铸件上的凸台、筋条等突出部分,应尽量不妨碍起模。如果模样上采用活块或型芯,则

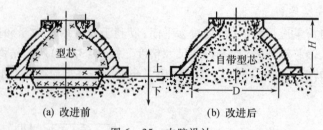

(a) 改进前　　　　　　　　　　(b) 改进后

图 6-35　内腔设计

造型过程复杂;要避免采用活块或型芯,以使造型简便。当凸台与分型面距离较近时,可将凸台延长到分型面,如凸台间距离小,也可将局部凸台连成一片;改变凸台和筋条的形状和位置,使之布置合理。凸台的厚度不宜过大,以防引起金属的局部积聚而产生缩孔,凸台厚度一般应小于或等于相邻壁的厚度。同一平面上的凸台高度应尽量一致,以节省划线、调整等机加工工时。

4. 有利于型芯的定位、固定、排气和清理

为避免铸件产生偏芯、气孔等缺陷,铸型中的型芯必须支承牢固和便于排气。型芯主要用芯头固定,当支撑型芯的芯头数量不足时,可用芯撑作辅助支撑。芯撑只能用于非滑动表面、非加工表面和不进行耐压试验的铸件,一般应尽量避免。这是因为芯撑表面会因氧化或铸件壁薄冷速太快,造成芯撑不能与金属液完全熔合而形成孔隙,使铸件承受水压或气压时易产生渗漏;在芯撑熔合处铸件硬度很高,将影响加工质量和使用性能。

图 6-36(a)所示的结构需用两个型芯,其中大芯呈悬臂状,安装时需用芯撑支承,排气和清理都困难。若改用图 6-36(b)所示结构,则型芯成为一个整体,既可解决图 6-36(a)所示结构的缺点,还可减少型芯数量,使装配简单。

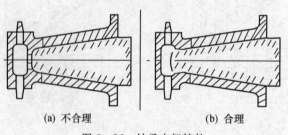

(a) 不合理　　　　　　　　　　(b) 合理

图 6-36　轴承支架铸件

图 6-37 所示铸件在结构要求上不需要做出孔,型芯只能用芯撑支承(图 6-37(a)所示),易使型芯不稳,且铸件难以清理;在不影响零件工作条件下,改用图 6-37(b)所示结构,在铸件底部增设两个工艺孔,可简化铸造工艺,便于型芯固定、排气和清理。若零件不允许有孔,则可在机械加工时用螺钉或塞柱堵死,对于铸钢件也可用钢板焊死。

5. 应有结构斜度

凡垂直于分型面的不加工面都应有一定的倾斜度,即结构斜度,如图 6-38 所示。结构斜度可使起模方便,延长模样寿命;起模时不易损坏型腔表面;模样或芯盒的松动量减少,提高了铸件的尺寸精度;具有结构斜度的内腔,有时可采用吊砂或自带型芯,以减少型芯数量。

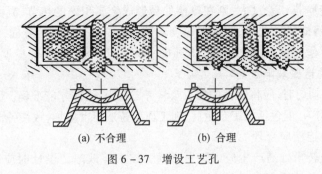

(a) 不合理　　　　　　　(b) 合理

图 6 – 37　增设工艺孔

图 6 – 38(a)为不合理结构,(b)为合理结构。此外,结构斜度还可美化铸件外形。

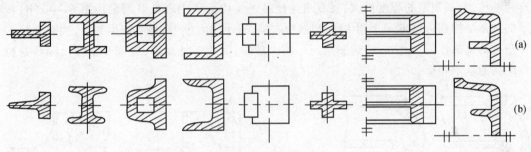

图 6 – 38　结构斜度

结构斜度的大小与铸件垂直壁高度有关,高度愈小,斜度愈大。一般,铸件凸台或壁厚过渡处,其斜度为 30°～45°,铸件内侧的斜度大于外侧;木模或手工造型时的斜度大于金属模或机器造型。对于垂直于分型面的加工面,设计时不给结构斜度,为便于起模,仅在制模时才给予很小的拔模斜度(30′～3°)。

6.4.2　合金铸造性能对铸件结构的要求

为减少或避免铸件产生缩孔、气孔、变形、裂纹等缺陷,在设计铸件结构时还应考虑合金铸造性能的要求。

1. 铸件壁的设计

(1) 铸件壁厚应适当。

1) 铸件壁厚。铸件壁厚的选择应既能保证铸件力学性能,又便于铸造生产、减少缺陷、节约金属。在一定的铸造条件下,不同的铸造合金所能铸出的最小壁厚也不同,若设定的壁厚小于合金所允许的最小壁厚,则易产生浇不足、冷隔等缺陷。铸件的最小壁厚主要取决于合金的种类、铸造方法和铸件尺寸。

2) 截面形状设计时,应根据载荷性质和大小,合理选择截面形状(如空心、工字形、丁字形、槽形和箱形),并在脆弱处增设加强筋。为减轻重量、便于固定型芯、排气和清理,可在壁上开窗口。

3) 铸件外壁、内壁和筋的临界厚度。一般情况铸件外壁、内壁和筋的厚度之比是 1:0.8:0.6,以使各部分的冷却速度均匀,保证铸件强度和刚度,避免厚大截面和防止金属积聚。

　　铸件各部分壁厚若相差过大,则在厚壁处易形成金属积聚的热节,凝固收缩时在热节处易形成缩孔、缩松等缺陷。此外,因冷却速度不同,各部分不能同时凝固,易形成热应力,并有可能使厚壁与薄壁连接处产生裂纹,如图 6 – 39(a)所示。如铸件壁厚均匀,如图 6 – 39(b)所示,则可避免这些缺陷。

　　检查壁厚是否均匀时,应将铸件的加工余量考虑在内,这样才能准确。因有时不包括加工余量时,各壁厚较均匀,但包括加工余量后,加工面的铸造厚度增加,致使各部分壁厚不均。

　　(2)铸件壁的连接应合理。

　　壁的连接处或转角处易产生应力集中、缩孔、缩松等缺陷。设计时应避免壁厚突变,铸件壁的连接处或转角处应有结构圆角。图 6 – 40(a)所示的结构,在转弯处具有直尖角结构,这时由于金属在直角处结晶的方向性的影响而使该处的机械性能下降,直角连接与圆角连接相比,金属积聚的程度更大,且直角连接易产生应力集中现象。而采用图 6 – 40(b)所示的圆角结构则可以 防止产生缩孔和缩松缺陷,减小应力集中,避免产生裂纹,同时加强了转角处的机械性能。此外,铸造圆角还可减少砂眼,美化铸件外形,有利于造型。圆角是铸件结构的基本特征。

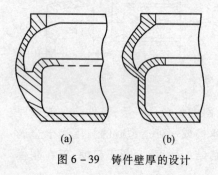

(a)　　　　　　(b)

图 6 – 39　铸件壁厚的设计

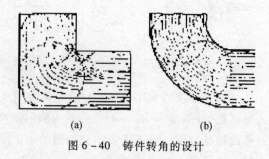

(a)　　　　　　(b)

图 6 – 40　铸件转角的设计

　　1)铸件内圆角的大小应与其壁厚相适应,过大会造成金属局部积聚,增加形成缩孔的倾向。一般圆角处的内接圆直径不超过相邻壁厚的 1.5 倍。

　　2)筋或壁的连接应避免交叉和锐角,主要目的是为了减少热节,防止产生缩孔、缩松等缺陷。中小型铸件可选用交错接头(图 6 – 41(a)),环状接头用于大型铸件(图 6 – 41(b)),壁与壁间应避免锐角连接,若两壁间需呈小于 90°的夹角,则应采用图 6 – 41(c)所示合理的过渡形式。

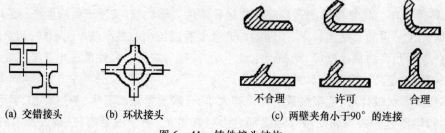

(a)交错接头　　　(b)环状接头　　　不合理　　　许可　　　合理

　　　　　　　　　　　　　　(c)两壁夹角小于90°的连接

图 6 – 41　铸件接头结构

　　3)厚壁与薄壁间的连接要逐步过渡。铸件壁厚不可能完全均匀,有时差异很大,为减少应力集中、防止裂纹,设计时不同壁厚间的连接应采用逐步过渡,避免壁厚的突变。其过渡形式和尺寸见表 6 -2。

表 6 -2　几种不同铸件壁厚的过渡形式及尺寸

图例	尺寸		
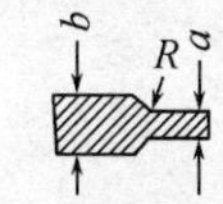 $b \leqslant 2a$		铸铁	$R \geqslant (\frac{1}{6} \sim \frac{1}{3})(\frac{a+b}{2})$
		铸钢	$R \approx \frac{a+b}{4}$
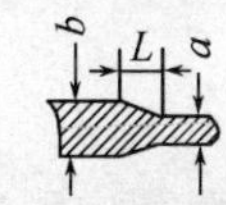 $b > 2a$		铸铁	$L \geqslant 4(b-a)$
		铸钢	$L \geqslant 5(b-a)$
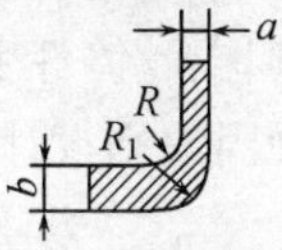 $b \leqslant 2a$			$R \geqslant (\frac{1}{6} \sim \frac{1}{3}), R_1 \geqslant R + (\frac{a+b}{2})$
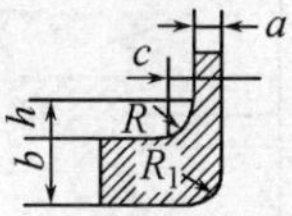 $b > 2a$			$R \geqslant (\frac{1}{6} \sim \frac{1}{3})(\frac{a+b}{2}), R_1 \geqslant R + (\frac{a+b}{2})$ $c \approx 3\sqrt{b-a}$;对于铸铁:$h \geqslant 4c$,对于铸钢:$h \geqslant 5c$

（3）铸件应尽量避免有过大的水平面。

铸件上大的水平面不利于金属液的填充,易产生浇不足、冷隔等缺陷。水平型腔的上表面,因受高温金属液长时间烘烤,易开裂使铸件产生夹砂,大的水平面也不利于气体和非金属夹杂物的排除。图 6 -42(b)所示铸件的斜面比图 6 -42(a)所示的大的水平面工艺性好,有利于防止产生上述缺陷。

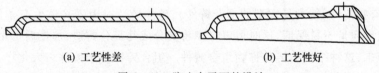

(a) 工艺性差　　　　　　　　　(b) 工艺性好

图 6 -42　防止大平面的设计

（4）铸件结构应有利于自由收缩。

当铸件收缩受到阻碍,产生的内应力超过合金的强度极限时,将产生裂纹。所以,设计铸件时应尽量使其能自由收缩。图 6 -43(a)所示轮辐为偶数,直线形,易制模,若采用刮板造型时,分割轮辐较准确。但对线收缩很大的合金,有时因内应力过大,会使轮辐产生裂纹。为防止裂纹可改用弯曲轮辐(图 6 -43(b))或奇数轮辐(图 6 -43(c)),这样就可借弯曲轮辐或轮缘的微量变形自行减小内应力。

（5）应防止铸体翘曲变形。

细长铸件、大而薄的平板铸件及壁厚不均匀的长形箱体在收缩时易翘曲变形。在设计这类铸件时,应正确设计零件截面形状,合理设置加强筋,以提高其刚性。

图 6 -44(b)所示就是采用加强筋防止变形的平板设计。为充分发挥加强筋的作用,应

(a) 偶数轮辐　　　(b) 弯曲轮辐　　　(c) 奇数轮辐

图 6-43　轮福的设计

将其布置在受力方向的反面,使它承受压力。

（6）合理选择铸件的凝固原则。

同时凝固的铸件壁厚要均匀,过渡要平缓,如图 6-45（a）所示。设计小型和中型薄壁铸铁件或其他合金的铸件时,可采用同时凝固原则;顺序凝固时（图 6-45（b））,铸件上部截面由冒口补缩。对致密度和气密度要求高的承受压力的铸件,应按顺序凝固原则设计。

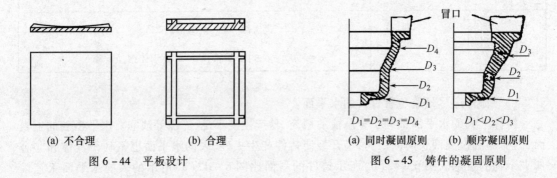

(a) 不合理　　　(b) 合理

图 6-44　平板设计

(a) 同时凝固原则　　　(b) 顺序凝固原则

图 6-45　铸件的凝固原则

2. 组合铸件

生产中,有些铸件(特别是大型的复杂铸件),整体铸造时因受具体生产条件的限制,可能比较困难或者质量不易保证,这时可以考虑将其分成几部分铸造,加工后再用螺栓或焊接等方法连接起来,这种结构的铸件称为组合铸件。组合铸件由于铸件由大化小,结构由复杂化为比较简单,故使制模、造型等工艺过程大为简化,且运输,加工也比较方便,有利于提高生产率和降低成本,铸件质量也容易保证。

图 6-46 所示为铸钢底座的组合铸件。底座分成两部分铸件造,然后再用焊接连接起来,这种铸件有的称为铸焊结构铸件。

组合铸件的缺点是零件的精度、强度和刚度比整体铸造时差,施工的工时也较多。故对具体铸件是否采用组合铸件应作具体分析。

除了用螺栓或焊接的方法连接起来的组合铸件外,浇合(或镶合)铸件也是组合铸件的一种。它是把一种金属制成的零件(或铸件)浇合到另一种金属的铸件中去,结合而成一个整体。这种组合铸件除了具有易于保证铸件的质量和简化机械加工工艺等优点外,而且可以充分利用在一个铸件内不同金属的性能特点。图 6-47 为浇合铸件的例子。

此外,铸件的结构工艺性除了考虑到上述的保证铸件质量、简化铸造工艺和铸造合金特点等几方面因素外,还应该考虑到车间具体生产条件的影响。如铸件的批量大小、采用的铸

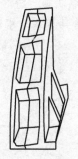

图 6 - 46　铸钢组合铸

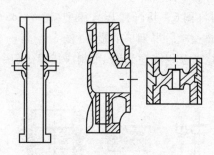

图 6 - 47　浇合铸件的结构

造方法、车间的设备条件及工人的技术水平等,另外还要考虑到机械加工和装配时的方便。

6.5　特种铸造及铸造新工艺技术简介

铸造是一种液态金属成型的方法。长期以来,应用最广泛的是普通砂型铸造。然而,随着科学技术的不断发展和生产水平的不断提高以及人类社会生活的需要,对铸造生产提出了一系列更新、更高的要求。为此,近几十年来,铸造工作者在继承发展古代铸造技术和应用近代科学技术成就的基础上,开创了许多新的铸造方法及工艺,如近代化学冷硬砂铸造工艺、高效金属型铸造工艺、挤压铸造工艺、熔模以及气化模铸造工艺等。这些与砂型铸造不同的铸造方法称为特种铸造。与普通砂型铸造相比,这些铸造工艺的共同优点可概括为六个字,即"精密"、"洁净"、"高效"。具体表现在以下几个方面:可以大量生产同类型、高质量而且稳定的铸件;铸件尺寸精度和表面光洁度较高,从而实现少切割或无切削加工;能进一步简化生产工艺过程,缩短生产周期,便于实现生产工艺过程的机械化、自动化,提高劳动生产率,改善劳动条件,使铸造工厂(或车间)绿色化;可大量减少生产原材料的消耗,降低生产成本,获得良好的经济效益和社会效益。常用的特种铸造方法主要有以下几种:熔模铸造、气化模铸造、金属型铸造、压力铸造、低压铸造、离心铸造、连续铸造、冷硬砂铸造等。

6.5.1　熔模铸造

用易熔材料(如蜡料)制成模样,在模样上包覆若干层耐火涂料制成型壳,熔出模样后经高温焙烧即可浇注的铸造方法,称为熔模铸造或失蜡铸造。因铸件质量高,又称精密铸造。

1. 熔模铸造的工艺过程

熔模铸造工艺过程如图 6 - 48 所示。

(1)母模。母模(图 6 - 48(a))是用钢或铜合金制成的标准件,用它来制造压型。

(2)压型。压型(图 6 - 48(b))是用来制造蜡模的特殊铸型。为保证蜡模质量,压型的尺寸精度和表面质量要求很高。当铸件精度高或大批量生产时,压型常用钢、锡青铜或铝合金经加工而制成;铸件精度不高或生产批量不大时,常用易熔合金(锡、铅、铋)直接浇注出来;单件小批生产时,也可用石膏或塑料制成压型。

(3)蜡模。生产中常用50%石蜡和50%硬脂酸配制成低熔点蜡料。将熔融(糊状)的蜡料(图6-48(c))压入压型(图6-48(d)),待冷凝后取出,并将其送入冷水槽冷却,再经修整检验后得到单个蜡模(图6-48(e))。为提高生产率,可将一些单个蜡模粘焊在预制好的蜡质公用浇注系统上,制成蜡模组(图6-48(f))。一个蜡模组上可粘焊2~100个蜡模。

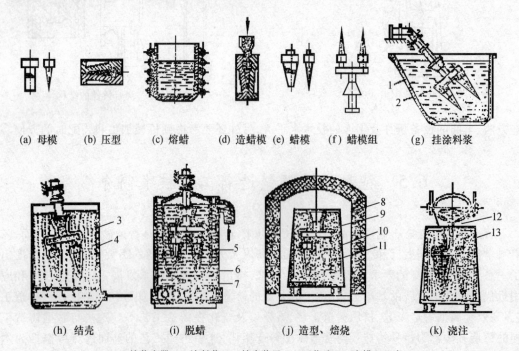

(a) 母模　(b) 压型　(c) 熔蜡　(d) 造蜡模 (e) 蜡模　(f) 蜡模组　(g) 挂涂料浆

(h) 结壳　　　　(i) 脱蜡　　　　(j) 造型、焙烧　　　　(k) 浇注

1—挂浆容器;2—涂料浆;3—结壳装置;4—石英砂;5—水罐;6—水;
7—加热装置;8—电炉;9—型壳;10—耐热砂箱;11—石英砂;12—浇包;13—金属液
图6-48　熔模铸造工艺过程

(4)结壳。将蜡模组浸到容器1中(图6-48(g)),挂上涂料浆2(由水玻璃作粘结剂与石英粉配成)后,再放入装置3中(图6-48(h))往其表面撒一层石英砂4,然后将粘附了石英砂的蜡模组放入硬化剂(多为氯化铵溶液)中,利用化学反应生成的硅酸溶胶将砂粒粘牢并硬化。如此反复涂挂4~8层,直到结壳厚度达5~10 mm。这种有足够强度的硬壳铸型称为型壳。

(5)脱蜡。用加热装置7将水罐5中的水6加热至85~95℃,把型壳放入(图6-48(i)),使蜡模熔化并浮到热水面上流出,收取蜡料供重复使用。蜡模流出后的型壳即为具有空腔的铸型。

(6)造型和焙烧。为提高型壳强度,防止浇注时型壳变形或破裂,可将型壳9竖放在耐热砂箱10中(图6-48(j)),周围填满干石英砂11并紧实,此过程称为造型。

为烧尽型壳内的残余挥发物,蒸发掉水分,提高其质量,需将装好型壳的耐热砂箱放在电炉8中,在900~950℃下焙烧。

(7)浇注。为提高金属液的充型能力,防止产生浇不足、冷隔等缺陷,焙烧后趁热(型壳温度为600~700℃)将浇包12中的金属液13浇入铸型(图6-48(k))中。

铸件冷却后毁掉铸型,切去浇口,放入150℃浓度为45%的苛性钠水溶液中进行化学处理,以彻底清洗铸件。化学处理后用流水洗净并烘干,对其进行热处理和成品检验。

2. 熔模铸造的特点及应用范围

（1）能铸造各种合金铸件,尤其适于铸造高熔点、难切削加工和用别的加工方法难以成型的合金,如耐热合金、磁钢等。

（2）可生产形状复杂、轮廓清晰、薄壁（0.2 ～ 0.7 mm）且无分型面的铸件。一般的凸台、小孔（Dmin = 1.5 mm）均可直接铸出。铸件的公差等级为 IT14 ～ IT11,表面粗糙度 Ra 的值为 12.5 ～ 1.6 μm,减少了切削加工工作量（加工余量为 0.2 ～ 0.7 mm）,实现了少、无切削加工,节约了金属材料。

（3）生产批量不受限制,可实现机械化流水生产。

（4）工艺过程复杂,生产周期较长（4 ～ 15 天）,生产成本较高。

（5）因蜡模容易变形,型壳强度不高等原因,铸件的重量一般限制在 25 kg 以内。

熔模铸造主要用于生产汽轮机、涡轮发动机的叶片或叶轮、切削刀具以及飞机、汽车、拖拉机、风动工具和机床上的小型零件。目前它的应用还在日益扩大。

6.5.2　金属型铸造

金属液靠重力浇入用金属制成的铸型中,以获得铸件的方法,称为金属型铸造。金属型可重复使用,故又称永久型铸造。

1. 金属型的构造

根据分型面位置的不同,金属型分为整体式、垂直分型式、水平分型式和复合分型式。其中垂直分型式（图 6 - 49）便于开设内浇道和取出铸件,也易于实观机械化,所以应用较多。金属型多用灰铸铁制成,也可用铸钢。金属型本身无透气性,为排出型腔内气体,在分型面上开出一些通气槽。通气槽的深度应小于 0.2 ～ 0.4 mm,以防止金属液流出。为防止产生气孔和利于金属液的充型,大多数金属型开有出气口。为了能在高温下从铸型中取出铸件,多数金属型设有顶出铸件的机构。铸件的内腔可用砂芯或金属芯制成。金属芯一般只用于有色金属铸件,为了能从形状复杂的内腔中取出金属芯,型芯可由几部分组合而成,浇注后按先后顺序取出。

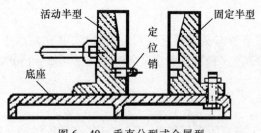

图 6 - 49　垂直分型式金属型

2. 金属型铸造的工艺特点

金属型导热比砂型快,没有退让性,所以铸件易产生冷隔、浇不足、裂纹等缺陷,灰铸铁件常产生白口组织。此外,在高温金属液的冲刷下,易损坏铸型,影响了金属型的寿命和铸件的表面质量,造成取出铸件困难。为减少和避免这些缺点,生产时需采用下列工艺措施:

（1）金属型应保持合理的工作温度。合理的工作温度可减缓铸型的冷却速度、提高金属液的充型能力、促进铸铁的石墨化和延长铸型寿命。为此，浇注前要对金属型进行预热。在连续生产中，如铸型温度过高时，应利用散热装置（气冷或水冷）散热。金属型的合理工作温度为：铸铁件 250～350℃，有色金属铸件 100～250℃。

（2）为保护型腔和减缓铸型的传热速度，型腔表面和浇冒口中要涂以厚度为 0.2～1.0 mm 的耐火涂料，以使金属液和铸型隔开。在黑色金属铸造中，还要在涂料外面喷涂一薄层重油或乙炔烟，在浇注时可产生还原性气体，形成隔热气膜，以减小铸件表面粗糙度值。

（3）因金属型无退让性，故应掌握好适宜的开型时间。铸件宜早些从型中取出，以防产生裂纹、白口组织和造成铸件取出困难。但开型过早也会因金属强度较低而产生变形。一般铸铁件的出型温度为 780～950℃。

（4）为防止铸铁件产生白口组织，其壁厚一般应大于 15 mm，并控制铁水中碳、硅的质量份数不小于 6%。采用孕育处理的铁水来浇注，对预防产生白口组织非常有效。对已产生白口组织的铸件要利用自身余热，及时进行退火处理。

3. 金属型铸造的特点和应用范围

与砂型铸造相比，金属型铸造有以下特点：

（1）实现了"一型多铸"（几十次至几万次），节约了大量造型材料、工时和占地面积，提高了生产率，改善了劳动条件。

（2）金属型冷却快，铸件结晶组织细密，力学性能和致密度高，例如铜、铝合金铸件的抗拉强度比砂型铸造提高 20% 以上。

（3）铸件的公差等级可达 IT14～IT12，表面粗糙度 Ra 值为 12.5～6.3 μm，加工余量为 0.8～1.6 mm。可实现少、无切削加工。

（4）金属型制造成本高、周期长，不适于小批量生产，不宜铸造形状复杂、大型薄壁件，铸铁件易产生白口组织。此外，必须采用机械化、自动化装置进行生产，才能改善劳动条件。

金属型铸造主要适于大批量生产形状简单的有色合金铸件和灰铸铁件，如发动机中的铝活塞、气缸体、缸盖、油泵壳体、水泵叶轮、铜合金轴瓦和轴套等。金属型铸造的铸件壁厚一般为 2～100 mm，重量为几十克至几百千克，若采用特殊的铸型也可生产钢铸件。

6.5.3　压力铸造

在高压下，将液态或半液态金属高速压入金属铸型，并在高压下凝固成型的铸造方法，称为压力铸造（亦称挤压铸造，简称压铸）。常用的比压为 5～150 MPa，金属液流速为 5～100 m/s。

1. 压铸工艺过程

压铸工艺过程主要工序有闭合压铸型、压射金属、打开压铸型和顶出铸件。压铸所用的铸型叫压铸型，它与垂直分型的金属型相似，由两个半型组成。安装在压铸机固定板上，固定不动的半型叫定型；安装在压铸机移动板上的半型叫动型，可作水平移动。压铸型上装有拔出金属型芯的机构和自动顶出铸件的机构。压铸型用耐热的合金工具钢制成，加工质量要求很高，需经严格的热处理。

压铸机是压铸生产中的专用设备，主要由合型机构和压射机构组成。合型机构的作用是开合压铸型,并在压射金属时用压力顶住压铸型以防金属液由分型面处漏出。压铸机的规格一般用合型力(MN)表示。压射机构的作用是对金属液施以高压,使其高速充满型腔,并在高压下凝固成型。

压铸机分为热压室式和冷压室式两类。

热室压铸机(图 6-50)的压室 2 位于盛有金属液的热坩埚 1 中。金属液经孔 4 注满压室,压射冲头 3 向下运动时,金属液在 10~30 MPa 的压力下充满压铸型 5 的型腔。保压、冷凝后压射冲头返回,剩余金属液由浇口流回压室。打开压铸型,铸件由顶杆顶出。

热室压铸机的压力由杠杆机构或压缩空气产生,压力较小,且压室浸在金属液中易被腐蚀,故只适于压铸低熔点合金(如锌、镁、铅、锡等)。铸件重量为几克到 25 kg。

冷室压铸机的压室有立式和卧式两种。冷室压铸机的压室和坩埚炉分开。在工作时才将金属液浇入压室进行压射。这种压铸机一般用高压油为动力,合型力很大,为 0.25~2.5 MN。

卧式冷室压铸机工作过程如图 6-51 所示。将金属液定量浇入压室 4 中,压射冲头(活塞)5 以 40~100 MPa 的压力将其压入压铸型 1 和 3 的型腔。保压、冷凝后抽出型芯 2,打开压铸型,用顶杆 6 把铸件 7 顶出。浇注前将压铸型加热至 120~320℃。取出铸件后用压缩空气吹净压铸型工作面并涂刷专用涂料,以防铸件与压型表面熔结在一起。

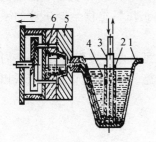

1—热坩埚;2—压室;3—压射冲头;
4—孔;5—压铸型;6—顶杆
图 6-50　热室压铸机工作原理

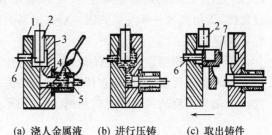

(a) 浇入金属液　　(b) 进行压铸　　(c) 取出铸件

1—压铸型;2—型芯;3—压铸型;4—压室;
5—压射冲头;6—顶杆;7—铸件
图 6-51　卧式冷室压铸机工作原理

卧式压铸机可压铸铜、铝、镁和锌等合金,铸件的重量可达 45 kg。因其生产率高、结构简单,便于自动化生产,所以比立式压铸机应用广泛。

2. 压铸的特点和应用范围

由于液态金属的充填、成型和凝固都是在压力作用下完成的。因此,该工艺具有如下优点:

(1)生产率比其他铸造方法都高,并易于实现半自动化、自动化。例如,一般锌合金压铸件平均生产率可达 500 件/小时。

(2)可铸出结构复杂、轮廓清晰的薄壁、深腔、精密铸件,可直接铸出各种孔眼、螺纹、齿形、化纹和图案等,也可压铸镶嵌件。铸孔的最小直径为 0.7 mm,铝合金铸件最小壁厚为 0.5 mm。

(3)可获得公差等级为 IT13~IT11、表面粗糙度 Ra 的值为 3.2~0.8 μm 的铸件,可实现少、无切削加工。因大多数压铸件不需切削加工即可直接进行装配,此外不必设置浇冒口系统,所以减少了液态金属的消耗,提高了工艺实收率,省工、省料、成本低。

　　(4) 铸件强度和表面硬度高,组织细密,其抗拉强度比砂型铸件提高约 25% ~ 40%。

　　(5) 压铸设备和压铸型费用高,压铸型制造周期长,只适于大批量生产。

　　(6) 因金属液充型速度高,又在压力下成型,所以铸件内常有小气孔,并常存在于表皮下面。

　　由于上述优点,故该工艺发展迅速。压铸工艺已发展了直接冲头挤压、间接冲头挤压、柱塞挤压、型板挤压等多种方法。

　　压铸目前主要用于大批量生产铝、镁、锌、铜等有色合金的中小型铸件,在汽车、拖拉机、电器仪表、航空、航海、精密仪器、医疗器械、日用五金及国防工业等部门已获得广泛应用。

　　3. 压力铸造工艺的发展趋势

　　(1) 用压力铸造法将液态金属压渗到陶瓷纤维增强材料中,制成局部增强金属基复合材料,将成为廉价、便捷的批量生产先进金属基复合材料的良好方法。

　　(2) 扩大应用、提高质量,使铸件向更优质、高性能、大型化、复杂化的方向发展。重点解决的问题是:尽量减少液态金属充型过程中空气的卷入(这也是造成铸件起泡的主要原因)。为此,一则要改进压射系统,尽量做到低速大流量全部壁横截面平稳充型;二是改进模具设计并采取真空、充氧等措施排除充型前型腔中的空气。尽量减少冲头挤压前挤压料缸(压室)中浇入的液态金属过早"凝固结壳"给铸件带来的缺陷,为此,除改进工艺与模具设计外,近年来国外新发展的固体粉末润滑剂和采用升液管向挤压料缸供给金属液的系统也有显著效果。

　　(3) 改造原有压力铸造设备,发展新的压力铸造机系列。可从两个方面努力,一是对国内原有设备进行改造,赋予它新的功能。主要是添加自动化措施,国内已有设备厂家予以关注。二是开发新的压力铸造机系列,以达到系列化、标准化。

6.5.4　低压铸造

　　低压铸造是介于重力铸造(如砂型、金属型铸造)和压力铸造之间的一种铸造方法。它是使液态合金在压力下,自下而上地充填型腔,并在压力下结晶,以形成铸件的工艺过程。由于所用的压力较低($2 \sim 7 \mathrm{N/cm}^2$),所以称低压铸造。

　　1. 低压铸造的工艺过程

　　图 6 - 52 所示为低压铸造工作原理示意图。该装置的下部为一密闭的保温坩埚炉,用以储存熔炼好的金属液。坩埚炉的顶部紧固着铸型(通常为金属型),垂直的升液管使金属液与朝下的浇口相通。铸型为水平分型,金属型在浇注前必须预热,并喷刷涂料。低压铸造的工艺过程如下:

　　(1) 升液、浇注。通入干燥的压缩空气,合金液在较低压力下从升液管平稳地上升进入型腔。

　　(2) 加压、凝固。型内合金液在较高压力下结晶,直至全部凝固。

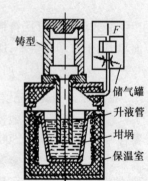

图 6 - 52　低压铸造工作原理

　　(3) 减压、降液。坩埚上部与大气连通,升液管与浇口内尚未凝固的合金液因重力作用而流回坩埚。

（4）开型、取出铸件。

2. 低压铸造的特点和应用范围

（1）底注充型，平稳且易控制，减少了金属液注入型腔时的冲击、飞溅现象，提高了产品的合格率。

（2）金属液上升速度和结晶压力可人为控制，故适于各种不同的铸型，如金属型、砂型、熔模壳型、树脂壳型等。

（3）不需另设冒口，而由浇口兼起补缩作用，故浇注系统简单，金属利用率高（通常利用率为 90% ~ 95%）。

（4）与重力铸造（砂型、金属型）比较，低压铸造铸件的轮廓清晰、组织致密、力学性能好，尤其是对大型薄壁件的铸造非常有利。

（5）此外，设备较压铸简易，便于实现机械化和自动化生产。

低压铸造是 20 世纪 60 年代发展起来的一种工艺，在国内外均受到普遍重视。目前我国主要用来生产质量要求高的铝、镁合金铸件，如发动机的缸体、缸盖、高速内燃机的活塞、带轮、纺织机零件等，并已用它成功地制造出重达 30 T 的铜螺旋桨及球墨铸铁曲轴等。但低压铸造如何消除铝、镁合金铸件中的氧化夹渣和提高升液管的使用寿命等问题，还有待于进一步解决。

6.5.5　离心铸造

金属液态合金浇入高速旋转（250 ~ 1500r/min）的铸型中，使金属液在离心力作用下充填铸型并结晶，这种铸造方法称为离心铸造，如图 6 - 53 所示。

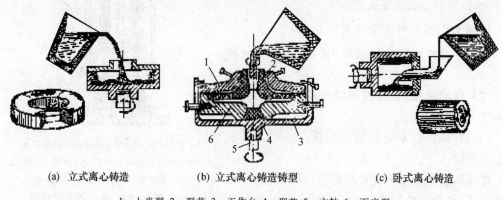

(a) 立式离心铸造　　　　(b) 立式离心铸造铸型　　　　(c) 卧式离心铸造

1—上半型；2—型芯；3—工作台；4—型芯；5—主轴；6—下半型

图 6 - 53　离心铸造原理

离心铸造必须在离心铸造机上进行，根据铸型旋转轴在空间位置的不同，离心铸造机可分为立式离心铸造机和卧式离心铸造机。立式离心铸造机的铸型是绕垂直轴旋转的，此种方式的优点是便于铸型的固定和金属的浇注。生产中空铸件时，金属液并不填满型腔，这样便于自动形成空腔。而铸件的壁厚则取决于浇入的金属量。但此种方式形成的中空铸件的自由表面（即内表面）呈抛物线形状，使铸件上薄下厚，因此主要用来生产高度小于直径的圆环类铸件，如图 6 - 53（a）所示。

立式离心铸造机也可生产成型铸件,如图6-53(b)所示,浇注时金属液填满型腔,故不形成自由表面,金属液在离心力作用下充型力得到提高,便于流动性较差的合金和薄壁铸件,如涡轮、叶轮等铸件的成型,而且浇口可起补缩作用,使组织致密。

卧式离心铸造机上的铸型是绕水平轴旋转的,(图6-53(c)),由于铸件在各部分的冷却条件相近,中空铸件无论在长度或圆周方向的壁厚都是均匀的,因此适于生产长度较大的套筒和管子。

离心铸造主要用于生产回转体的中空铸件,如铸铁管、气缸套、活塞坯、造纸机卷筒等。它也可用于生产双金属铸件,如钢套镶铜轴承等,其结合面牢固、耐磨,可节省许多贵重金属。

6.5.6　连续铸造

连续铸造是生产铸管和铸锭的一种铸造方法,其原理是将液态金属不断地浇入称为结晶器的特殊金属型中,然后将冷凝的铸件连续不断地从结晶器的另一端拉出,按需要截取,可获得任意长度的铸件。

1. 连续铸造的工作原理

连续铸造的工作原理如图6-54所示,液态金属从浇包6浇入雨淋式转动浇杯5中并连续而均匀地注入内结晶器3与外结晶器2的间隙中,液态金属在水冷却的内外结晶之间逐步凝固成有一定强度的硬壳,内部呈半凝固状态,借于电力升降盘9将成型的铸管7以相应的速度从结晶器内向下拉出,拉到管子的标准长度。

2. 连续铸造的特点及应用范围

(1)连续铸造免去了浇口、冒口,降低了金属消耗。

(2)冷却迅速,表层组织细密,且易实现机械化生产,生产率高。

(3)铸件合金不受限制,钢、铁、铜、铝及其他合金均可铸造。

连续铸造主要用于自来水管道、煤气管道及铸锭的生产,铸管的内径为300~1200 mm,长度可达6000 mm。

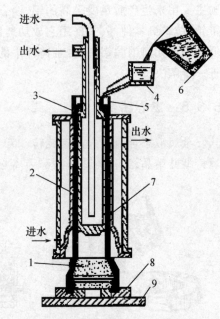

1—承口砂芯;2—外结晶器;3—内结晶器;
4—流量控制器;5—雨淋式转动浇杯;6—浇包;
7—铸铁管;8—引管板;9—升降盘
图6-54　连续铸造原理图

6.5.7　消失模(气化模)铸造技术

消失模铸造工艺(简称EPC)是用泡沫聚苯乙烯实体模和干砂造型,在浇注过程中,实体模被气化掉而获得铸件的方法它是20世纪60年代发展起来的新工艺。

在世界潮流的影响下,20世纪90年代我国的消失模(EPC)技术也有了较快的发展。具体表现在,许多工厂利用国产设备和技术建成了若干条简易生产线,如北京宋庄铸造总厂、福州柴油机厂,四川南川机械厂、湖北丹江口管理局机械厂等,所建的生产线年产3000

~5000 t 铸件,湖南江麓机械厂年产 2000 t 高锰钢件生产线以及武钢烧结配件厂年产 1000 t 铸铁、铸钢件生产线。同时还有一些工厂直接从国外引进全套设备和技术,如一汽轻型发动机厂从美国福康公司引进制模成套设备和振动台,国内配套组成生产线,生产汽车进气管;长沙汽车发动机厂从意大利法塔公司引进全套制模、造型、浇注生产线、生产合金铝、缸盖铸件;赤峰大跃实型铸造有限公司从日本引进两条气化模生产线,生产排气管等球铁铸件。

1. 生产原理及工艺流程

(1) 生产原理。该方法首先采用预发泡成型机制成泡沫塑料模样(包括铸件及浇注系统的模样),经粘接组成实体模组,并在其上涂刷特制涂料,待干燥后放置于特制砂箱中,填入不含水分及粘结剂的干砂,经三维振动紧实,抽真空状态下浇铸,泡沫模型气化消耗后被金属液充填,复制出与泡沫塑料模样相同的铸件,冷凝后取出铸件,进行下一循环。

(2) 工艺流程。消失模铸造工艺流程如图 6-55 所示。

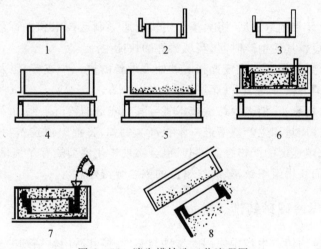

图 6-55　消失模铸造工艺流程图

2. 消失模铸造工艺的优越性

国内外工厂的实践证明 EPC 技术具有一系列优越性,并取得了显著的经济和社会效益,具体表现在以下几个方面:

(1) 它是一种几近无加工余量的新型成型工艺。由于用作造型的模型是采用极易气化的泡沫材料,与普通铸造方法相比,EPC 无需取模,无分型面,也无泥芯,因而无飞边毛刺,无拔模斜度,故尺寸精度和表面粗糙度近似熔模精密铸件,重量一般比传统砂型铸造件减轻 30% ~40%。

(2) 铸件内部质量提高。因为填充砂采用干砂,且型砂中无水分,无粘结剂以及其他附加物,自然减少了由此带来的缺陷,铸件废品率显著下降。

(3) 对环境无公害,易实现清洁生产。由于不用造型机,所以减少了噪声,型砂中无水分和粘结剂减少了浇注时一氧化碳和水蒸气的危害,同时大大降低了清理工作量,旧砂的回收率高于 95%。整个工艺过程易实现机械化、自动化生产。即使泡沫塑料模浇注气化时会有少量有机物排出。但排放量只占铁液重量的 0.3%,且产生时间短,地点集中易于收集并集中处理。

(4) 方便了铸件结构的设计。原先由多个零件加工后组装的构件,可以通过分别局部制模后粘合成整体一次铸出,使铸件美观、耐用,原有孔、洞可以无需泥芯直接铸出,这就大大节约了加工装配费用。

(5) 简化了砂处理工序,减少了设备占地面积,从而降低设备费用,一般来说,采用 EPC 技术,其设备投资可减少 30% ~ 50%,相应地铸件成本可下降 10% ~ 30%。

3. 消失模铸造技术发展趋势

(1) 随着严格的质量控制体系的建立和各关键工序监控总的完善,消失模铸件的质量将进一步提高,废品率将大为下降。如美国的某消失模车间,由于对涂料的透气性、对液态热解产物的吸附性以及绝热能力等的严格监控,结果实现了优质涂料的稳定使用,铸件废品率由 1.0% 下降到 0.25%;又如美国另一消失模生产线由于采用了新的振动台,其变形废品率由 17% 下降到 1%;由于使用传感器三坐标测量仪,使模样测量精度可控制在 ± 0.0125 mm 以内。

(2) 在模具设计和制造领域,将大量采用快速原形制造技术和并行环境下计算机模拟仿真,从而大大缩短模具的生产时间,实现铸件的快捷生产。

(3) 随着泡沫塑料尾气净化装置和旧砂处理设备的进一步改善,以及各工序间自动化程度的提高,将使消失模铸造工厂(车间)绿色化。

(4) 随着技术的进步,消失模铸造技术将与其他先进的铸造工艺相结合,开创出更新的复杂工艺,将使铸件质量和生产效率进一步提高。例如,将消失模技术与低压铸造相结合,将实现对金属液充填速度的严格控制,同时也会实现气化模型的有序气化,使铸件在一定压力下结晶凝固,从而获得组织致密、高气密性的铝合金铸件。

6.5.8　近代化学冷硬砂铸造工艺

到目前为止,普通铸造生产中使用的型砂与芯砂,按其所用粘结剂的化学性质可分为两大类,即无机化学粘结剂砂和有机化学粘结剂砂。它们主要是通过发生物理——化学反应而达到硬化的目的,可以采用一种或多种方法使之自行硬化,因此统称为化学硬化砂。

1. 无机化学粘结剂型(芯)砂

当前铸造生产中应用最广泛的无机化学粘结剂是水玻璃,其次为水泥,近年来又开发出磷酸盐聚合物的无机化学粘结剂。

2. 有机化学粘结剂型(芯)砂

长期以来,铸造生产中就采用植物油作粘结剂配芯砂,然而随着科学技术的进步以及对铸件的产量和精度的要求越来越高,人工合成的有机高分子材料和化工副产品也就逐步地应用于铸造生产。开创出各种类型的有机化学(树脂)粘结剂型(芯)砂。

6.5.9　金属液态成型工艺技术发展状况

1. 铸造工艺技术现状

铸造工艺技术是应现代工业和科学技术的发展需求而发展起来的。现代工业和科学技术的发展要求制造加工出来的产品精度更高、形状更复杂,被加工材料的种类和特性更加复杂多样,同时又要求加工速度更快、效率更高,具有高柔性以快速响应市场的需求。现代工业与科学技术的发展又为制造工艺技术提供了进一步发展的技术支持,如新材料的使用、计算机技术、微电子技术、控制理论与技术、信息处理技术、测试技术、人工智能理论与技术的发展与应用都促进了铸造工艺技术的发展。

2. 金属液态成型过程的计算机模拟技术研究有一定发展

我国已经开始进行金属液态成型过程的计算机模拟技术的研究,对大型铸件充型凝固过程进行了三维数值模拟,对铝合金、镍合金的微观组织形成过程进行二维、三维模拟。材料热成型过程模拟技术的研究已成为国内研究热点。

3. 精密成型技术取得较大进展

在精密成型技术方面,国内已取得了较大进展。精密铸造方面,近几年重点发展了熔模精密铸造、陶瓷型精密铸造、消失模铸造等技术,采用消失模铸造生产的铸件质量好、铸件壁厚公差达到 ± 0.15 mm,表面粗糙度 Ra25 μm。国内研究成功一种电渣铸接新工艺,并铸接了一块($300 \times 190 \times 700$) mm 的试验件,这种工艺是大型水轮机叶片、下环等特大型铸件的一种理想熔铸方法。国内也攻克了强度高、形态复杂、薄壁、净重 2.7 t 的铝合金铸件的铸造技术。

4. 先进制造工艺技术发展趋势

随着社会经济和科学技术的不断发展,新材料、新能源、新设计、新产品将会不断涌现,人们对物质产品的需求更加多样化,因而对机械制造工艺技术提出更多、更高的要求。从总体发展趋势看,优质、高效、低耗、灵捷、洁净是机械制造业永恒的追求目标,也是先进制造工艺技术的发展目标。

铸造生产正向轻量化、精确化、强韧化、复合化及无环境污染方向发展,加强精确铸造成型技术基础理论研究,特别是以新一代生产铝合金铸件为代表的精确铸造成型技术及其基础理论研究,包括不同压力条件下铝合金壳型成型凝固过程的基本规律及其缺陷形成机理以及精确铸造成型工艺铸件尺寸精度预测及控制研究,开展新材料及特殊材料的铸造成型新工艺的基础理论研究是必须的。

思 考 题

1. 提高合金流动性的主要措施有哪些?
2. 铸造生产时,合金结晶温度范围宽窄对铸件质量有何影响? 为什么?
3. 缩孔和缩松是怎么形成的? 防止的措施有哪些?
4. 何谓顺序凝固原则和同时凝固原则?
5. 铸造应力有哪几种? 形成的原因是什么?
6. 试述砂型铸造手工造型的特点和应用。选择手工造型方法时,应考虑哪些因素?
7. 确定浇注位置和分型面的原则是什么?
8. 为什么要规定铸件的最小壁厚? 灰口铁件的壁厚过大或局部过薄会出现哪些问题?
9. 零件、铸件、模样三者在尺寸与形状上有何区别?
10. 为什么真正的空心球不采取工艺措施难以铸造出来,采取什么措施才能铸出? 绘图说明。
11. 如下图所示各零件的分型面有哪几种方案? 哪种方案较合理? 为什么?

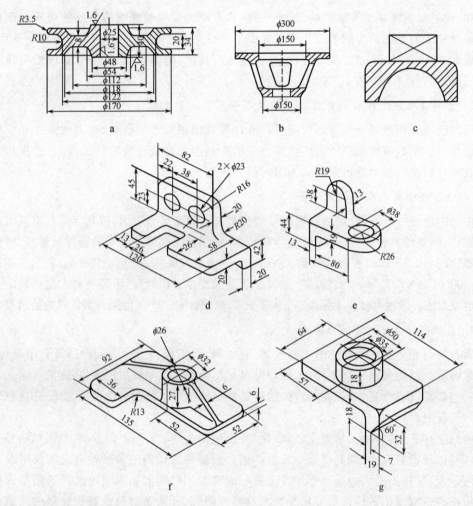

12. 区别下列名词概念:

模样与型腔,铸件与零件,芯头与芯座,浇不到与冷隔,分型面与分模面,拔模斜度与结构斜度,浇注位置与浇注系统位置,出气口与冒口,缩孔与缩松,逐层凝固与顺序凝固,造型位置与浇注位置。

13. 灰铸铁的铸造性能和力学性能有何特点? 为什么? 灰铸铁最适宜制作哪类铸件?

14. 为何可锻铸铁只适宜制作薄壁小铸件? 若壁厚过大易出现什么问题?

15. 绘出如下图所示零件的工艺图和铸件图。

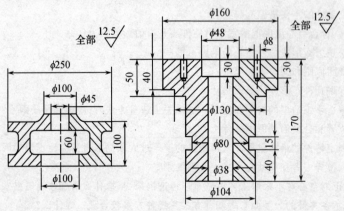

16. 为什么灰铸铁的收缩比铸钢小？

17. 冲天炉炉料由哪些材料组成,各种材料的作用是什么？

18. 试分析比较灰铸铁、球墨铸铁和铸钢的铸造性能和力学性能有何不同？

19. 灰铸铁与铸钢在铸造工艺和铸件结构上有何不同？ 为什么？

20. 为什么铸造铝合金易产生夹渣和针孔？ 应如何防止,常用的铸造铝合金是哪一类？ 为什么？

21. 试述黄铜和锡青铜的铸造性能有何特点？ 黄铜和锡青铜常用于制作哪些铸件？

22. 为什么铸件要有结构圆角？ 图示铸件上哪些圆角不够合理？ 应如何修改？

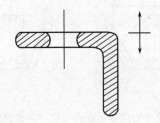

23. 试用内接圆方法确定下图所示铸件的热节部位。在保证尺寸 H 的前提下,如何使铸件的壁厚尽量均匀。

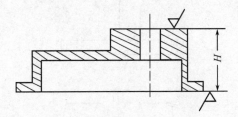

24. 什么是铸件的结构斜度？ 它与起模斜度有何不同？

25. 下图所示铸件的结构是否合理？ 应如何改正？

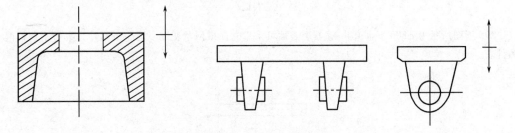

26. 分析下图中砂箱箱带的两种结构各有何优缺点,为什么？

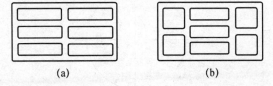

(a)　　　　　　　　　　(b)

27. 如图所示铸件的两种结构设计,应选用哪一种较为合理？ 为什么？（提示:从工艺方面分析）

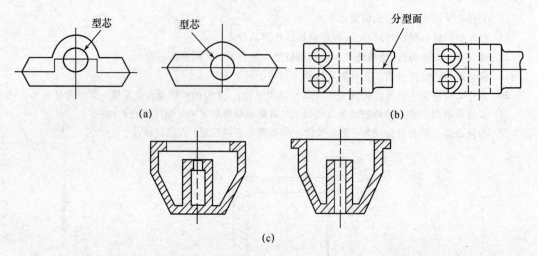

28. 下图所示的支架件在大批量生产中该如何改进其设计才能使铸造工艺得以简化?

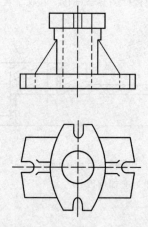

29. 下图所示为 φ800 下水道井盖,其上表面可采用光面或网状花纹。请分析哪种方案易于获得健全铸件。

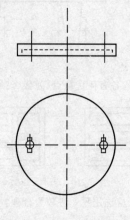

30. 下列铸件在大批量生产时,采用什么铸造方法为宜(先选择所用材料,后选择成形方法):

车床床身,汽轮机叶片,铸铁污水管,铝活塞,缝纫机机头壳体,缝纫机机架,哑铃,生活用铸铁锅,摩托车气缸体,滑动轴承,铸铁暖气片,生活用炉盖和炉条,机床手轮,自来水三通管接头,车床变速箱,汽车发动机壳体、曲轴等。

第7章 金属的塑性成型

7.1 金属的塑性成型工艺基础

7.1.1 金属的塑性成型

金属材料在一定的外力作用下,利用其塑性而使其成型并获得一定力学性能的加工方法称为塑性成型,也称塑性加工或压力加工。

按照成型的特点,一般将塑性成型分为块料成型(又称体积成型)和板料成型两大类,每类又包括多种加工方法,形成各自的工艺领域。

1. 块料成型

块料成型是在塑性成型过程中靠体积转移和分配来实现的。这类成型又可分一次加工和二次加工。

(1) 一次加工。这是冶金工业领域内的原材料的生产加工方法,可提供型材、板材、管材和线材等。其加工方法包括轧制、挤压和拉拔。在这类成型过程中,变形区的形状是不随时间变化的,属稳定的变形过程,适于连续的大批量生产。

1) 轧制。轧制是将金属坯料通过两个旋转轧辊间的特定空间使其产生塑性变形,以获得一定截面形状材料的塑性成型方法。这是由大截面坯料变为小截面材料常用的加工方法。轧制可分纵轧(如图7-1(a)所示)、横轧和斜轧。利用不同的轧制方法可生产出型材、板材和管材等。

2) 挤压。挤压是在大截面坯料的后端施加一定的压力,将金属坯料通过一定形状和尺寸的模孔使其产生塑性变形,以获得符合模孔截面形状的小截面坯料或零件的塑性成型方法。挤压又分正挤压(如图7-1(b)所示)、反挤压和正反复合挤压。因为挤压是在很强的三向压应力状态下的成型过程,所以更适于生产低塑性材料的型材、管材或零件。

3) 拉拔。拉拔是在金属坯料的前端施加一定的拉力,将金属坯料通过一定形状、尺寸的模孔使其产生塑性变形,以获得与模孔形状、尺寸相同的小截面坯料的塑性成型方法(如图7-1(c)所示)。用拉拔方法可以获得各种截面的棒材、管材和线材。

(2) 二次加工。这是为机械制造工业领域内生产零件或坯料的加工方法。这类加工方法包括自由锻和模锻,统称为锻造。在锻造过程中,变形区随时间是不断变化的,属非稳定性塑性变形过程,适于间歇生产。

1) 自由锻。自由锻是在锻锤或水压机上,利用简单的工具将金属锭料或坯料锻成所需形状和尺寸的锻件的加工方法(如图7-1(d)所示)。自由锻时不使用专用模具,因而锻件的尺寸精度低,生产率也不高,主要用于单件、小批量生产或大锻件生产。

　　2)模锻。模锻是将金屑坯料放在与成品形状、尺寸相同的模腔中使其产生塑性变形,从而获得与模腔形状、尺寸相同的坯料或零件的加工方法。模锻又分开式模锻(如图 7-1(e)所示)和闭式模锻(如图 7-1(f)所示)。由于金属的成型受模具控制,因而模锻件有相当精确的外形和尺寸,也有相当高的生产率,适合于大批量生产。

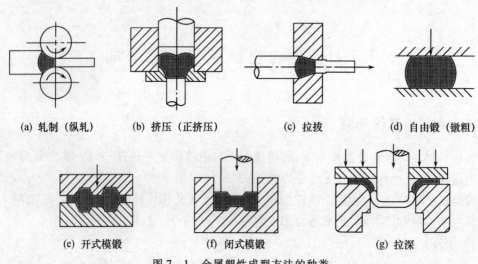

(a) 轧制(纵轧)　　　　(b) 挤压(正挤压)　　　　(c) 拉拔　　　　(d) 自由锻(镦粗)

(e) 开式模锻　　　　　　(f) 闭式模锻　　　　　　(g) 拉深

图 7-1　金属塑性成型方法的种类

2. 板料成型

　　板料成型一般称为冲压。它是对厚度较小的板料,利用专门的模具,使金属板料通过一定模孔而产生塑性变形,从而获得所需的形状、尺寸的零件或坯料。冲压这类成型加工方法可进一步分为分离工序和成型工序两类。分离工序用于使冲压件与板料沿一定的轮廓线相互分离,如冲裁、剪切等工序;成型工序用来使坯料在不破坏的条件下发生塑性变形,成为具有要求形状和尺寸的零件,如弯曲、拉深(如图 7-1(g)所示)等工序。

　　随着生产技术的发展,不断产了生新的塑性加工方法,例如连铸连轧、液态模锻、等温锻造和超塑性成型等,这些都进一步扩大了塑性成型的应用范围。

　　塑性加工按成型时工件的温度还可以分为热成型、冷成型和温成型三类。热成型是在充分再结晶的温度以上所完成的加工,如热轧、热锻、热挤压等;冷成型是在不产生回复和再结晶的温度以下进行的加工,如冷轧、冷冲压、冷挤压、冷锻等;温成型是在介于冷、热成型之间的温度下进行的加工,如温锻、温挤压等。

7.1.2　加工硬化和再结晶

　　当用手反复弯铁丝时,铁丝越弯越硬,弯起来越费劲,这个现象就是金属塑性变形过程中的加工硬化,即随着塑性变形程度的增加,金属的强度、硬度升高,塑性和韧性下降。

　　产生加工硬化的原因一方面是由于经过塑性变形晶体中的位错密度增高,位错移动所需的切应力增大;另一方面是金属塑性变形后原来的晶粒被"碎化"了,形成了许多位向略有不同的小晶块,它们的晶界是严重的晶格畸变区,对金属的强化起十分重要的作用。

　　加工硬化现象在工业上具有实际意义。首先,它是强化金属的方法之一,对纯金属和不能用热处理强化的合金尤为重要;其次,加工硬化也是金属能够用塑性变形方法成型的重要原因。例如金属板料在拉伸过程中,在凹模圆角处的金属板塑性变形最大,该处最先产生加工硬化,使随后的变形能转移到其他部位,从而获得厚薄均匀的制品。但加工硬化亦给金属的进一步加工带来困难。为此,在加工过程中必须增加热处理退火工序,以消除硬化,使加工能继续进行。

加工硬化是一种不稳定状态,具有自发地回复到稳定状态的倾向。但在室温下,原子活动能力较低,自发回复非常迟缓,几乎觉察不到。当升高到一定温度时,原子获得的热能使热运动加剧,得以恢复正常排列,部分消除晶格畸变,使加工硬化也得到部分消除,这一过程称为回复(如图 7 - 2(b)所示)。

当温度继续升高,金属原子获得更高的热能时,在变形晶粒的晶界和晶格畸变严重的地区会生成新的结晶核心,并向周围长大,形成新的等轴晶粒,消除了全部加工硬化现象,这个过程称为再结晶,如图 7 - 2(c)所示。这时的温度称为再结晶温度。实验表明,各种纯金属再结晶温度 $T_{再}$ 与其熔点 $T_{熔}$ 间的关系大致可用下式表示:

$$T_{再} \approx 0.4 T_{熔}$$

式中各温度值均按绝对温度计算。

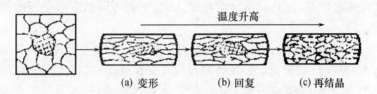

温度升高

(a) 变形　　　　(b) 回复　　　　(c) 再结晶

图 7 - 2　回复和再结晶示意图(图中虚线为原来的晶界)

冷变形与热变形的区别,是以再结晶温度为界限的。金属的塑性变形在再结晶温度以下进行的,称为冷变形;而在再结晶温度以上进行的则称为热变形。例如钨的再结晶温度约为 1200℃,故钨即使在稍低于 1200℃ 的高温下进行变形仍属于冷变形;锡的再结晶温度约为 -7℃,故锡即使在室温下进行变形也属于热变形。

金属冷变形时必然产生加工硬化,因此变形程度不宜过大,以避免制件破裂。冷变形能使金属获得较小的表面粗糙度并使金属强化。冷外压、冷挤压和冷轧等加工方法对大多数金属均属于冷变形。

金属热变形时加工硬化和再结晶过程是同时存在的,故塑性良好,变形抗力低,可用较小的能量获得较大的变形量,并能获得具有较高机械性能的再结晶组织。但热变形时金属表面易产生氧化,产品表面粗糙度较大,尺寸精度较低。热锻、热轧等加工方法对大多数金属均属热变形。

温变形——温锻(半热锻)在再结晶温度上下进行,能保证获得精度及粗糙度方面略次于冷锻加工的零件,而在变形抗力方面比冷锻小很多,材料的塑性也比冷锻高得多,残余应力也较冷锻时小,是一种有前途的加工工艺方法。

7.1.3　塑性变形使金属形成纤维组织

金属在外力作用下发生冷塑性变形时,随着外形的变化,金属内部的晶粒形状也由原来等轴晶粒变为沿变形方向延伸的晶粒,同时晶粒内部出现了滑移带。当变形程度很大时,可观察到晶粒被显著延伸成纤维状。这种呈纤维状的组织称为冷变形纤维组织。

热塑性变形时,铸态金属毛坯中的粗大柱晶及各种夹杂物,都要沿变形方向伸长,使铸态金属枝晶间密集的夹杂物逐渐沿变形方向排列成纤维状。这些夹杂物在再结晶时不会再改变形状。这样,在变形金属的纵向宏观试样上,可见到沿着变形方向的一条条细线,这就是热变形的纤维组织(流线)。

冷、热塑性变形形成的纤维组织,会使金属材料机械性能呈现各向异性,沿纤维方向(纵向)较垂直于纤维方向(横向)具有较高的强度、塑性和韧性。表 7 - 1 为 45 号钢经热变形后机械性能与纤维方向的关系。

表 7 - 1　45 钢机械性能与纤维方向的关系

性能取样	$\delta_b MPa$	$\delta_{0.2} MPa$	$\delta\%$	$\phi\%$	$a_{KU} \ J/cm^2$
横向	675	440	10	31	30
纵向	715	470	17.5	62.8	62

冷变形的纤维组织,经加热到再结晶温度,使之发生再结晶而形成新的等轴晶粒,即可消除。

热变形的纤维组织很稳定,用热处理方法是不能消除或改变金属中的流线分布的,而只能采用不同方向的变形(如锻造时采用镦粗与拔长交替进行)以打乱流线的方向。

考虑到热变形金属纤维组织的存在,在设计和制造零件时,应使零件工作时的最大正应力方向与纤维方向重合,最大切应力方向与纤维方向垂直,并使纤维与零件的轮廓相符而不被切断。

例如,当采用棒料直接用切削法制造螺钉时,其头部与杆部的纤维不完全连贯而被切断,切应力顺着纤维方向,故质量较差,如图 7 - 3(a)所示。当采用局部镦粗法制造螺钉时(图 7 - 3(b)),纤维不被切断,纤维方向也较为有利,故质量较好。

(a) 切制坯　　(b) 镦粗锻坯

图 7 - 3　螺钉的纤维组

织比较

齿轮毛坯常用镦粗法来获得较好的纤维分布(如图 7 - 4 (c)所示)以提高齿轮质量。图 7 - 4(d)为轧制的齿轮,其纤维沿齿形分布,质量较好。如图 7 - 4(a)、7 - 4(b)所示的棒料坯和板料坯的齿轮,质量就差了。图 7 - 5 所示为使用弯曲

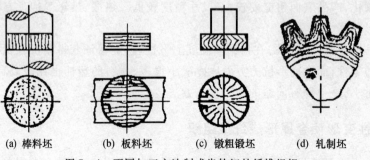

(a) 棒料坯　　　(b) 板料坯　　　(c) 镦粗锻坯　　　(d) 轧制坯
图 7 - 4　不同加工方法制成齿轮坯的纤维组织

工序锻造的吊钩,纤维组织沿吊钩外形连续分布,因而质量较好。

图 7-6(a)所示为采用三角剁刀切槽,在中间冲孔制成的曲轴,纤维被切断。若采用全纤维锻造,纤维沿曲轴外形连续分布(如图 7-6(b)所示),可提高曲轴质量并节约原材料。

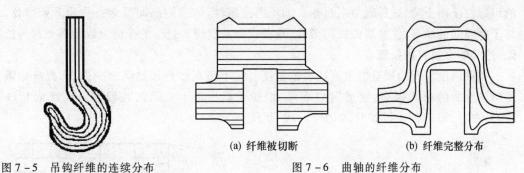

(a) 纤维被切断   (b) 纤维完整分布

图 7-5 吊钩纤维的连续分布   图 7-6 曲轴的纤维分布

7.1.4 金属的可锻性

金属的可锻性是指金属接受锻压加工的难易程度。金属可锻性好,表明金属易于锻压成型;可锻性差,则表明该金属不宜选用锻压法成型。

金属的可锻性常用塑性指标和变形抗力来综合衡量。塑性越大,变形抗力越小,则可认为金属的可锻性好,反之则差。

金属的可锻性取决于金属的化学成分、金相组织和加工条件。

不同化学成分的金属可锻性不同。纯金属的可锻性比合金好。钢中含有强碳化物形成元素如铬、钨、钼、钒等时,可锻性显著下降。

同一金属其组织不同时,可锻性也有很大差别。纯金属或单相固溶体(如奥氏体)可锻性好,而碳化物(如渗碳体)可锻性差。铸态柱状晶粒和粗晶粒组织不如等轴晶粒和细晶粒组织的可锻性好。

加工条件对金属可锻性的影响主要是加工方式、变形速度和变形温度。

金属以不同的加工方式进行变形时,其应力状态是不同的。如挤压变形时的应力状态为三向受压(如图 7-7 所示),拉拔时则为两向受压、一向受拉(如图 7-8 所示)。实践表明:三个方向中压应力的数目越多,变形金属的塑性越好,拉应力数目越多,塑性越差。

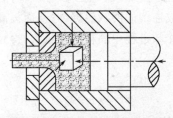
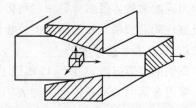

图 7-7 挤压时金属的应力状态   图 7-8 拉拔时的应力状态

变形温度是影响可锻性的决定性因素。提高金属变形温度可使原子动能增加,削弱原子间的吸引力,减少滑移阻力,从而降低变形抗力和增大塑性,提高金属的可锻性。

对金属加热是热变形生产过程中的重要环节。

图 7-9 所示是低碳钢加热到不同温度时的机械性能变化曲线。由图可见,随着温度的升高,低碳钢的塑性增加、变形抗力下降。

但是,热变形金属的加热温度也不能过高。当加热到一定温度时,晶粒急剧长大,金属的可锻性反而下降,这种现象叫过热。如果温度继续升高,则晶间低熔点物质开始熔化,破坏了晶粒间的联系,使金属失去可锻性,这种现象叫过烧。过热的金属可以用热处理方法消除,过烧的金属只能报废。

始锻温度。开始锻造的温度叫始锻温度。在不出现过热和过烧的前提下,提高始锻温度可使金属的塑性提高,变形抗力下降,以便于锻压加工。碳钢的始锻温度比固相线低200℃左右,即 1100~1200℃,如图 7-10 所示。

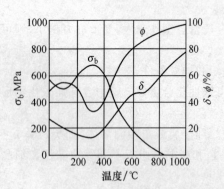

图 7-9　低碳钢的机械性能与温度变化的关系

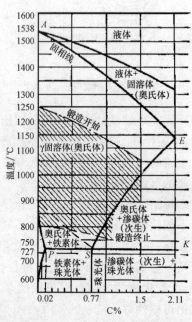

图 7-10　碳钢的锻造温度范围

终锻温度。停止锻造的温度叫终锻温度。就可锻性而言,碳钢的终锻温度应在 GSE 线以上。为了扩大锻造温度区间,减少加热次数,实际的终锻温度,对亚共析钢定在 GS 线之下,出现的少量铁素体对可锻性影响不大。对过共析钢,定在 SK 线以上 50~70℃,锻造时钢中出现的渗碳体虽然降低一些可锻性,但可以阻止形成连续的网状渗碳体,从而提高锻件的机械性能。如果在较高的温度停止锻造,则在随后的冷却过程中晶粒继续长大,得到粗大晶粒组织,这是十分不利的。

碳钢的终锻温度定在上 A_1 线以上 50℃左右,即 760~800℃。

常用金属的锻造温度范围如表 7-2 所示。

表 7-2　锻造温度范围

合金种类	始锻温度/℃	终锻温度/℃
碳素钢:0.3% C 以下	1200~1250	750~800
0.3%~0.5% C	1150~1200	800

（续表）

合金种类	始锻温度/℃	终锻温度/℃
0.5%～0.9%C	1100～1150	800
0.9%～1.5%C	1050～1100	800
合金钢:合金结构钢	1150～1200	850
低合金工具钢	1100～1150	850
高速钢	1100～1150	900
有色合金:9－4 铝铁青铜	850	700
10－4－4 铝铁镍青铜	850	700
硬铝	470	380

7.2　金属的锻造

7.2.1　金属的锻前加热和锻成后冷却

1.加热的目的

金属的锻前加热是锻件生产过程中的重要工序之一。能否把金属坯料转化为高质量的锻件,对压力加工领域来说主要面临两个方面的问题:一是金属的塑性,二是变形抗力。因而锻造生产中,金属坯料锻前大部分需要加热以改善这两个条件。所以,锻前加热的目的可以概括为:提高金属的塑性、降低变形抗力,使其易于流动成型并获得良好的锻后组织。

通常金属加热时,随温度的升高,原子的动能增大,离开其平衡位置的可能性也增大,与常温相比,位错和滑移容易进行,于是变形抗力降低。另外,高温时原子的活动能力增大,扩散速度加快,易于进行恢复与再结晶,因此金属的塑性提高。加热有同素异构转变的材料时,在一定的温度区间有相态转变,正确地利用这一规律,恰当地选择加热温度,就可以使金属坯料在塑性较好的组织状态下进行成型。

2.加热的方法

目前的加热方法有两大类,根据热源不同可分为火焰加热法和电加热法。前者是利用燃料(煤、油、煤气等)燃烧时所产生的大量热能(高温气体的火焰),通过对流、辐射把热能传给坯料表面,然后再由表面向中心作热传导使整个坯料加热。后者是通过把电能转变为热能来加热坯料的。生产实践发明,二者各有优缺点。

火焰加热的优点是:燃料来源方便,炉子修造容易,费用较低,加热的适应性强等。缺点是:劳动条件差,加热速度慢,加热质量较难控制等。

电加热的优点是:升温快(如感应电加热等),炉温容易控制(如电阻炉),氧化和脱碳少,劳动条件好,便于实现机械化、自动化。其缺点是:对坯料尺寸、形状变化的适应性不强,设备结构复杂,投资费用较大。

3.锻件的冷却规范

锻件的冷却规范,主要是根据材料的化学成分、组织特点、锻前状态和锻件尺寸等因素来确定合适的冷却速度或冷却方法。

根据所需的冷却速度不同,常用的冷却方法有空冷、坑(箱)冷、炉冷等。

(1) 空冷。

锻件锻后单个或成堆放在车间地面上在空气中的冷却。注意不要放在潮湿的地上或金属板上,也不要放在有过堂风的地方,以免锻件局部冷却过快引起缺陷。

(2) 坑(箱)冷。

锻件锻后放入地坑或铁箱中封闭地冷却,或埋入地坑或铁箱中的砂子、石灰或炉渣内的冷却。锻件入砂温度一般不低于 500℃,周围蓄砂厚度不少于 80 mm。放填料的目的是减慢冷却速度,其中以石灰最好,炉渣次之。

(3) 炉冷。

锻件锻后直接放入炉中缓慢冷却。入炉温度一般不低于 600 ~ 650℃,而入炉时的炉温应与锻件温度相同。出炉温度以不高于 100 ~ 150℃为宜。炉冷时还要注意把炉门关严,防止冷 空气进入。由于炉中可以按冷却规范准确控制炉温来达到所规定的冷却速度,因此适用于高合金钢、特殊钢及各种大型锻件的锻后冷却。

一般中小型碳钢和低合金钢锻件,锻后均采用冷却速度较快的空冷,因为钢料的化学成分越单纯,允许的冷却速度越大。相反,成分复杂或合金化程度高的合金钢锻件,在锻后则采用冷却速度缓慢的坑(箱)冷或炉冷。

碳素工具钢、合金工具钢和轴承钢等含碳量较高的钢种,如果锻后缓冷,则将在晶界上形成网状碳化物,会严重影响锻件的机械性能。因此这类钢锻后应快速冷却至 600 ~ 700℃,可采用空冷、鼓风或喷雾冷等,600℃以下采用坑冷或炉冷。

7.2.2　自由锻造

自由锻造是金属在锤面与砧面之间受压变形的加工方法。锻造时,金属能在垂直于压力的方向自由伸展变形,因此锻件的形状和尺寸主要是由工人的操作技能来控制的。

自由锻造所用的设备和工具都是通用的,能生产各种大小的锻件。但是,自由锻造的生产率低,只能锻造形状简单的工件,而且精度差,加工余量大,消耗材料较多。目前自由锻造主要应用于品种多、产量少的单件小批量生产,特别适用于生产大型锻件,所以自由锻造在重型机器制造业中占有重要的地位。

1. 自由锻造设备

一般锻造车间里常用的自由锻造设备是空气锤和蒸气 – 空气锤,其吨位是以落下部分的质量表示的。在重型机械厂的锻造车间里则常装置有水压机,其吨位是以压头上能达到的最大静压力来表示的。

(1) 空气锤。

空气锤的工作原理如图 7 – 11 所示,它有两个气缸:工作缸和压缩缸。电动机通过减速机构带动曲轴转动,再通过连杆带动活塞在压缩缸内作上下往复运动产生压缩空气,通过旋阀使压缩空气交替进入工作缸的上部和下部空间,从而带动活塞、锤杆和上抵铁作上下运动,完成对锻件的锻造工作。

空气锤的规格用其落下部分的重量(包括上抵铁、锤杆和活塞)来表示,如 560 千克空

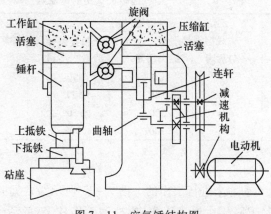

图 7 - 11　空气锤结构图

气锤,表示其落下部分重量为 560 千克。空气锤落下部分重量一般为 50~1000 千克。

空气锤结构简单,设备费用低,使用维护方便,广泛应用于中小型锻件的生产。

表 7 - 3 所列是我国生产的空气锤的主要技术规格。

表 7 - 3　国产空气锤的主要技术规格

型号	C41 - 65	C41 - 75	C41 - 150	C41 - 250	C41 - 400	C41 - 560	C41 - 750
落下部分质量(kg)	65	75	150	250	400	560	750
锤击次数(次/分)	200	210	180	140	120	115	105
锤击能量(KJ)	0.9	1.0	2.5	5.3	9.5	13.7	19.0
可锻工件最大尺寸(mm)	65Φ85	-Φ85	130Φ145	-Φ175	-Φ220	270Φ280	270Φ300

（2）蒸汽—空气锤。

蒸汽—空气锤是以 6~9 个大气压的蒸气或压缩空气作为动力,带动锤头进行锻造工作的。图 7 - 12 所示为双柱拱式蒸汽锤的构造和工作原理图。当滑阀在图示位置时,来自进气管的新蒸汽经滑阀进入汽缸的上部,推动活塞、锤杆和锤头向下运动进行锤击。汽缸下部的废蒸汽由排气管排出。当滑阀移到下部位置,新蒸汽进入汽缸下部空间,推动锤头上升。工人操纵手柄,使滑阀上下移动,即可使蒸汽锤连续锤击。

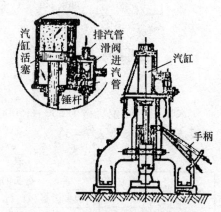

图 7 - 12　双柱拱式蒸气锤构造及工作原理

蒸汽—空气锤需要配备一套辅助设备,如蒸汽锅炉或空气压缩机,但锤击功率大,落下部分重量一般为 0.5~5 吨,适于锻造大中型锻件。

选择蒸汽—空气锤的吨位主要根据锻件的质量和形状,参考数据列于表 7 - 4。

表7－4　蒸汽—空气锤吨位选用的概略数据

锻锤落下部分质量(kg)	锻件质量(kg)			方断面坯料的最大边长(mm)
	成型锻件质量		光轴类锻件的最大质量	
	一般质量	最大质量		
1000	20	70	250	160
2000	60	180	500	225
3000	100	320	750	275
5000	200	700	1500	350

（3）水压机。

水压机是以高压水为动力来进行工作的。图7－13所示为常见的具有三个工作缸的水压机,其基本工作原理是把高压水通入工作缸,推动工作柱塞,使活动横梁沿着立柱下压。回程时,把压力水通入回程缸,通过回程柱塞和回程拉杆把活动横梁吊起。

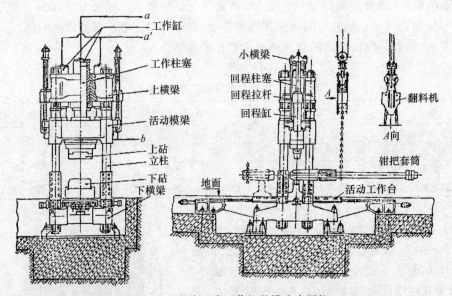

图7－13　具有3个工作缸的锻造水压机

水压机的吨位规格为500～15000 t,能锻造的钢锭质量为1～300 t。各种吨位的水压机的锻造能力可参考表7－5。

表7－5　水压机锻造能力表

水压机吨位规格(t)	拔长的锻造范围		镦粗的锻造范围	
	钢锭质量(t)	钢锭最大直径(mm)	钢锭质量(t)	钢锭最大直径(mm)
800	～5	700	1	420
1000	～8	850	～3	620
1600	～10	885	～4	700
2500	～45	1540	～20	1240
3000	～50	1540	～32	1260
6000	～150	2200	～80	2035
12000	～250	2750	～165	2340

与锻锤相比,水压机有下列特点:

① 水压机靠静压力工作,无振动,对于周围建筑物及地基没有影响,并能改善工人的劳动条件。

② 水压机上锻造的变形速度较慢,有利于改善钢料的可锻性,并使工件整个截面上变形比较均匀。但锻造小件时则容易冷却。

③ 水压机装置除了庞大的压机之外,还需要配备一套供水系统和操纵系统等附属装置,造价很高。

2. 自由锻造工艺

(1) 自由锻造的工艺规程。

锻造大、中型锻件时都要事先制定锻造工艺规程。自由锻造工艺规程的内容包括:绘制锻件图,计算坯料的质量和尺寸,选择锻造工序,确定锻造设备和吨位,确定锻造温度范围、冷却和热处理规范,规定技术要求和检验要求,以及编制劳动组织和工时定额。由这些内容所组成的工艺文件就是工艺卡片,车间里就是根据工艺卡片中的各项规定进行生产的。

1) 绘制锻件图。

锻件图是根据零件图绘制的,其形状和尺寸应考虑下列的因素。

敷料。因为自由锻造只能锻制形状简单的锻件,所以零件上的某些凹档、台阶、小孔、斜面、锥面等都要进行适当的简化,以减少锻造的困难,提高生产率。图 7-14 所示为曲柄曲轴简化后的形状。为了简化锻件形状而增加的金属称为敷料。

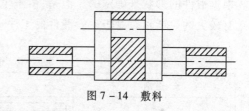

图 7-14 敷料

加工余量。因为自由锻造的锻件精度和表面质量都很差,所以零件的全部表面都应切削加工,一般是不允许有黑皮毛面的。因此,增加敷料之后,零件尺寸上都要加放机械加工余量,就成为锻件的名义尺寸。

锻造公差。锻件的实际尺寸与名义尺寸之间所允许的偏差,称为锻造公差。因为锻造操作中掌握尺寸比较困难,外加金属的氧化和收缩等原因,使锻件的实际尺寸总有一定的误差。规定了锻造公差,有利于提高生产率。

图 7-15(b)所示为双联齿轮的锻件图。为了使工人了解零件的形状和尺寸,在锻件图上用假想线画出零件的轮廓,并在锻件尺寸的下面,用括号注明零件的名义尺寸。

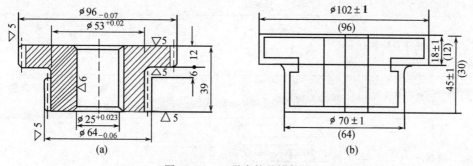

(a)   (b)

图 7-15 双联齿轮的锻件图

2）计算坯料的质量和尺寸。

$$锻件的坯料质量 = 锻件质量 + 氧化损失 + 截料损失$$

锻件的质量是根据锻件的名义尺寸来计算的。金属氧化损失的大小与加热炉的种类有关。在火焰炉中加热钢料时,首次加热的烧损可按锻件质量的 2% ~3% 计算,以后每火烧损量按 1.5% ~2% 计算。截料损失是指冲孔、修整锻件形状和长度等截去的金属料。截料损失的多少与锻件形状的复杂程度有关。一般情况,用钢材作坯料时,截料损失可按锻件质量的 2% ~4% 计算。如果用钢锭作坯料,则在截料损失中还应计入钢锭头部和底部被切除的废料质量。

锻件的坯料尺寸与所用的锻造工序有关。

应用拔长工序:坯料的截面积 = 锻件最大部分的截面积锻造比。

应用镦粗工序:根据镦粗规则,坯料的高度与直径之比应大于 2.5,而小于 2.8。坯料太高,镦粗时容易弯曲;直径较大,则下料比较困难,而且可能锻造比不足。因此,确定坯料尺寸时,高度可按直径的 2.5 倍计算。

3）选择锻造工序。

自由锻造的基本工序有:拔长、镦粗、冲孔、弯曲、扭转、错移、切割等。选择锻造工序是根据锻件的形状来确定的。但是,由于生产中长期实践所积累的经验不同,锻造工序的选择有较大的灵活性。对于一般锻件的工序选择,可按锻件的分类参考表 7 - 6 所示。

表 7 - 6　锻件分类及锻造用工序

类别		图例	锻造用工序
I	实心圆截面光轴及阶梯轴		拔长,压肩,打圆
II	实心方截面光杆及阶梯杆		拔长,压肩,整修,冲孔
III	单拐及多拐曲轴		拔长,分段,错移,打圆,扭转
IV	空心光环及阶梯环		镦粗,冲孔,在心轴上扩孔,定径
V	空心筒		镦粗,冲孔,在心轴上拔长,打圆
VI	弯曲件		拔长,弯曲

4）确定锻造温度范围和加热、冷却规范。

（略）

（2）自由锻造典型工艺举例。

台阶轴的典型锻造工艺如表 7-7 所示。

表 7-7　台阶轴的自由锻造工艺

锻件名称：轴
坯料重量：40 公斤
坯料规格：Φ140×340 毫米
锻件材料：45 钢
锻造设备：750 公斤空气锤

序号	操作方法	简图	序号	操作方法	简图
1	压肩		4	拔长，倒棱，滚圆	
2	拔长一端切去料头		5	端部拔长切去料头	
3	调头压肩		6	全部滚圆并校直	

7.2.3　模型锻造

模型锻造简称模锻。模锻过程中，金属坯料是在一定形状的锻模模腔内受压变形的。显然，金属的变形受到模腔形状的限制，金属的流动以充满模腔而告终，于是就得到与模腔形状相同的锻件。与自由锻比较，模锻生产具有如下特点：

（1）有高的生产率。

（2）锻件尺寸精确，表面粗糙度小，因而加工面的加工余量可以减少，以节省加工时间、金属材料和能耗。

（3）可以生产形状较为复杂的锻件。

（4）模锻所用锻模价格较贵。一方面是因为模具钢较贵，另一方面是模腔加工困难，故模锻只适用于大批、大量生产。

（5）需要能力较大的专用设备。由于模锻是整体变形，故需要能力较大的锻造设备。目前，由于设备能力的限制，模锻件一般在 150 kg 以下。

模锻生产适用于大量生产的汽车、拖拉机制造业以及国防工业的制造厂。

1. 模锻用设备

（1）蒸汽—空气模锻锤。

图 7-16 所示为蒸汽—空气模锻锤，它的工作原理与蒸汽—空气锤相同，仅在结构上有所不同，锻模固定在锤头和砧座上。模锻生产要求精度高，模锻锤锤头与导轨之间的间隙比自由锻锤小，机架直接与砧座连接，这样锤头运动精确，能保证上下锻模对准。模锻锤一般

均由模锻工用脚踩踏板直接操纵。

　　模锻锤的吨位一般为1~16吨。模锻锤工作时噪音和震动大,环境污染严重,不便于机械化操作,但由于其通用性好,能锻造各种不同类型的锻件,因而仍得到广泛应用。

　　(2) 热模锻曲柄压力机。

　　热模锻曲柄压力机的传动系统如图7-17。电动机通过带轮、齿轮带动曲轴转动,曲轴带动连杆和滑块作往复运动。锻模安装在滑块和楔形工作台上。滑块及工作台内装有顶杆,可将锻件从上下锻模中顶出。

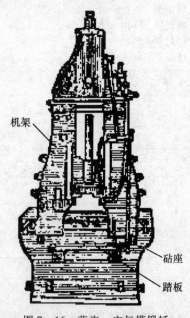

图7-16　蒸汽—空气模锻锤

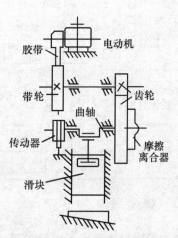

图7-17　曲柄压力机传动图

　　压力机模锻时滑块运动速度低(0.5~0.8 m/s),金属的变形速度亦低,有充分时间进行再结晶,故低塑性金属适宜在压力机上模锻。此外,压力机机架刚度大,滑块导向精确,故锻件的精度比锤上模锻的高,并且锻压时无震动、噪音小、劳动条件好。但由于滑块行程一定,坯料在模膛中一次锻压成型,不能轻击、快击,故不宜进行拔长、滚挤等操作,需要用辊锻机为其轧制毛坯。

　　热模锻曲柄压力机结构复杂,造价高。目前,我国仅有少数工厂组成了以辊锻机制坯、曲柄压力机模锻的生产线。

　　热模锻曲柄压力机的吨位一般为200~12000吨。

　　(3) 平锻机。

　　平锻机的主要结构与曲柄压力机相同,只因滑块作水平方向运动,故称平锻机。

　　图7-18、7-19为平锻机的动作图和传动系统图。电动机通过胶带、带轮把运动传给传动轴,传动轴的一端装有离合器,另一端通过齿轮把运动传给曲轴,曲轴通过连杆与主滑块相连,另外通过一对凸轮与副滑块相连,副滑块与连杆系统与活动模相连。运动传给曲轴后,主滑块带着凸模作前后往复运动。同时凸轮的转动使副滑块作直线移动并驱使活动摸作左右方向的移动。挡料板通过辊子轴与主滑块的轨道相连,当主滑块向前运动(工作行

程)时,轨道斜面迫使辊子上升,并使挡料板绕其轴线转动,挡料板的末端移至一边,给凸模让出位置来。

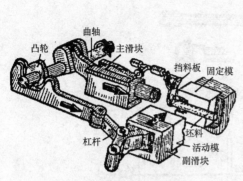

图 7 - 18　平锻机动作图

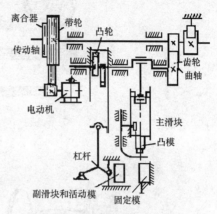

图 7 - 19　平锻机传动系统图

平锻机的吨位以凸模最大压力表示,一般是 50 ~ 3150 吨,可加工 Φ25 ~ 230 mm 的棒料。

平锻机的模锻过程如图 7 - 20 所示。一端加热的坯料放在固定模内,坯料前端的位置由挡板限定。在凸模和坯料接触之前,活动模已将坯料夹紧,挡板自动退出(图 7 -20(b)。凸模继续运动将坯料一端镦粗,金属充满模膛(图 7 - 20(c)。然后主滑块反方向运动,凸模从模膛中退出,活动模松开,挡板又恢复到原来位置,锻件即可取出(图 7 - 20(d)。上述过程是在曲轴旋转一周的时间内完成的。

最适合在平锻机上模锻的锻件是带头部的杆类和有孔(通孔或不通孔)的锻件(如图 7 - 21 所示),亦可锻造模锻锤和热模。压力机上不能模锻的一些锻件,如汽车半轴、倒车齿轮等。

平锻机模锻生产率高,锻件质量好。但平锻机造价高,对非回转体及中心不对称锻件较难锻造。

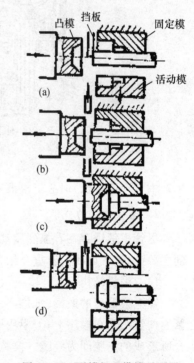

图 7 - 20　平锻机上模锻过程图

(4) 摩擦压力机。

摩擦压力机的构造如图 7 - 22 所示。螺母固定在机架上,螺杆上固定着飞轮,螺杆下端与滑块相连。主轴上装有两个圆轮,它们由电动机带动旋转。用操纵杆可使主轴沿轴向作左右移动,这样就可使其中的任一个圆轮与飞轮的边缘靠紧借摩擦力而带动飞轮旋转,并可得到不同转向的转动,亦即使螺杆得到不同方向的转动,使滑块在导轨中作上下往复运动。

摩擦压力机模锻主要是借助飞轮、螺杆及滑块向下运动时所积蓄的能量来实现的。

摩擦压力机的吨位一般为 80 ~ 1000 吨。

摩擦压力机的适应性好,广泛用于小锻件的中小批量生产。它的滑决速度小,用于大量

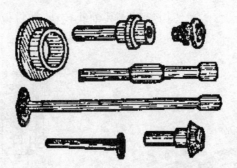

图 7 - 21　平锻机上锻造的锻件

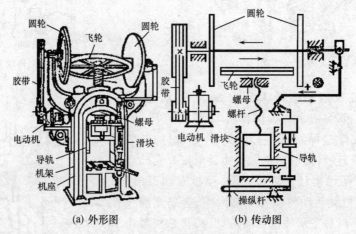

(a) 外形图　　　　　　　　(b) 传动图

图 7 - 22　摩擦压力机

生产中生产率较低,但适于模锻铜合金,亦可用于粘密模锻。

2. 模锻锤上的模锻工艺

尽管模锻锤存在着强烈震动,污染环境等严重缺点,但迄今为止模锻锤仍然是模锻工艺的主要设备,下面我们着重介绍在模锻锤上的模锻工艺过程。

(1) 锻模结构。

锤上模锻用的锻模(如图 7 - 23 所示)是由带燕尾的上模和下模两部分组成。下模用紧固楔铁固定在模座上;上模用楔铁固定在锤头上,与锤头一起作上下往复运动。上下模闭合所形成的空腔即为模膛。模膛是进行模锻生产的工作部分。按其作用来分,模膛可分为模锻模膛和制坯模膛两类。

1) 模锻模膛。锻模上进行最终锻造以获得锻件的工作部分称为模锻模膛。模锻模膛有终锻模膛和预锻模膛两种。

终锻模膛的形状和尺寸做得和热锻件图完全相同,并沿模膛的四周开有飞边槽(如图 7 - 24 所示),用以增加金属从模膛中外流的阻力,迫使金属充满模膛,同时容纳多余的金属。

预锻模膛的作用是使坯料变形到接近于锻件的形状和尺寸,以减小终锻模膛的磨损。对形状简单或批量不大的锻件,可不必采用预锻模膛。

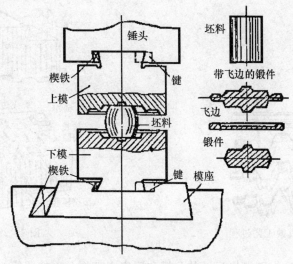

图 7 - 23　锤锻模的固定及单模膛模锻

2）制坯模膛。对于形状复杂的锻件，为了使坯料形状、尺寸尽量与锻件相符合，使金属能合理分布和便于充满模锻模膛，就必须让坯料预先在制坯模膛内锻压制坯。制坯模膛主要有：

拔长模膛。它用来减小坯料某部分的横截面积增加该部分的长度（图 7 - 25）。

滚压模膛。它用来减小坯料某部分的横截面积以增大另一部分的横截面积（图 7 - 26）。

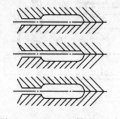

图 7 - 24　飞边槽的型式

图 7 - 25　拔长模膛

图 7 - 26　滚压模膛

弯曲模膛。对于弯曲的杆形锻件需用弯曲模膛弯曲坯料（图 7 - 27）。

此外还有成型模膛、镦粗台和切断模膛等类型的制坯模膛。

图 7 - 28 所示为曲轴的模锻工艺过程，曲轴坯料经弯曲制坯后进行预锻、终锻，然后切除飞边，再用平锻机镦锻曲轴左端的凸缘部分。图 7 - 29 所示为一锤锻模示意图。

图 7 - 27　弯曲模膛

3）切边、冲孔模。锤上模锻的模锻件，一般都带有飞边，空心锻件尚有连皮，需在压力机上将飞边或连皮切除。

切边和冲孔可在热态或冷态下进行。大锻件和合金钢锻件常利用锻后锻件的余热进行热切边、热冲孔。这时带毛边的锻件可由板式运输机自动输送到压力机旁，用切边模热切。小锻件可在冷态下切边，冷切边的优点是切口表面光整，锻件变形小，但所需切断力大。

图 7 - 29　锤锻模

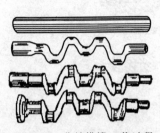

图 7 - 28　曲轴模锻工艺过程

切边模(图 7 - 30)由随滑块运动的凸模和固定在工作台上的凹模组成。切边凹模工作部位制有刃口,起剪切作用。切边凸模起压推锻件的作用,其工作面形状与锻件接触部位的外形基本符合。凸模进入凹模孔时应保证有一定的间隙。

冲孔模(图 7 - 31)的凹模用于支承锻件和定位,凸模的工作部位制成刃口。

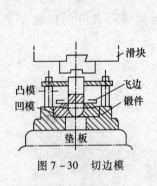

图 7 - 30　切边模

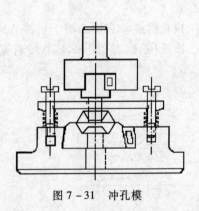

图 7 - 31　冲孔模

形状复杂的锻件,热切后常发生弯曲变形,需要进行校正。锻件的校正可在终锻模腔或专用的校正模上进行。

(2)模锻工艺规程。

制定模锻工艺规程包括有以下内容:

1)绘制模锻件图。模锻件图是设计和制造锻模、计算坯料以及检查锻件的依据。绘制模锻件图应考虑的问题有合理选择分模面;确定余量、公差和敷料;确定模锻斜度和圆角半径等。根据零件图绘制的模锻件图称为冷锻件图,用以检查锻件质量。在冷锻件图的基础上增加各个尺寸的热膨胀量绘制的模锻件图,称为热锻件图,用以制造锻模的终锻模腔。

2)计算坯料尺寸。

3)确定模锻工步。根据锻件类别,选择所需的制坯工步。

4)选择模锻设备。

5)确定修整及辅助工序。内容包括切边、冲孔、校正、热处理和清理等。

（3）模锻件结构的工艺性。

模锻生产的优点是生产率高，锻件质量好，但锻模制造成本高。因此要求设计员人提出具有较好模锻工艺性的结构图纸，以使锻模形状合理，便于加工和使锻件易于出模。

设计模锻零件时应考虑下列几个方面：

1）要有一个正确合理的分模面。对分模面的基本要求是：应保证锻件能从模膛内顺利取出和有利于工件的成型。为此，分模面最好是在零件两个最大轮廓所组成的平面上，如图7-32所示以 a、b 尺寸组成的平面。这样可使上下模模膛的深度最小，锻模易于加工，模锻时金属容易填满模膛，还可使模锻件上减少由于模锻斜度而需附加的敷料。

分模面上面和下面的锻件轮廓线应一致，它们之间的连结面应为垂直面而不应为倾斜面，这样便于发现上下模之间的错移，便于切边。有时甚至可在锻件上特别设置工艺凸边，如将图7-33（b）改为图7-33（a）那样，以满足此项要求。

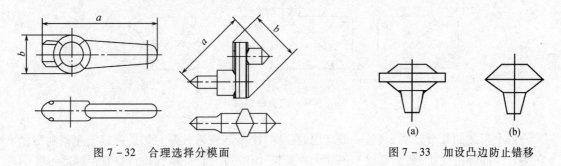

图 7-32　合理选择分模面　　　　　　　图 7-33　加设凸边防止错移

分模面最好是平面型，如图7-34（a）所示。

2）设计适合于模锻工艺的截面几何形状。首先，应尽可能使工件在分模面上下的形状对称3），并使凸起部分两边的斜度对称。如图7-35（b）所示上下模的模膛相同，模锻时锻件可以翻转，以便去除氧化皮和更好地成型，7-35（a）图就缺少这样的考虑。其次，模锻件应尽可能减少其在长度上各段之间横截面积的差别，以避免过小的横截面在模锻时阻碍金属流动而充不满模膛。图7-36所示即为截面积相差过大而使工艺性较差的锻件结构。此外，模锻件上还应避免难于锻造的过高的筋（图7-37（a））和冷切边时容易断裂的尖的凸耳（图7-37（b））。

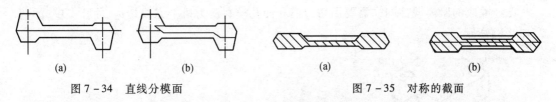

图 7-34　直线分模面　　　　　　　　　图 7-35　对称的截面

3）零件设计时尽量采用标准件。尽可能把结构形状、尺寸和材料相似的零件设计成统一的毛坯，这样可节省模锻所需的锻模和机加工所需的夹具。图7-38（a）所示为同一类零件的左右件，其规格尺寸完全一样，只是所处的位置是相对的。若不影响总体设计，将此零件改为图7-38（b）所示那样，只需一个零件，显然是十分有利的。

零件上小于 Φ25 mm 的孔或孔深大于孔径的孔，不宜在锤上模锻制出。在平锻机上镦出毛坯时，小于 Φ20 mm 的孔一般均不锻出。

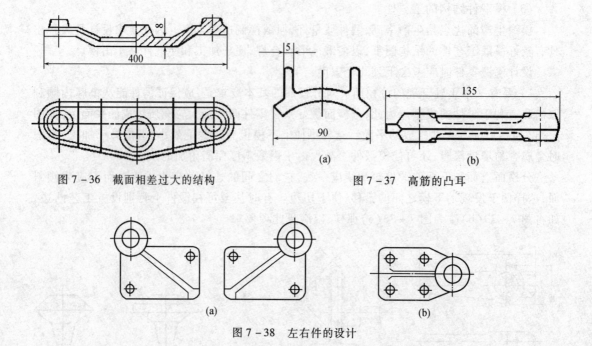

图 7 - 36　截面相差过大的结构

图 7 - 37　高筋的凸耳

图 7 - 38　左右件的设计

以上阐述的几个方面,只是一般通用的原则,决不能成为教条。如果违背上述原则却能获得更好的经济效益,那么可以不用最大轮廓尺寸作分模面,分模面也可以是曲线或折线。

7.2.4　胎模锻造

胎模锻造是在自由锻设备上使用胎模生产模锻件的一种方法。胎模锻一般用自由锻方法制坯,然后在胎模中最后成型。和自由锻比较,胎模锻的生产率高,锻件质量好,成本低。和模锻比较,胎模锻不需用昂贵的模锻设备,胎模制造简单,但工人劳动强度大,生产率低。使用合模的胎模锻造如图 7 - 39(a)所示。将下模放在下抵铁上,把加热好的坯料放在下模的模膛中,由导销定位合上上模,用锤头锤击上模使锻件成型。再抬起上模取出锻件,冷却模膛,准备锻造下一个坯料。

已经锻成的胎模锻件同样需要用切边模和冲孔模在压力机上完成切边、冲孔工序,如图7 - 39(b)所示。

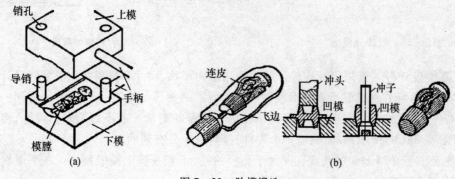

图 7 - 39　胎模锻造

如果使用套筒模进行胎模锻造,则可以进行无飞边胎模锻。

胎模锻适用于中小批量生产,在没有模锻设备的中小型工厂得到广泛应用。

有的工厂在自由锻锤上进行模锻生产,为了确保上下模对准中心,采用有锁扣的锻模,如图 7-40 所示,从而提高了生产率,降低了工人的劳动强度。

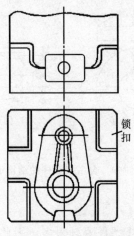

图 7-40   有锁扣的锻模

7.2.5   锻压零件的结构工艺性

锻压件都是使金属经过塑性变形在固态下成型的,因此锻压件的形状都只能较为简单。虽然模锻件和挤压件的形状可以比较复杂,但只是与自由锻相对而言的,并不能与金属在液态下成型的铸件相提并论。要获得形状较为复杂的锻压零件,如果不能进行整体锻压且工艺不易实现,则在许可的条件下可以用焊接工艺,把简单的锻压件焊结制成。因为锻压的金属材料属于塑性材料,都具有一定的可焊性,所以采用锻压—焊接联合结构,以简化锻压工艺,是可以考虑的工艺方法。图 7-41 所示为锻压—焊接联合结构的实例。

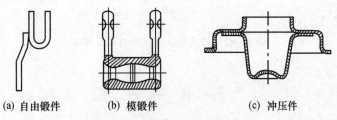

(a) 自由锻件   (b) 模锻件   (c) 冲压件

图 7-41   锻压—焊接联合结构

此外,自由锻件、模锻件和挤压件采用敷料来简化其形状是合理或必要的。零件上某些孔、凹槽、凹档、台阶以及斜面和锥面等都可考虑简化成平直的形状而由机械加工制出,需要斟酌的是敷料部分能否便于切除。

1. 自由锻件的工艺性要求

考虑到自由锻造的工艺特点,设计的零件不仅应使锻造操作简单可行,而且还要便于将零件的全部表面进行机械加工,主要要求如下:

（1）避免曲线交接、凸台、加强筋以及椭圆和工字型等截面。

图7-42(a)所示的两个零件，无法用敷料来简化其形状，是不能用自由锻造来成型的，因此必须改变其结构设计如图7-42(b)。

（2）避免截面积变化太大。

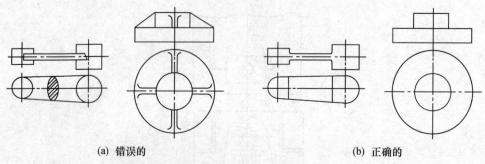

（a）错误的　　　　　　　　　　　　（b）正确的

图7-42　自由锻零件的结构设计

2. 模锻件的工艺性要求

与自由锻件相比，模锻件的成型条件要好得多。因此，模锻件上允许有曲线交接、合理的凸台和工字形截面等较为细致的轮廓形状。因为模锻件的表面质量较好，所以一般的非装配表面可以不必机械加工。考虑到模锻的工艺特点，设计零件应注意下列要求：

（1）模锻零件应有合理的分模面。

（2）杆类零件的各处横截面积应较为均匀，最小与最大截面积之比应大于0.3～0.5。

（3）避免薄壁高肋以及叉形和分支。

图7-43所示的零件为不适宜于模锻的结构设计。

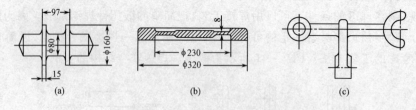

（a）　　　　　　　　（b）　　　　　　　　（c）

图7-43　结构设计不合理的模锻零件

7.3　板　料　冲　压

板料冲压是利用装在压力机上的冲模对板料加压，使其产生分离或变形以获得零件的加工方法。这种方法通常在冷态下进行，故称冷冲压。只有当材料厚度超过8～10 mm时，才采用热冲压。

几乎在一切有关制造金属成品的工业部门中，都广泛地应用板料冲压。特别在汽车、拖拉机、航空以及电器仪表等工业部门中，板料冲压占有重要地位。

板料冲压所以能被广泛应用是由于它具有下列特点：

（1）可以冲压形状复杂的零件而废料较少。

（2）能保证产品具有足够高的精度和小的粗糙度，可以满足一般互换性的要求。

（3）能获得重量轻、材料消耗少、强度和刚度较高的零件。

（4）冲压操作简单，工艺过程便于机械化、自动化，生产率高，成本低。

但是，冲模制造复杂，只有在大批量生产的情况下，才显示出这种加工方法的优越性。板料冲压常用的金属材料为具有良好塑性的金属，如低碳钢、低合金钢、铜、铝、镁及其合金等。非金属材料如石棉板、硬橡皮和绝缘纸等亦广泛采用冲压加工。

7.3.1 冲压设备

板料冲压用的设备为剪床和冲床。

剪床的用途是把板料剪成一定宽度的条料供冲压工序使用。

剪床的外形和传动图如图 7-44 所示。电动机通过带轮、轴、离合器使曲轴转动，再通过滑块带动上刀刃作上下运动进行剪切工作。图示剪床的刀刃为斜口刀刃，倾角一般为 2°~8°，适于剪较宽的板料。还有平口刀刃（图 7-45（a），适于剪较窄的板料。圆盘刀刃（图 7-45（b），用于曲线剪裁。现代剪床可剪切厚度达 42 mm 的金属板料。

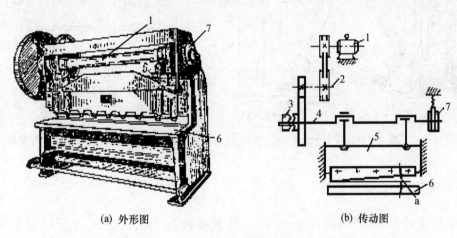

(a) 外形图　　　　(b) 传动图

1—电动机；2—传动轴；3—离合轴；4—偏心轴；5—滑块；6—工作台；7—制动器图

图 7-44　剪床

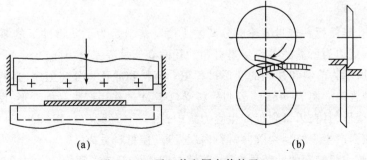

(a)　　　　(b)

图 7-45　平口剪和圆盘剪的刃口

冲床是板料冲压的主要设备。图 7-46 所示为单柱冲床的外形和传动图。电动机带动飞轮转动,当踩下踏板时,离合器使飞轮和曲轴连接,使曲轴转动,再通过连杆带动滑块作上下运动,进行冲压工作。当松开踏板时,离合器使曲轴与飞轮脱开,制动器立即使曲轴停止转动,并使滑块停留在上面的位置。

　　在冲压工作中常应用双动冲床,图 7 – 47 为双动冲床的传动图。这种冲床有两个滑块。一个是沿床身导轨滑动的外滑块,它是由装在曲轴上的凸轮机构带动的;另一个则是沿外滑块导轨滑动的内滑块,它是由曲轴通过连杆带动的。通过内、外滑块配合工作,双动冲床可以完成较为复杂的冲压工作。冲床的吨位为一般 6.3 ~ 3150 吨。

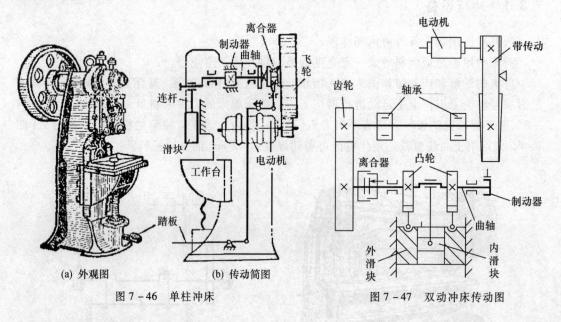

(a) 外观图　　　　　(b) 传动简图

图 7 – 46　单柱冲床　　　　　　　　　图 7 – 47　双动冲床传动图

7.3.2　板料冲压基本工序

　　板料冲压的基本工序分为两类:分离工序,使板料的一部分与另一部分相互分离的工序,如剪切落料和冲孔等;变形工序,使板料的一部分相对另一部分发生位移而不破裂的工序,如拉伸、弯曲和成型等。

　　剪切工作一般在剪床上进行。现介绍在冲床上进行的基本工序。

　　1. 落料和冲孔

　　落料和冲孔是使板料按封闭轮廓分离的工序。落料是为了获得冲下的零件;冲孔则冲去中间的废料,周边为所需的零件。落料和冲孔的变形过程完全相同。

　　图 7 – 48 所示为落料和冲孔的变形过程图。落料和冲孔是分离工序,必然从弹、塑性变形开始,以断裂告终。图 7 – 48(a)表明板料受弯矩 M 的作用产生弹性变形;图 7 – 48(b)所示是产生塑性变形,且在刃口附近产生应力集中;图 7 – 48(c)、7 – 48(d)、7 – 48(e)为断裂阶段,从刃口侧面产生裂纹到裂纹向材料内层发展,使材料分离。

　　为了获得较小粗糙度的冲裁件断面,凸模与凹模的刃口必须锋利。要合理选用凹凸模之间的间隙 z,一般单边间隙取板料厚度的 5% ~ 10%。落料件的尺寸决定于凹模尺寸,间隙取在凸模上;冲孔时孔的尺寸决定于凸模尺寸,间隙取在凹模上。在落料前应使落料件合理排样,使废料最少。如图 7-49 所示电话机接触弹簧,原来形状(图 7-49(a))的材料利用率仅为 41%。在保证孔距 38 mm 与 15.5 mm 的前提下,若将工件形状作某些修改(图 7-49(b)),材料利用率可提高到 92.5%,不仅节省了材料,生产率还可增加一倍(一次冲两件)。

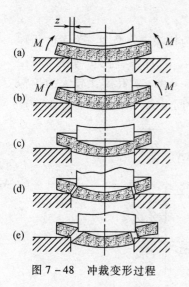

图 7-48　冲裁变形过程

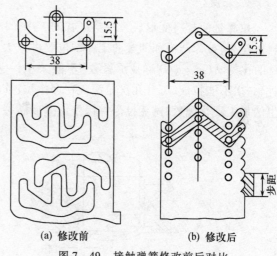

(a) 修改前　　　　　(b) 修改后

图 7-49　接触弹簧修改前后对比

落料件与冲孔件尺寸的公差等级一般为 IT10~IT12。冲孔的最小孔边距一般取:对圆孔为 $(1~1.5)\delta$,对矩形孔为 $(1.5~2)\delta$,其中 δ 为板料厚度。

2. 弯曲

将金属板料弯成一定的角度、曲率和形状的工艺方法称为弯曲。弯曲是常见的变形工序。图 7-50 所示为板料弯曲过程图。弯曲时内侧受压缩,外侧受拉伸,当外侧应力超过抗拉强度时,金属就会破裂。材料越厚、内弯曲半径 r 越小,外侧拉应力越大。为了防止产生裂纹,规定弯曲的最小半径 $r_{min} = (0.25~1)\delta$。

弯曲时应尽可能使弯曲线与材料纤维方向垂直(图 7-51)。

图 7-50　弯曲过程图

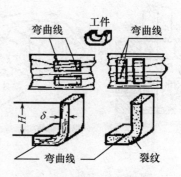

图 7-51　弯曲时的纤维方向

弯曲结束后,由于弹性变形的存在,坯料略微弹回一点,使被弯曲的角度增大,此种现象称为回弹。在设计工作中回弹现象是必须予以考虑的。

弯曲件的形状应对称,弯曲半径左右一致,则弯曲时可防止产生滑动。若弯曲预先冲好孔的毛坯时,孔的位置应处于弯曲变形区之外。为保证弯曲件的直边平直,弯曲件直边高度 H 应大于 3δ。

3. 拉深

拉深是使板料变形成为中空形状的工序。图 7-52 所示为拉深工序简图。为了防止坯料被拉裂,拉深凸模和凹模的工作部位要做成大小合适的圆角。拉深件直径 d 与坯料直径 D 的比例 $m(m=d/D$ 称拉深系数)不能太小,一般取 $m=0.5\sim0.8$。对高度比较大的拉深件,一次不能拉成,可分几次拉深。在多次拉深时,需要进行中间退火,以消除拉深变形中产生的加工硬化现象,避免拉深件因塑性差而破裂。

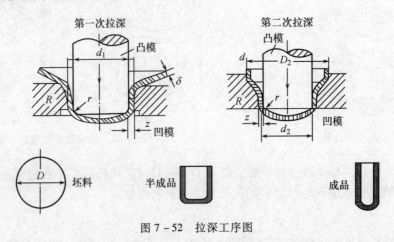

图 7-52　拉深工序图

在拉深过程中,由于坯料在圆周切线方向受到压缩应力作用,拉深件的凸缘部分可能产生波浪形,严重时会起皱(如图 7-53 所示)。为了防止起皱,可用压板在拉深时把凸缘部分压紧。

拉深件外形应简单、对称且不要太高,以减少拉深次数。拉深件的圆角半径可按图 7-54 所示确定。拉深件尺寸的公差等级为 IT12~IT15。

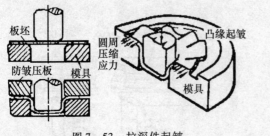

图 7-53　拉深件起皱

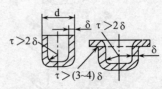

图 7-54　拉深许可圆角半径

4. 其他冲压工序

根据不同的零件,冲压的工艺方法有很多,图 7-55 为常见的另外几种板料冲压工序。

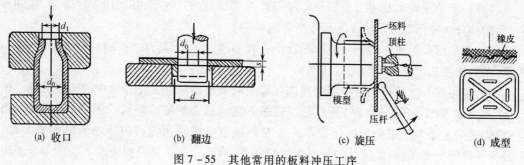

(a) 收口   (b) 翻边   (c) 旋压   (d) 成型

图 7 - 55   其他常用的板料冲压工序

5. 冲压工艺举例

对于形状比较复杂的冲压件,往往要用几个基本工序经多次冲压才能完成。变形程度较大时,还要进行中间退火。图 7 - 56 所示是滚珠轴承隔离圈的冲压过程,工件壁厚与原始板料的厚度基本相同。图 7 - 57 是黄铜弹壳的冲压过程,工件壁厚要经过多次减薄拉深,由于变形程度较大,工序间要进行多次退火。

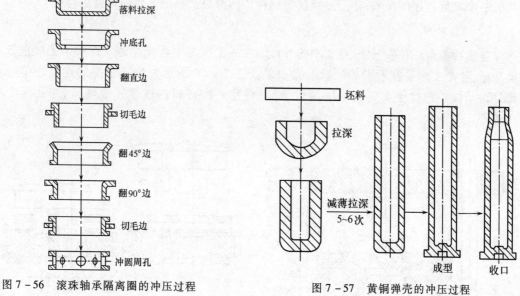

图 7 - 56   滚珠轴承隔离圈的冲压过程

图 7 - 57   黄铜弹壳的冲压过程

7.3.3   冲模

冲模是实现冲压变形的专用工具,是冲压生产的工艺装备。冲压生产的优越性必须依赖结构性能优良的冲模才能得到。冲模按共工序组合程度可分为简单冲模、连续冲模和复合冲模。

1. 简单冲模

在冲床滑块的每一次行程内只完成一个冲压工序的冲模称简单冲模。图 7 - 58 所示为一落料用的简单冲模。

　　各种冲模的结构均是由五个部分的零部件组成的,它们是:工作部分、定位部分、推卸部分、导向部分和紧固部分。现以图示冲模为例说明。

　　(1) 工作部分。图中落料凸模和凹模即是该冲模的工作部分。它是整体结构的凸模和凹模,多数冲模的工作部分均是整体结构。

　　(2) 定位部分。冲模的定位部分用以保证材料的正确送进及在冲模中的正确位置。图7－58 所示的简单冲模的导(料)板即是保证条料正确送进的定位零件。图中的定位销(挡料销)即是限定条料送进距离的定位零件。在连续模中还常用侧刃限定条料的送进步距,侧刃的长度等于步距,侧刃前后的导料板宽度不等,当侧刃从条料的侧边冲下长度等于步距的窄条后,条料才能向前送进一个步距。这种定位形式准确可靠,保证有较高的送料精度,但材料消耗多。

　　(3) 推卸部分。图7－58 中卸料板用于卸下落料后卡在凸模上的条料。有些冲模上需要加设顶出器,用于推出冲压件。

　　(4) 导向部分。图中的导柱、套筒结构用以保证上下模的精确导向。导柱通常有两个,对高精度冲模或自动化冲模,则用四个导柱的导向装置。

　　(5) 坚固部分。图中模柄、上下模板、压板和螺钉、销子等均属紧固零件,用以把组成冲模的各个零部件连接起来,并把上模固定到冲床的滑块上和把下模固定到工作台上。

　　2. 连续冲模

　　连续冲模是一种多工序、高效率的冲模。在一副模具中有规律地安排多个工序进行连续冲压,各个工序是在不同的位置上完成的。图7－59 所示为冲压垫圈的连续冲模。它是把两个简单的冲模安装在一块模板上,以便在一次行程内连续完成落料、冲孔两个冲压工序。

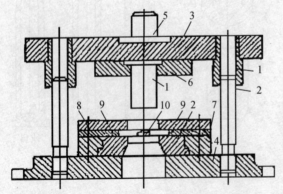

1—凸模;2—凹模;3—上模板;4—下模板;5—模柄;6、7—压板;8—卸料板;9—导板;10—定位销;11—导套;12—导柱

图7－58　冲裁模

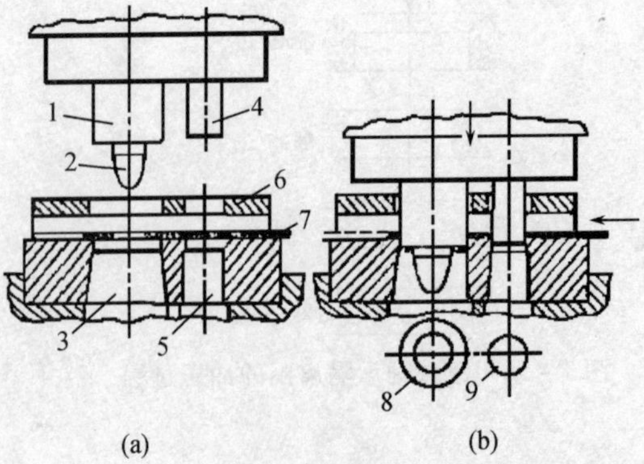

1—落料凸模;2—定位销;3—落料凹模;4—冲孔凸模;5—冲孔凹模;6—卸料板;7—坯料;8—成品;9—废料

图7－59　落料和冲孔连续冲模

　　3. 复合冲模

　　复合冲模是在一副冲模中一次送料定位可以同时完成几个工序的冲模。图7－60 所示为一落料、拉深复合模,即在一次行程内同时完成落料、拉深两个冲压工序。复合模中有一

个凸凹模,它的外圆是落料凸模,内孔为拉深凹模,当滑决带着凸凹模下行时,条料先在凸凹模和落料凹模中落料,然后由拉深凸模将坯料压入凸凹模的孔中拉深。顶出器在滑块回程时将拉深件推出模子。复合模适用于产量大、精度高的冲压件。

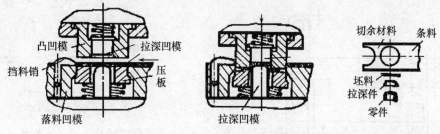

图 7-60 落料及拉深复合模

7.3.4 冲压件的工艺性要求

板料冲压件一般都是大批量生产的,所以金属板料的节省和模具的耐用度都很重要。

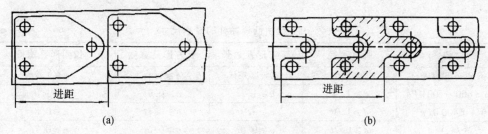

图 7-61 冲裁件形状对工艺性的影响示例

1. 冲裁件的形状和尺寸

(1) 冲裁件形状应尽可能简单、对称、排样废料少。在满足质量要求的条件下,把冲裁件设计成少、无废料的排样形状。如图 7-61(a)所示零件,若外形无关紧要,只是三孔位置有较高要求,则改为图 7-61(b)所示形状,可用无废料排样,材料利用率提高 40% 。

(2) 除在少、无废料排样或采用镶拼模结构时,除允许工件有尖锐的尖角外,冲裁件的外形或内孔交角处应采用圆角过渡,避免尖角。其圆角值如表 7-8 所示。

表 7-8 冲裁件最小圆角半径 R

零件种类			黄铜、铝	合金钢	软钢	备注
落料	交角	≥90°	0.18t	0.35t	0.25t	0.25 mm
		<90°	0.35t	0.7t	0.5t	0.5 mm
冲孔	交角	≥90°	0.2t	0.45t	0.3t	0.3 mm
		<90°	0.4t	0.9t	0.6t	0.6 mm

(3) 尽量避免冲裁件上过长的悬臂与狭槽,如图 7-62 所示,应使它们的最小宽度 $b \geqslant 1.5t$ 。

(4) 冲裁件孔与孔之间、孔与零件边缘之间的壁厚(图 7 - 62)因受模具强度和零件质量的限制,其值不能太小,一般要求 $c \geqslant 1.5t, c' \geqslant t$。若在弯曲或拉深件上冲孔,冲孔位置与件壁间距应满足图示尺寸,其要求见图 7 - 63 所示。

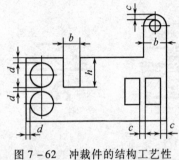

图 7 - 62　冲裁件的结构工艺性　　　　　　　　图 7 - 63　弯曲件的冲孔位置

$l \geqslant R+0.5t$　　　　$l_1 \geqslant R_1+0.5t$

(5) 冲裁件的孔径因受冲孔凸模强度和刚度的限制,不宜太小,否则凸模容易折断和压弯。冲孔最小尺寸取决于材料的机械性能、凸模强度和模具结构。用自由凸模和带护套的凸模所能冲制的最小孔径如表 7 - 9、7 - 10 所示,孔距的最小尺寸如表 7 - 11 所示。

表 7 - 9　自由凸模冲孔的最小尺寸　　　　　　　　　　　　　　mm

材料	圆孔直径	正方形孔边长	长方形孔宽度	长圆形孔宽度
钢 $r \geqslant 700MPa$	$d \geqslant 1.5t$	$a \geqslant 1.35t$	$a \geqslant 1.1t$	$a \geqslant 1.2t$
钢 $r = 400 \sim 700MPa$	$d \geqslant 1.3t$	$a \geqslant 1.2t$	$a \geqslant 0.9t$	$a \geqslant 1.0t$
钢 $r < 400MPa$	$d \geqslant 1.0t$	$a \geqslant 0.9t$	$a \geqslant 0.7t$	$a \geqslant 0.8t$
黄铜,铜	$d \geqslant 0.9t$	$a \geqslant 0.8t$	$a \geqslant 0.6t$	$a \geqslant 0.7t$
铝,锌	$d \geqslant 0.8t$	$a \geqslant 0.7t$	$a \geqslant 0.5t$	$a \geqslant 0.6t$
纸胶板,布胶板	$d \geqslant 0.7t$	$a \geqslant 0.6t$	$a \geqslant 0.4t$	$a \geqslant 0.5t$
硬纸,纸	$d \geqslant 0.6t$	$a \geqslant 0.5t$	$a \geqslant 0.3t$	$a \geqslant 0.4t$

注:一般要求 $d \geqslant 0.3$ mm,t 为材料厚度

表 7 - 10　带保护套凸模冲孔的最小尺寸　　　　　　　　　　　　mm

材料	圆形孔	长方形孔宽度
硬钢	0.5t	0.4t
软钢及黄铜	0.35t	0.3t
铝、锌	0.3t	0.28t

表 7 - 11　最小孔间距　　　　　　　　　　　　　　mm

孔型	圆孔		方孔	
料厚	< 1.55	> 1.55	< 2.3	> 2.3
最小孔距	3.1t	2t	4.6t	2t

2. 弯曲件

弯曲件的结构应具有良好的工艺性,这样可简化工艺过程,提高弯曲件的公差等级。弯

曲件的结构工艺性分析是根据弯曲过程的变形规律,并总结弯曲件的实际生产经验提出的。通常结构上主要考虑如下几个方面:

（1）弯曲件的弯曲半径不宜过大和过小。过大因受回弹的影响,弯曲件的精度不易保证,过小时会产生拉裂,弯曲半径应大于表 7 - 12 所列的许可最小弯曲半径,否则应选择多次弯曲并增加中间退火工艺,或者先在弯曲角内侧压槽后再进行弯曲,如图 7 - 64 所示。

表 7 - 12　最小相对弯曲半径的数值

材料	正火或退火		硬化	
	弯曲线方向			
	与轧纹垂直	与轧纹平行	与轧纹垂直	与轧纹平行
铝	0	0.3	0.3	0.8
退火紫铜			1.0	2.0
黄铜 H68			0.4	0.8
05、08F			0.2	0.5
08、10、Q215	0	0.4	0.4	0.8
15、20、Q235	0.1	0.5	0.5	1.0
25、30、Q255	0.2	0.6	0.6	1.2
35、40	0.3	0.8	0.8	1.5
45、50	0.5	1.0	1.0	1.7
55、60	0.7	1.3	1.3	2.0
硬铝（软）	1.0	1.5	1.5	2.5
硬铝（硬）	2.0	3.0	3.0	4.0
镁合金	300℃热弯		冷弯	
MA1 - M	2.0	3.0	6.0	8.0
MA8 - M	1.5	2.0	5.0	6.0
钛合金	300℃ ~400℃热弯		冷弯	
BT1	1.5	2.0	3.0	4.0
BT5	3.0	4.0	5.0	6.0
钼合金 BM1、BM2	300℃ ~400℃热弯		冷弯	
$t \leqslant 2$ mm	2.0	3.0	4.0	50

注:本表用于板材厚 $t < 10$ mm,弯曲角大于 90°,剪切断面良好的情况。

（2）弯曲件的形状与尺寸应尽可能对称,高度也不应相差太大。当冲压不对称的弯曲件时,因受力不均匀,毛坯容易偏移,如图 7 - 65 所示,尺寸不易保证。为防止毛坯的偏移,在设计模具结构时应考虑增设压料板,或增加工艺孔定位。

弯曲件形状应力求简单,边缘有缺口的弯曲件,若在毛坯上先将缺口冲出,弯曲时会出现叉口现象,严重时难以成型。这时必须在缺口处留有连结带,弯曲后再将连接带切除,如图 7 - 66 所示。

（3）保证弯曲件直边平直的直边高度 H 不应小于 $2t$,否则需先压槽（如图 7 - 67 所示）或加高直边（弯曲后切掉）。如果所弯直边带有斜线,且斜线达到变形区,则应改变零件的形状,如图 7 - 68 所示。

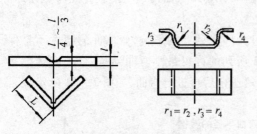

图 7 - 64　压槽后进行弯曲

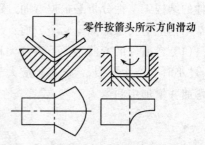

图 7 - 65　弯曲件形状对弯曲过程的影响

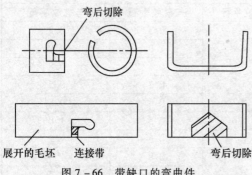

图 7 - 66　带缺口的弯曲件

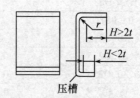

图 7 - 67　弯曲件直边高度

（4）带孔的板料在弯曲时,如果孔位位于弯曲变形区内,则孔的形状会发生畸变。因此,孔边到弯曲半径中心的距离(图 7 - 69)要满足以下关系:

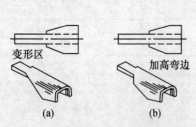

图 7 - 68　直边侧面带斜边的弯曲件

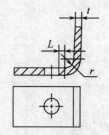

图 7 - 69　弯曲件的孔边距

当 $t < 2$ mm 时, $L \geqslant t$;　　　当 $t \geqslant 2$ mm 时, $L \geqslant 2t$。

如不能满足上述条件,在结构许可的情况下,可在弯曲变形区上预先冲出工艺孔或工艺槽来改变变形范围,有意使工艺孔变形来保证所需孔不产生变形,如图 7 - 70 所示。

（5）当图 7 - 71 所示弯曲件在弯曲时,为防止交接处应力集中而产生撕裂,可预先冲裁卸荷孔或切槽,也可以将弯曲线移动一段距离,以离开尺寸突变处。

（6）弯曲件尺寸的标注应考虑工艺性。弯曲件尺寸标注不同,会影响冲压工序的安排。如图 7 - 72(a)所示的弯曲件尺寸标注,可以先落料冲孔,然后再弯曲成型。图 7 - 72(b)、7 - 72(c)所示的标注法,冲孔只能安排在弯曲之后进行,增加了工序。

3. 拉深件

拉深零件的工艺性是指零件对拉深成型的难易程度。良好的工艺性应是坯料消耗少、

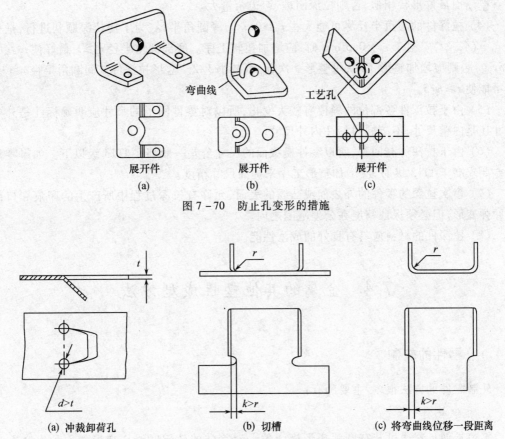

图 7 - 70　防止孔变形的措施

图 7 - 71　防止弯曲边交接处应力集中的措施

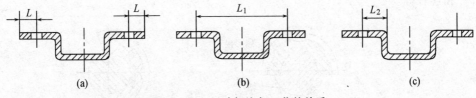

图 7 - 72　尺寸标注与工艺的关系

工序数目少、模具结构简单、加工容易、产品质量稳定、废品少和操作简单方便等。在设计拉深零件时,应根据材料拉深时的变形特点和规律,提出如下要求:

（1）拉深件高度尽可能小,以便能通过 1~2 次拉深工序成型。圆筒形零件一次拉深可达到高度 $h < (0.5 \sim 0.76)d$;矩形盒当其壁部转角半径 $r = (0.05 \sim 0.2)B$ 时,一次拉深高度 $h \leqslant (0.3 \sim 0.8)B$。

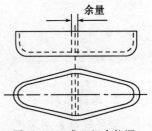

图 7 - 73　成双组合拉深

（2）拉深件的形状应尽可能简单、对称,避免尖底形,以保证变形均匀。对于半敞开的非对称拉深件(如图 7 - 73 所示),可采用成双拉深后再剖切成两件。

（3）有凸缘的拉深件,最好满足 $d_{凸} \geqslant d + 12t$,而且外轮廓与直壁断面最好形状相似,否则拉深困难、切边余量大。

(4) 拉深件的圆角半径尽可能大些 $r_d \geqslant 2t$。凸缘圆角半径,为了使拉深顺利进行,最好使 $r_d = (4 \sim 8t)$。对于 $r_d < 0.5$ mm 时,应增加扭转工序。底部圆角半径 $r_p \geqslant t$,最好使 $r_p \geqslant (3 \sim 5t)$。否则应增加整形工序,每整形一次,$r_p$ 可减小 $1/2$。盒形拉深件壁间圆角半径 $r \geqslant 3t$,尽可能使 $r \geqslant h/5$。

(5) 由于拉深件各部位的料厚有较大变化,所以对零件图上的尺寸应明确标注是外壁尺寸还是内壁尺寸,不能同时标注内外尺寸。

(6) 由于拉深件有回弹,所以零件横截面的尺寸公差一般都在 IT13 级以下。如果零件公差要求高于 IT13 级时,应增加整形工序来提高尺寸精度。

(7) 多次拉深的零件的外表面或凸缘的表面,允许有拉深过程中所产生的印痕和口部的回弹变形,但必须保证精度在公差范围之内。

(8) 拉深件的材料应具有良好的成型性能。

7.4　金属的其他塑性成型方法

7.4.1　零件的轧制

轧制零件的方法很多,主要的有:

1. 辊锻轧制

辊锻是使坯料通过装有圆弧扇形模块的一对旋转的轧辊时受压变形的一种生产方法(如图 7 - 74 所示)。它既可作为压力机模锻前的制坯工序,也可直接辊锻锻件,如辊锻扳手、叶片和连杆等。

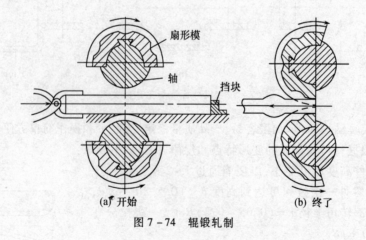

图 7 - 74　辊锻轧制

2. 辗环轧制

辗环轧制是用来扩大环形坯料的外径和内径,从而获得各种环形零件的轧制方法(如图 7 - 75 所示)。图中驱动辊由电动机带动旋转,利用摩擦力使坯料在驱动辊和芯辊之间转动,并受压变形。驱动辊可上下移动使坯料厚度减小,直径增大。导向辊对坯料起导向和支承作用,并可随环坯直径的扩大作相应的移动。当环坯直径达到需要值与信号辊接触时,驱动辊停止工作。这种方法常用于生产轴承座圈、火车轮箍等零件。

3. 轧制齿轮

齿轮的轧制法与机械加工时的滚齿法相类似,做成齿轮形状的滚轧工具紧压在转动的齿坯上,一面使齿坯外圆产生塑性变形,一面逐渐轧入齿坯,在滚轧工具与齿坯接触相互转动时,借范成运动形成齿形。图 7 - 76 为热轧齿轮的示意图。轧制的齿轮其纤维流向大体沿齿形呈连续性分布,故其强度较高。

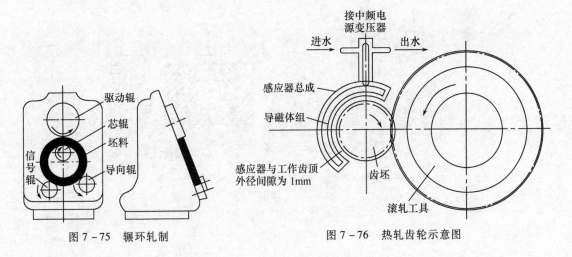

图 7 - 75　辗环轧制　　　　　　　　图 7 - 76　热轧齿轮示意图

7.4.2　零件的挤压

1. 零件的挤压方式

零件挤压的基本方式如图 7 - 76 所示。对于一般零件,挤压一次就能完成。如果从坯料到零件的变形量较大,由于加工硬化作用强烈,变形阻力太大,就要进行多次挤压。例如缝纫机梭心套壳的冷挤压就需要三道工序。如图 7 - 77 所示。它的挤压过程是:

落料表面→表面清理→镦粗预成型→软化退火→磷化润滑→反挤压成型
→软化退火→磷化润滑→正挤压成型

2. 冷挤压

金属在室温下进行挤压称为冷挤压。冷挤压的材料除铝、铜等强度较低的有色金属之外,碳素结构钢、合金结构钢、奥氏体不锈钢等都能进行冷挤压生产,甚至对轴承钢、高速钢也能进行一定变形量的冷挤压。

冷挤压的模具要求有高度的耐磨性。常用的模具材料是 W18Cr4V、Cr12MoV、GCr15、60Si2 等,模具寿命一般为 5000 ~ 50000 次。凹模的关键部分如配以硬质合金,则模具寿命还能成 10 倍地增加。冷挤压的设备主要是专用的冷挤压压力机,目前在通用的机械压力机、液压机和摩擦压力机上也能进行冷挤压。

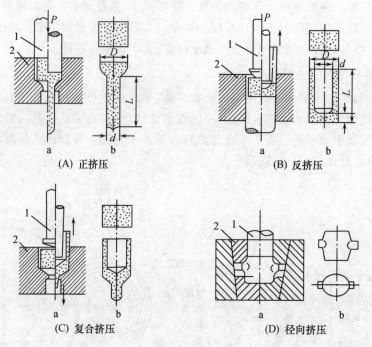

(A) 正挤压　　　　　　　　　　(B) 反挤压

(C) 复合挤压　　　　　　　　　(D) 径向挤压

a—挤压过程示意图;b—坯料和挤压件图;1—凸模;2—凹模

图 7 - 77　挤压方式

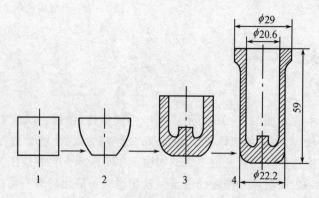

1—坯料;2—预成型;3—反挤压;4—正挤压

图 7 - 78　核心套壳的冷挤压成型工作

　　冷挤压的主要优点如下:

　　(1) 工件的精度和光洁度较高。一般的尺寸精度可达 IT6 ~ IT7,表面光洁度为 ▽6 ~ ▽9。因此,冷挤压是一种少无切削的工艺方法;如图 7 - 79(a)所示的缝纫机零件可不再进行机械加工。

　　(2) 能挤压薄壁、深孔、异型截面等形状复杂的零件。如图 7 - 79 所示的零件,不仅能减少机械加工,而且节省了金属材料。

　　(3) 能提高零件的机械性能。由于金属加工硬化,并有合理的纤维组织方向,因此挤压

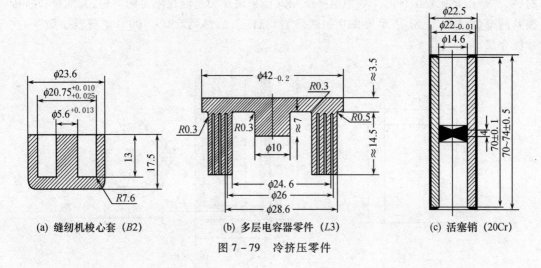

(a) 缝纫机梭心套 (B2)　　　(b) 多层电容器零件 (L3)　　　(c) 活塞销 (20Cr)

图 7 - 79　冷挤压零件

零件的强度、硬度、耐疲劳性能都显著提高。

（4）生产率较高。图 7 - 80 的仪表零件，如果应用板料冲压，需经 5 ~ 6 道工序，应用挤压则一次完成。

挤压时，金属处于三向压应力下变形，这对提高金属的塑性十分有利，但是所需的挤压力则大为增加。制造一个直径 Φ38 mm，厚 5.6 mm，高度为 100 mm 的杯形低碳钢工件，用板料拉深所需的最大变形力为 17 吨力；采用冷挤压则需挤压力 132 吨力，凸模上的压力达 2300 MPa。因此，由于挤压设备吨位的限制，目前只能生产 30 kg 以下的小件。

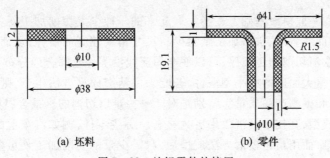

(a) 坯料　　　　　　　(b) 零件

图 7 - 80　纯铝零件的挤压

为了降低挤压力，减少模具的磨损，并提高挤压件的表面质量，金属坯料必须进行软化退火，并消除其表面上的氧化皮，然后再进行润滑处理；因为坯料在模具内受的压力很高，润滑剂很容易被挤掉而不起作用，所以坯料表面要进行特殊的润滑处理。冷挤压一般的结构钢时，都采用磷化处理，使坯料表面形成一层塑性良好的多孔性薄膜，挤压时能随坯料一起变形，并使吸附在孔内的润滑剂不被挤掉。磷化处理后，把坯料浸涂猪油与二硫化钼组成的润滑剂，或用硬脂酸钠进行皂化，即能进行挤压。

3．温挤压

一般认为把金属坯料加热到 100 ~ 800℃ 后进行挤压，称为温挤压。加热能改善金属的可锻性，使一次挤压的变形量增大，从而减少挤压的工序，提高生产率。对于高强度的金属材料,冷挤压是比较困难的。采用温挤压则既能解决压力机吨位不足的问题,又能延长挤压模具的寿命。图 7 - 81 所示为 T10 钢的凿岩机钎套,加热列 650 ~ 700℃ 进行温挤压,一次就能完成。

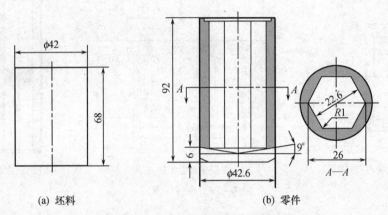

(a) 坯料　　　　　　　　　　　　(b) 零件

图 7 - 81　凿岩机钎套的温挤压工艺图

金属加热后进行挤压,显然会影响成品的精度和表面光洁度。如果加热温度不高,则温挤压的效果基本上能保持冷挤压的优点。各种金属温挤压的加热温度视具体条件而定。金属的塑性较差、挤压的变形量较大、设备吨位不足、产品的精度和光洁度要求不高,则温挤压的加热温度可偏高;反之,则应当用较低的温度。

7.4.3　精密模锻

精密模锻是在一般模锻基础上逐步发展起来的一种少无切削加工新工艺,与一般模锻相比,它能获得表面质量好、机械加工余量少和尺寸精度较高的锻件,从而能提高材料利用率。取消或部分取消切削加工工序,可以使金属流线沿零件轮廓合理分布,提高零件的承载能力。因此,对于量大而广的中小型锻件,若能采用精密成型方法生产,则可显著提高生产率、降低产品成本和提高产品质量。特别是对于一些难以切削的贵重金属如钛、锆、钼、铌等合金零件的精密成型,其技术经济效果更为显著。有些零件,例如汽车上的同步齿圈,用切削加工方法很困难,而用精密模锻方法成型后,只需少量的切削加工便可装配使用。因此,精密模锻是现代机器制造工业中的一项重要新技术,也是锻压技术的发展方向之一。

一般模锻件所能达到的尺寸精度为 ±0.50 mm,表面粗糙度也只能达到 Ra 12.5,而精锻件所能达到的一般精度为 ±0.10 ~ ±0.25 mm,较高精度为 ±0.05 ~ ±0.10 mm,表面粗糙度可达 Ra 3.2 ~0.8。例如,用精密模锻生产的直齿圆锥齿轮,齿形不再进行机械加工,齿轮精度达到七级;精锻的叶片,轮廓尺寸精度可以达到 ±0.05 mm,厚度尺寸精度可达到 ±0.06 mm。据粗略计算,每 100 万吨钢材由切削加工改为精密模锻,可节约钢材 15 万吨(15%),减少机床 15000 台。表 7 - 13 列出了一些精密模锻件的技术经济效果。

目前,精密成型主要应用于两个方面:

1. 精化毛坯

用精锻工序代替切削加工工序,即将精锻件直接进行精切削加工而得到成品零件。

表 7 – 13　一些零件的精密模锻与普通模锻生产的技术经济效果比较

比较项目 零件名称	材料利用率		生产率	产品质量	备注
行星伞齿轮	37%	80%	提高 2.3 倍	提高机械性能	在摩擦压力机上精锻
驱动齿轮(直齿圆柱齿轮)	–	提高一倍	提高 10 倍	提高机械性能	在高速锤上精锻
轧钢机辊道伞齿轮	43.3%	64%	提高 12 倍	提高机械性能	–
汽轮机叶片	–	比普通模锻节约材料 60%	机械加工工时减少 40%	–	在模锻锤上精锻
BT – 100 型汽轮机 16 级工作叶片	29%	46%	机械加工工时减少 40%	–	在模锻锤上精锻
千斤顶顶盖	53%	80%	机械加工工时减少 50%	–	在摩擦压力机上精锻
阀瓣	–	比切削加工节约材料 64%	提高 10 倍以上	–	在机械压力机上精锻
盒形接头(航空锻件)	12.6%	47.5%	机械加工工时节约 76.5%	改善了疲劳性能和抗应力腐蚀性能,提高了使用寿命	在液压机上等温精锻
支臂(航空锻件)	29.1%	45.1%	械加工工时节约 86.2%	改善了疲劳性能和抗应力腐蚀性能,提高了使用寿命	在液压机上等温精锻
接头(航空锻件)	10.24%	71.9%	机械加工工时节约 80.6%	改善了疲劳性能和抗应力腐蚀性能,提高了使用寿命	在液压机上等温精锻

2. 精锻零件

精密成型工艺按金属成型时的温度可分为:热精密成型、冷精密成型和温热精密成型。

热精密成型是坯料采用少无氧化加热,然后在高温下成型,这时金属材料的塑性较好,变形抗力小。但目前防止氧化的效果还不够理想,有待进一步研究开发。

冷精密成型是在室温下进行的,由于未经加热,不存在氧化、脱碳和热胀冷缩问题,但金属材料的变形抗力较大,塑性较低。

温热精密成型是将坯料加热到未产生严重氧化和脱碳的温度下进行的。温热精密成型既可防止坯料表面剧烈氧化,又可避免冷精密成型时变形抗力较大的缺点。

7.4.4　多向模锻

多向模锻是在几个方向同时对坯料锻造的一种新工艺,主要用于生产外形复杂的中空锻件,它是在 20 世纪 40 年代后期出现的,20 世纪 60 年代得到了较快的发展和推广应用。

多向模锻的过程如图 7 – 82 所示,当坯料置于工位上后(图 7 – 82(a)),上、下两模块闭合,进行锻造(图 7 – 82(b)),使毛坯初步成型,得到凸肩,然后水平方向的两个冲头从左右压入,将已初步成型的锻坯冲出所需的孔。锻成后,冲头先拔出,然后上、下模分开,取出锻件。

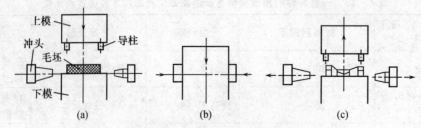

图 7 - 82　多向模锻过程示意图

图 7 - 83 是比较典型的多向模锻件,其中图 7 - 83(a)是凿岩机缸体,图 7 - 83(b)是三通管接头,图 7 - 83(c)是钛合金的飞机起落架,图 7 - 83(d)是大型阀体锻件。

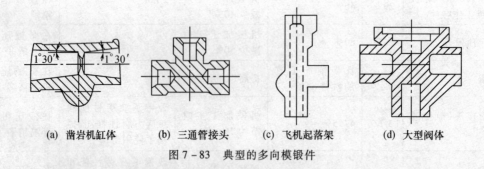

(a) 凿岩机缸体　　(b) 三通管接头　　(c) 飞机起落架　　(d) 大型阀体

图 7 - 83　典型的多向模锻件

多向模锻属于闭式模锻,它实质上是以挤压为主,挤压和模锻复合成型的工艺。其变形过程也可分为三个变形阶段:第一阶段是基本成型阶段,第二阶段是充满阶段,第三阶段是形成飞边阶段。具体分析如下:

1. 第一阶段——基本成型阶段

由于多向模锻件大都是形状复杂的中空锻件,而且通常坯料是等截面的,第一阶段金属的变形流动特点主要是反挤—镦粗成型和径向挤压成型。以三通管接头为例,其第一阶段的变形如图 7 - 84 所示。当棒料置于可分凹摸的封闭型腔后,三个水平冲头同时工作(图 7 - 84(a),冲头Ⅰ、Ⅲ首先同坯料接触,坯料两端在挤孔的同时被镦粗,直至与模壁接触(图 7 - 84(b),随着冲头Ⅰ、Ⅲ继续移动,迫使坯料中部的金属流入凹槽的旁通型腔,直至流入旁通的金属与正在向前运动的冲头Ⅱ相遇图 7 - 84(c),在这段过程中,金属的变形特点是坯料中部的纯径向挤压。当挤入旁通的金属与冲头Ⅱ相遇后,随行三个冲头继续前进,坯料中部的金属被继续挤入旁通,而冲头Ⅱ对流入旁通的金属进行反挤压和镦粗,直至金属基本充满模膛。

2. 第二阶段——充满阶段

由第一阶段结束到金属完全充满模腔为止为第二阶段,此阶段的变形量很小,但此阶段结束时的变形力比第一阶段末可增大 2 ~ 3 倍。

无论第一阶段以什么方式成型,在第二阶段的变形情况都是类似的。变形区位于未充满处的附近区域,此区域处于差值较小的三向不等压应力状态,并且随着变形过程的进行,该区域不断缩小。

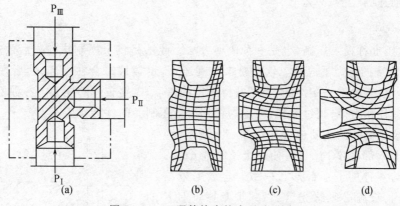

图 7 - 84　三通管接头的成型过程图

3. 第三阶段——形成飞边阶段

此时坯料已极少变形,只是在极大的模压力作用下,冲头附近的金属有少量变形,并逆着冲头运动的方向流动,形成纵向飞边。如果此时凹模的合模力不够大时,还可能沿凹槽模分模面处形成单向飞边。此阶段的变形力急剧增大。这个阶段的变形对多向模锻有害无益,是不希望出现的,它不仅影响模具寿命,而且产生飞边后,消除也非常困难。因此,多向模锻时,应当在第二阶段末结束锻造。

7.4.5　锻压新工艺技术简介

1. 超塑性成型

超塑性是金属及合金的一种重要状态属性,其影响因素相当复杂。若综合考虑变形时金属的内外部因素,使其处于特定的条件下,如一定的化学成分、特定的显微组织及转变能力、特定的变形温度和应变速率等,则金属会表现出异乎寻常的高塑性状态,即所谓超塑性变形状态。

所谓超塑性,可以理解为金属及合金具有超常的均匀变形能力,其伸长率达到百分之几百、甚至百分之几千。但从物理本质上的确切定义至今还没有。有的以拉伸试验的伸长率来定义,认为 $\delta > 200\%$ 即为超塑性;有的以应变速率敏感性指数来定义,认为 0.3 即为超塑性;还有的认为抗缩颈能力大,即为超塑性。但不管如何,与一般变形情况相比,超塑性效应表现有以下的特点:大伸长率,甚至可高达百分之几千;无缩颈,拉伸时表现均匀的截面缩小,断面收缩率甚至可接近 100%;低流动应力,对于几乎所有的合金,其流动应力仅为每平方毫米几个到几十个牛顿(例如,Zn – 22Al 合金只有 2 MPa,GCr15 只有 30 MPa),且非常敏感地依赖于应变速率,易成型。由于上述原因,且超塑性变形过程中,基本上无加工硬化,因此,超塑性成型时,具有极好的流动性和充填性,能加工出复杂精确的零件。

在超塑性应用方面,不仅超塑性体积成型和超塑性板料成型的应用日益增多,而且在焊接和热处理(如改善材质、细化晶粒和表面处理等)等领域内也有应用。此外,还开辟了各种组合的加工方法,例如,用超塑性气压胀形与扩散连接复合工艺(简称 SPF/DB)制造航空航天器上的一些钛合金和铝合金的复杂板结构件,这种复合工艺被认为是超塑性研究领域中最具发展前途的工艺之一。

2. 粉末冶金

粉末冶金,亦称粉末压制,也是一种成型方法。此法是将金属制成粉末后放在钢模中,在 20 ~ 1400MPa 的压力下成型。软的粉末在高压下,迅速地结合在一起,然后在保护气氛中烧结成型。由于粉末是塑性的,为了获得致密的密度,需要较高的压力。各种粉末冶金压制品均有其最佳压力值,超过此值,对提高粉末冶金压制品的性能作用不大。

粉末冶金压制品的压制过程如图 7 - 85 所示,为使压制品的上下部密度均一,应使用上下两个凸模,其形状做得与零件的上下部形状一致。金属粉末放在凹模模腔内,模腔必须很光滑,以减少摩擦。上下凸模的压制行程取决于粉末的压缩比。通过压紧使粉末连接起来,只能获得较小的强度;再通过烧接,获得最终的强度。

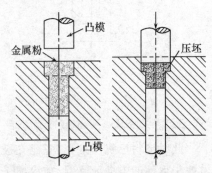

图 7 - 85　粉末冶金制品的压制过程

粉末冶金适于制造多孔性材料的内轴承和强度高的精密复杂零件如齿轮等。粉末冶金制品一般不需进行切削加工,必要时进行少量的精磨即可。

把经过适当级配的(指工件各部分用不同的粉末)混合好的粉末放进一个抽成真空的、可变形的壳体内,在高温、高压(70 ~ 210 MPa)下,使金属粉末在各个方向受到相等的液体静压的挤压作用而成型,这种加工法称为热等静压法。

壳体可用金属薄板制造,工件可以得到很高的密度。同时,强烈地相互扩散和粘结使得材料性能非常均匀。用这种方法生产的材料的韧性高于传统的压实和烧结的粉末冶金制品。热等静压法可制造形状复杂的制件,如燃气轮机叶片,其尺寸精度可控制在 ±0.01 mm 范围内。

在同一制品中可以使用几种粉末的混合,使其各部分具有不同的机械或化学性能,例如在韧性的基体上加上一层耐磨的硬表层。

用热等静压法还可以生产复合材料,例如在镍基合金或陶瓷基体内加有钨合金纤维。

3. 高能率成型

高能率成型工艺通常是指应变速度超过 $100l/s$ 的塑性成型方法。一般采用炸药、火药、电、高压气体或可燃气体为能源,通过适当的方式将化学能、电能,体积能瞬时转换成机械能,在极短的时间内加工金属坯料。它们共同的特点是加工成型时的能量大、速度快、功率高。不同的零件和坯料成型时所采用的能量转换方式也不同,例如对于金属板材和管材,可以利用炸药爆炸瞬间释放出的巨大化学能通过空气、水,砂等传压介质使坯料成型,也可以利用电极在水中脉冲放电瞬间将能量(如冲击波等)转变为机械能使坯料成型。对于棒材,通常是利用高压高速膨胀释出的体积能或炸药爆炸瞬间释放出的巨大化学能,通过锻造工具使坯料成型。

常用的高能率成型方法有高速锤锻造、爆炸成型、放电成型、电磁成型、炸药锤锻造和火药锤锻造等。

思 考 题

1. 何谓塑性变形？塑性变形的实质是什么？

2. 碳钢在锻造温度范围内变形时，是否会有冷变形强化现象？

3. 何谓冷变形强化？它对工件性能和加工过程有何影响？冷变形强化在生产中有何实用意义？何谓回复与再结晶？它们对金属的组织及性能有何影响？铅在 20℃、钨在 1100℃时变形，各属哪种变形？为什么（铅的熔点为 327℃，钨的熔点 3380℃）？

4. 纤维组织是怎样形成的？它的存在有何利弊？

5. 如何提高金属的塑性？常用的措施是什么？

6. 试述自由锻的实质、特点和应用。自由锻有哪些基本工序？

7. 为什么重要的巨型锻件必须采用自由锻的方法制造。

8. 重要的轴类锻件为什么在锻造过程中安排有镦粗工序？

9. 绘制自由锻件图应考虑哪些因素？锻件图与零件图有何区别？叙述图示零件在绘制锻件图时应考虑的内容。

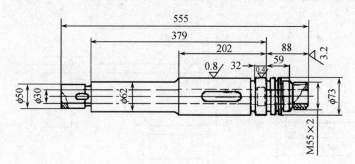

10. 自由锻所用设备有哪几种？每种设备的特点和用途是什么？

11. 何谓余块、余量、锻件基本尺寸、锻件公差、始锻温度、终锻温度，锻造温度范围。

12. 图所示锻件结构是否适于自由锻的工艺要求，如不适合，应如何修改？

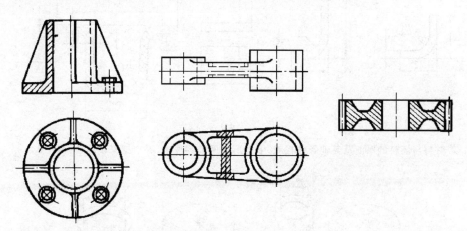

13. 如何确定分模面的位置，为什么模锻生产中不能直接锻出通孔？

14. 改正图示模锻件结构的不合理处。

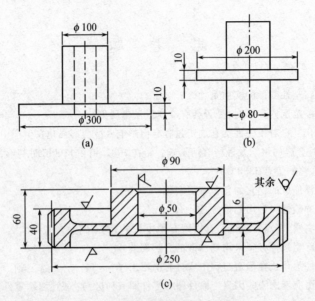

15. 图所示冲压件的结构是否合理？为什么？试修改不合理的部位。

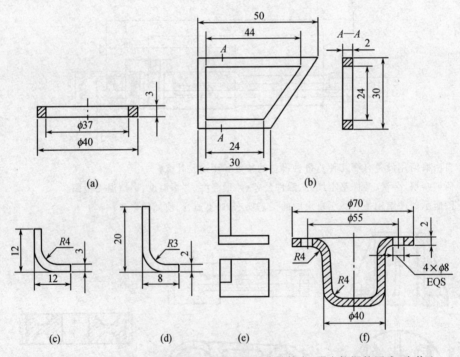

16. 若材料与坯料的厚度及其他条件相同,下图所示两种零件中,哪个拉深较困难,为什么?

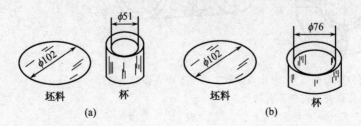

17. 下图所示为 08F 钢圆筒形零件,壁厚 2mm,试问能否一次拉深成形? 为什么?

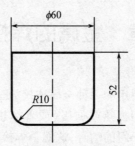

18. 下图所示为冷冲压件,弯曲部分存在相互垂直的弯曲线,试问落料排样时,应如何考虑锻造纤维组织。

19. 何谓单工序模、连续模、复合模,各有何特点? 应用如何?

20. 自行车上的锻压件有哪些(至少找出 10 个)? 是用什么锻压方法生产的? 为什么?

21. 下图所示零件若生产批量分别为单件、成批和大量生产时,应选择哪些锻压方法生产毛坯(e 图零件材料为 08F 钢,其余零件材料均为 45 钢)?

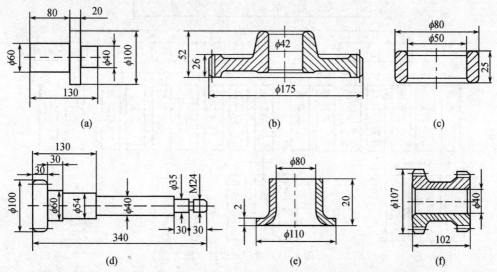

22. 试述精密模锻、高速锤锻造、径向锻造、辊锻、辗环轧制、齿轮轧制的特点和应用。

23. 简述易拉罐的生产工艺过程,并绘出简要草图?

24. 按坯料温度不同,挤压分为哪几种方法? 每种方法的特点和应用如何? 按运动方向,挤压又分为哪几种?

25. 为什么弹簧钢丝一般采用冷拉成形? 在拉制中,为何被拉过模孔而截面已缩小的钢丝,其截面不再缩小,也不会被拉断(提示:从冷变形强化及应力状态对锻压性能的影响来分析)?

第8章　金属的焊接成型

焊接是现代工业生产中广泛使用的一种金属连接的工艺方法,它不同于螺钉连接、铆钉连接等机械连接的方法。它是利用加热或加压(或者加热和加压)使分离的两部分金属靠得足够近,原子互相扩散,形成原子间的结合,这就是焊接的实质。

焊接方法的种类很多,各有其特点及应用范围。但按焊接过程本质的不同,可分为熔化焊、压力焊、钎焊三大类。

熔化焊:它是利用局部加热的方法,把工件的焊接处加热到熔化状态,形成熔池,然后冷却结晶,形成焊缝,将两部分金属连接成为一个整体。这类仅靠加热工件到熔化状态实现焊接的工艺方法,叫熔化焊,简称熔焊。

压力焊:是将两构件的连接部分加热到塑性状态或表面局部熔化状态,同时施加压力使焊件连接起来的一类焊接方法,叫压力焊,简称压焊。

钎焊:利用熔点比母材低的填充金属熔化之后,填充接头间隙并与固态的母材相互扩散实现连接的一种焊接方法。

随着科学技术的发展,焊接方法已达数十种之多。图8-1列举了现代工业生产中常用的焊接方法。

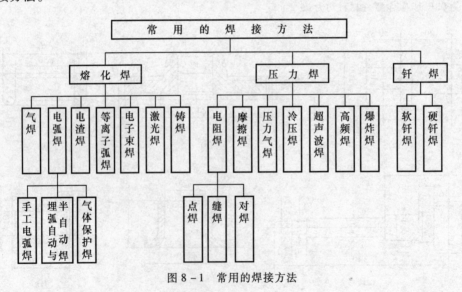

图 8-1　常用的焊接方法

焊接与其他加工方法相比,具有以下特点:

(1)适应性广。不但可以焊接型材,还可以将型材、铸件、锻件拼焊成复合结构件;不但可以焊接同种金属,还可焊接异种金属;不但可以焊接简单构件,还可以拼焊大型、复杂结构件。

(2)可以生产有密封性要求的构件。可焊接锅炉、高压容器、储油罐、船体等重量轻、密封性好、工作时不渗漏的空心构件。

（3）可节约金属。焊接件不需垫板、角铁等辅助件,因此可比铆接节省金属材料 10%~20%,并能节省加工工时。

由于焊接技术具有上述的优越性,使它在现代工业生产中的应用日趋广泛。

8.1　焊接工艺基础

8.1.1　电弧焊的冶金过程特点

1. 焊接电弧

焊接电弧是由焊接电源供给的,是在具有一定电压的两电极间或电极与焊件间的气体介质中产生的强烈而持久的放电现象。

当使用直流电焊接时,焊接电弧由阳极区、弧柱和阴极区三部分组成,如图 8-2 所示。电弧中各部分产生的热量和温度的分布是不相同的。热量主要集中在阳极区,它放出的热量占电弧总热量的 43%,阴极区占有 36%,其余 21% 是由电弧中带电微粒相互摩擦而产生的。

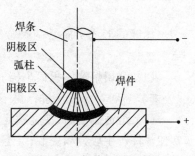

图 8-2　焊接电弧组成图

电弧中阳极区和阴极区的温度因电极材料(主要是电极熔点)不同而有所不同。用钢焊条焊接钢材时,阳极区温度约 2600 K,阴极区温度约 2400 K,电弧中心区温度最高,可达到 6000~8000 K,因气体种类和电流大小而异。使用直流弧焊电源时,当焊件厚度较大、要求较高热量、迅速熔化时,宜将焊件接电源正极,焊条接电源负极,这种接法称为正接法,当要求熔深较小、焊接薄钢板及有色金属时,宜采用反接法,电源即将焊条接电源正极、焊件接电源负极。当使用交流弧焊电源焊接时,由于极性是交替变化的,因此,两个极区的温度和热量分布基本相等。

2. 焊接的冶金过程特点

进行电弧焊时,母材和焊条受到电弧高温作用而熔化形成熔池。金属熔池可看作一个微型冶金炉,其内要进行熔化、氧化、还原、造渣、精炼及合金化等一系列物理化学过程。由于大多数熔焊是在空气中进行,金属熔池中的液态金属与周围的熔渣及空气接触,产生复杂、激烈的化学反应,这就是焊接冶金过程。

在焊接冶金反应中,影响最大的是金属与氧的作用。在电弧高温作用下,氧气分解为氧原子,氧原子要和多种金属发生氧化反应,如:

$$Fe + O \rightarrow FeO \qquad\qquad Mn + O \rightarrow\ + MnO$$
$$Si + 2O \rightarrow SiO_2 \qquad\qquad 2Cr + 3O \rightarrow\ + Cr_2O_3$$
$$2Al + 3O \rightarrow Al_2O_3$$

有的氧化物(如 FeO)能溶解在液态金属中,冷凝时因溶解度下降而析出,成为焊缝中的杂质,影响焊缝质量,是一种有害的冶金反应物。大部分金属氧化物(如 SiO_2、MnO)则不溶于液态金属,生成后会浮在熔池表面进入渣中。不同元素与氧的亲和力大小不同,几种常见金属元素按与氧的亲和力大小顺序排列为:

$$A1 \rightarrow Ti \rightarrow Si \rightarrow Mn \rightarrow Fe$$

在焊接过程中,为了进行脱氧,常将一定量的脱氧剂,如 Ti、Si、Mn 等加在焊丝或药皮中,使其生成的氧化物不溶于金属液而成渣浮出,从而净化熔池,提高焊缝质量。

其次,空气里的水汽,特别是工件表面的锈、油和水,在高温电弧下也发生分解:

$$H_2O \rightarrow 2H + O$$

氢与熔池作用对焊缝质量也有重要影响。氢易于在焊缝中造成气孔,即使溶入量不足以形成气孔,固态焊缝中多余的氢也会在焊缝中的微缺陷处集中形成氢分子。这种氢的聚集往往在微小空间内形成局部的极大压力,使焊缝脆化(氢脆、白点)和产生冷裂纹。一般焊缝中随含氢量增加,其延伸率明显下降。

此外,由于氮的作用,在液态金属中会形成脆性氮化物(Fe_4N),其中一部分残留于焊缝中,另一部分则分布在固溶体内,从而使焊缝严重脆化。氮溶入也是焊缝中形成气孔的原因之一。

焊缝的形成实质是一次金属再熔炼的过程,它与炼钢和铸造冶金过程比较,有以下特点:

(1)金属熔池体积很小(约 $2 \sim 3 \ cm^2$),被冷金属包围,故熔池处于液态的时间很短(10 s 左右),各种冶金反应进行得不充分(例如,冶金反应产生的气体来不及析出)。

(2)熔池温度高,使金属元素强烈的烧损和蒸发。同时,熔池周围又被冷的金属包围,常使焊件产生应力和变形,甚至开裂。

为了保证焊缝质量,要从以下两方面来采取措施:

(1)减少有害元素进入熔池。其主要措施是机械保护,如气体保护焊中的保护气体(CO_2 和 Ar)、埋弧焊焊剂所形成的熔渣及焊条药皮产生的气体和熔渣等,使电弧空间的熔滴和熔池与空气隔绝,防止空气进入。此外,还应清理坡口及两侧的水、锈、油污,烘干焊条,去除水分等。

(2)清除已进入熔池中的有害元素,增添合金元素。主要通过在焊接材料中添加的铁合金等来进行脱氧、去硫和磷、去氢及渗合金,从而保证和调整焊缝的化学成分,如:

$$Mn + FeO \rightarrow MnO + Fe \qquad Si + 2FeO \rightarrow SiO_2 + 2Fe$$
$$MnO + FeS \rightarrow MnS + FeO \qquad CaO + FeS \rightarrow CaS + FeO$$

8.1.2　焊接接头的组织和性能

熔化焊是局部加热过程,焊缝及其附近的母材都经历一个加热和冷却的热过程。焊接热过程要引起焊接接头组织和性能的变化,影响焊接的质量。

1. 焊件上温度的变化和分布

在焊接加热和冷却过程中,焊接接头上某点的温度随时间变化的过程叫焊接热循环。焊接接头上不同位置的点所经历的热循环是不同的,最高加热温度不同,加热速度和冷却速度也不相同。图 8 - 3 所示为焊接时焊件横截面上不同点的温度变化情况,由于各点离焊缝中心距离不同,所以各点的最高温度不同。又因热传导需要一定的时间,所以各点是在不同时间达到该点最高温度的。但总的看来,在焊接过程中各点都相当于受到一次不同规范的热处理,因此必然有相应的组织与性能变化。

2. **焊接接头金属组织与性能的变化**

焊接接头包括焊缝和焊接热影响区(焊缝两侧因焊接热作用而发生金属组织性能变化的区域)。现以低碳钢焊接接头为例说明。如图 8-4 所示,左侧下部是焊件的横截面,上部是相应各点在焊接过程中被加热的最高温度曲线(并非某一瞬间该截面的实际温度分布曲线)。图中各段金属组织性能的变化,可从右侧所示的部分铁-碳合金状态图来对照分析。工件截面图上已示出了相应各区域的金相组织变化情况。

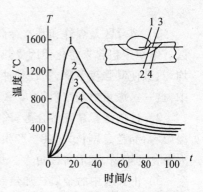

图 8-3　焊接区各点温度变化情况

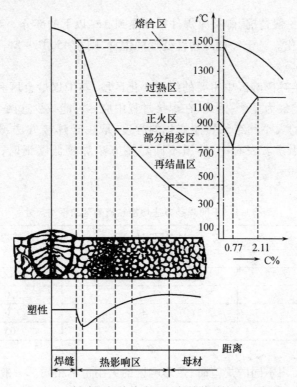

图 8-4　低碳钢焊接接头组织与性能的变化示意图

(1)焊缝。

熔化焊的焊缝是由熔池内的液态金属凝固而成的。它属于铸态组织,晶粒呈垂直于熔池底壁的柱状晶,硫、磷等形成的低熔点杂质容易在焊缝中心形成偏析,使焊缝塑性降低,易产生热裂纹。由于按等强度原则选用焊条,通过渗合金实现合金强化,因此,焊缝的强度一般不低于母材。

(2)焊接热影响区。

由于焊缝附近各点所受热作用不同,热影响区可分为熔合区、过热区、正火区和部分相变区等。

1）熔合区是焊缝和基本金属的交界区,焊接过程中金属局部熔化,所以也称为半熔化区。组织中包含未熔化但因受热而长大的粗晶粒和部分铸造组织。此区的成分及组织极不均匀,致使其强度下降,塑性和冲击韧性很差,往往成为裂纹的发源地。在低碳钢焊接接头中,这一区域虽然较窄(约 0.1 ~ 1 mm),但它在很大程度上决定着焊接接头的性能。

2）过热区紧靠着熔合区,该区加热温度达固相线至 1100℃,宽度约 1 ~ 3 mm。因受高温影响,晶粒急剧长大,甚至产生过热组织,因而其塑性和冲击韧性降低,特别是对于容易淬火硬化的钢材,其危害性更大。焊接刚度大的结构时,常在过热处产生裂纹。

3）正火区中的金属被加热到 1100℃ ~ Ac_3 温度,宽度约 1.2 ~ 4.0 mm。因金属发生重结晶,冷却后使金属晶粒细化,得到正火组织,所以机械性能良好。

4）部分相变区。处于 Ac_1 ~ Ac_3 之间的温度范围的金属是部分相变区,珠光体和部分铁素体发生重结晶转变而使晶粒细化,部分铁素体来不及转变,冷却后晶粒大小不同,因此机械性能稍差。

5）再结晶区。一般情况,焊接时焊件被加热到 Ac_1 以下的部分。对于热塑性成型的钢材,其组织不发生变化。对于经过冷塑性变形的钢材,则在 450℃ ~ Ac_1 的部分,还将产生再结晶过程,使钢软化。

以上各区是焊接热影响区中主要的组织变化区段,其中以熔合区和过热区对焊接接头组织性能的不利影响最为显著,因此,在焊接过程中应尽可能减少这两个区的影响范围。

焊接热影响区的大小和组织性能变化的程度,取决于焊接方法、焊接规范、接头型式和焊后冷却速度等因素。表 8-1 是用不同焊接方法焊接低碳钢时,焊接热影响区的平均尺寸。

表 8-1　不同焊接方法焊接热影响区的平均尺寸

焊接方法	过热区宽(mm)	热影响区宽度(mm)
手工电弧焊	2.2	6.0
埋弧自动焊	0.8 ~ 1.2	2.3 ~ 3.6
电渣焊	18.0	25.0
气焊	21.0	27.0
电子束焊	——	0.05 ~ 0.75

同一焊接方法使用不同的规范时,热影响区的大小也不相同。一般来说,在保证焊接质量的前提下,增加焊接速度、减少焊接电流都能减小焊接热影响区。

3. 改善焊接热影响区性能的方法

焊接热影响区在焊接过程中是不能避免的。用手工电弧焊或埋弧自动焊焊接一般低碳钢结构时,因热影响区较窄,危害性较小,所以焊后不进行处理就能保证使用。但对于重要的钢结构或用电渣焊焊接的构件,应充分考虑到热影响区带来的不利影响,应用焊后热处理办法来消除焊接热影响区。对碳素钢与低合金结构钢构件,可用焊后正火处理来消除热影响区,以改善焊接接头性能。

对焊后不能接受热处理的金属材料或构件,则只能从正确选择焊接方法与焊接工艺上来减少焊接热影响区的范围,以减小其不利影响与危害。

8.1.3　焊接变形与应力

工件焊接之后会产生残余应力和焊接变形。焊接变形的产生,使工件结构形状和尺寸发生改变;焊接残余应力会降低焊件的承载能力,严重时将导致焊件的开裂。因此,应充分重视焊接变形和残余应力。

1. 焊接变形和残余应力的产生原因

在焊接过程中,对焊件进行了局部不均匀的加热,是焊接变形和残余应力产生的原因。图 8 – 5 所示是一模拟实际焊缝的模型,设有连成一体的三根钢板条(如图 8 – 5(a)所示),对其中一条加热时,其他两条可以保持温度不变。加热中间板条来模拟焊缝,两边不加热板条模拟两边的母材金属。

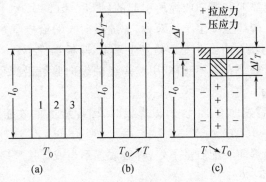

图 8 – 5　模拟焊缝示意图

先将板条 2 加热到钢的塑性温度以上,板条 1、3 保持温度不变(如图 8 – 5(b)所示)。这时板条 2 处于塑性状态,可任意变形而不产生抗力。板条 2 因热膨胀应伸长的量 Δl_T 将全部被板条 1、3 塑性压缩,三根板条都将保持 l_0 长度不变。然后使板条 2 从高温冷却下来,板条 2 将从最高温度时的实际长度 l_0 缩短(图 8 – 5(c))。在塑性温度以上的阶段里,由降温所引起的收缩量仍然被板条 1、3 塑性拉伸,三根板条仍然保持原长 l_0 不变,互相间也没有力的作用。当温度进一步降低,板条 2 恢复弹性状态,它的进一步收缩将受到板条 1、3 的限制,相互间出现弹性应力,板条 2 被弹性拉伸,板条 1、3 被弹性压缩,温度下降愈多,相互作用力愈大,相互被拉伸与压缩的量也愈大。当板条 2 温度回到 T_0 时,板条 1、2、3 都比原长 l_0 缩短了一段 $\Delta l'$。板条 2 被拉伸,受拉应力作用;板条 1、3 被压缩,存在压应力。

综上分析,焊件上焊接残余应力的分布为:焊缝区受拉应力,两边金属受压应力。焊接时对焊件进行的局部不均匀加热和冷却,使焊缝不能自由膨胀和收缩,这是导致焊接应力与变形产生的根本原因。若焊件在焊接时能较自由地收缩,则焊后的焊件变形较大而内应力较小,如果因受外力限制或结构刚性较大,不能自由收缩时,则焊后的焊件变形较小而内应力较大。

2. 焊接变形的基本形式

焊接变形根据其特征及产生原因大致为如下五种基本形式(如图 8 – 6 所示)。实际生产中的焊接变形可能是其中的某一种形式,也可能是由这些基本变形组合而成的复杂变形。

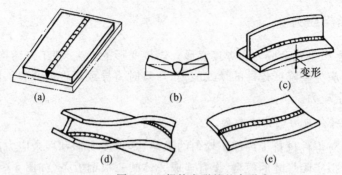

图 8 - 6　焊接变形的基本形式

(1)收缩变形。指焊接后,金属构件纵向(顺焊缝方向)和横向(垂直于焊缝方向)尺寸的缩短。这是由于焊缝纵向和横向收缩所引起的(图 8 - 6(a))。

(2)角变形。由于焊缝截面上下不对称,焊缝横向收缩沿板厚方向分布不均匀,使板绕焊缝轴转一角度(图 8 - 6(b))。此变形易发生于中、厚板焊件中。

(3)弯曲变形。因焊缝布置不对称,引起焊缝的纵向收缩沿焊件高度方向分布不均匀而产生(图 8 - 6(c))。

(4)波浪变形(又称翘曲变形)。薄板焊接时,因焊缝区的收缩产生的压应力,使板件刚性失稳而形成(图 8 - 6(d))。

(5)扭曲变形。当焊前装配质量不好,焊后放置不当或焊接顺序和施焊方向不合理,都可能产生扭曲变形(图 8 - 6(e))。

3．预防及消除焊接应力

(1)减少焊接应力的措施。

1)焊接结构设计要避免焊缝密集交叉,焊缝截面和长度也要尽可能小,以减少焊接局部加热从而减少焊接残余应力。

2)预热可以减小工件温差,也能减小残余应力。

3)采取合理焊接顺序,使焊缝能较自由地收缩,以减小应力,如图 8 - 7 所示。

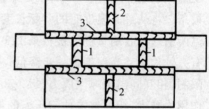

4)采用小线能量焊接时,残余应力也较小。

5)每焊完一道焊缝,立即均匀锤击焊缝使金属伸长,也能减小焊接残余应力。

图 8 - 7　拼焊时的焊接顺序

(2)消除焊接应力的方法。

消除应力最常用、最有效的方法是消除应力退火。这是利用材料在高温时屈服强度下降和蠕变现象而达到松弛焊接残余应力的目的。通常把焊件缓慢加热到 550 ~ 650℃左右,保温一定时间,再随炉缓慢冷却。这种方法可以消除残余应力 80% 左右。消除应力可以是整体加热退火,也可以局部加热退火。

水压试验过程也能消除部分焊接残余应力。这种利用力的作用使焊接接头残余应力区产生塑性变形,达到松弛残余应力的方法,叫加载法。此外,还可采用振动法消除残余应力。

4. 防止及矫正焊接变形

（1）防止焊接变形的措施。

1）设计结构时，要考虑防止焊接变形。焊缝的布置和坡口型式尽可能对称，焊缝的截面和长度要尽可能小，这样，加热少、变形小。

2）焊前组装时，采用反变形法。一般按测定或经验估计的焊接变形方向和数量，在组装时使工件反向变形，以抵消焊接变形，如图 8-8、图 8-9 所示。同样，也可以采取预留收缩余量来抵消焊缝尺寸收缩。

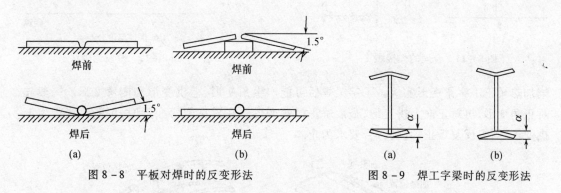

图 8-8　平板对焊时的反变形法　　　　　图 8-9　焊工字梁时的反变形法

3）刚性固定法。焊接时把焊件刚性固定，如图 8-10 所示，限制产生焊接变形。但这样会产生较大的焊接残余应力。此外，组装时的定位焊也是防止焊接变形的一个措施。

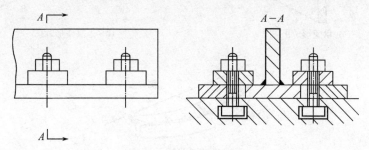

图 8-10　刚性固定法

4）焊接工艺上，采用能量集中的焊接方法，采用小线能量，采用合理的焊接顺序，如图 8-11（最好是能同时对称施焊）和图 8-12（分段倒退焊法）所示，采用多层多道焊等，都能减少焊接变形。

（2）矫正焊接变形的方法。

矫正焊接变形的方法有机械矫正法和火焰矫正法两种。矫正变形的基本原理是产生新变形抵消原来的焊接变形。机械矫正法是用机械加压或锤击的冷变形方法，产生塑性变形来矫正焊接变形。对塑性好，形状较简单的焊件，常采用压力机、矫直机进行机械矫正。火焰加热矫正的原理与机械矫正法相反，它是利用火焰局部加热后的冷却收缩，来抵消该部分已产生的伸长变形。对塑性差、刚性大的复杂焊件，多采用局部火焰加热矫正法，使焊件产生与焊接变形方向相反的新的变形，以抵消原来的变形。对某些焊件，把这两种方法结合使用，效果更佳。

火焰加热矫正的加热温度一般为 600~800℃，加热部位必须正确。图 8-13 所示为火

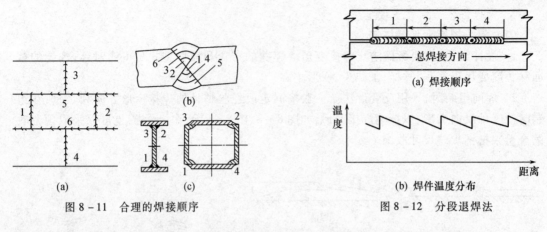

图 8 – 11　合理的焊接顺序　　　　　图 8 – 12　分段退焊法

焰加热矫正丁字梁变形实例。丁字梁焊后可能产生角变形、上拱变形和侧弯变形。一般先矫正角变形,再矫正向上拱变形,最后矫正侧弯变形。在矫正侧弯变形时,可能再次产生上拱变形,则需反复矫正,直到符合要求为止。

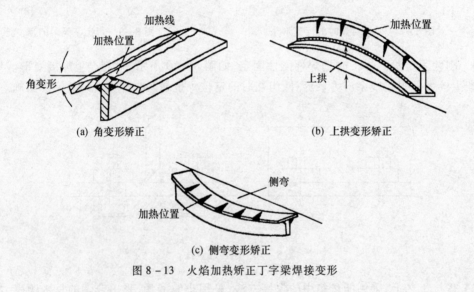

图 8 – 13　火焰加热矫正丁字梁焊接变形

8.2　熔化焊

8.2.1　手工电弧焊过程及工艺

1. 手工电弧焊设备

电焊机是手工电弧焊的主要设备,它为焊接电弧提供电源。常用的电焊机分直流和交流两大类。

(1) 交流电焊机。

交流电焊机是一种特殊的变压器。普通变压器的输出电压是恒定的,而焊接变压器的输出电压随输出电流(负载)的变化而变化。空载(不焊接)时,电焊机的电压(空载电压)为 60 ~ 80 V。它能满足顺利引弧的要求,对人身也比较安全。起弧以后,电压能自动降到电弧正常工作所需的电压(20 ~ 30 V)。当引弧焊条与工件接触短路时,电焊机的输出电压会自动降到趋近于零,这样可使短路电流不致过大而损坏变压器。这种性能称为陡降特性。电焊机还能提供焊接所需的电流(几十安培到几百安培),并可根据工件厚薄和所用焊条直径的大小进行调节。

手工电弧焊时最常用的是 BX3 - 300 型交流电弧焊机。BX3—300 型交流电弧焊机是一种动圈式电弧焊机。变压器由一个高而窄的口形铁芯外绕初、次级绕组组成。初级及次级绕组分别由匝数相等的两盘绕组组成。初级绕组每盘中间有一个抽头,两盘绕组用夹板夹紧成一整体,固定于铁芯的底部。次级绕组两盘也夹成整体,置于初级绕组的上方(见图 8 - 14),通过手柄及调节丝杆可使次级组上下移动,以改变初、次级线圈间的距离 δ_{12},调节焊接电流。

变压器利用初级及次级线圈的漏磁压降以获得陡降特性,并通过改变初、次级线圈的接法(串联或并联),及初、次级线圈间的距离 δ_{12} 来调节焊接电流。

焊机的内部结构及外形见图 8 - 14 及图 8 - 15。图 8 - 14 是焊机内部接线情况。通过转换开关可变换初、次级线圈的接线形式,进行电流粗调。转动手柄可以改变动线圈的位置,改变 δ_{12} 的大小,进行细调。

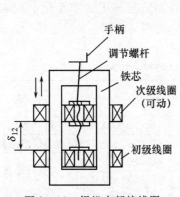

图 8 - 14　焊机内部接线图

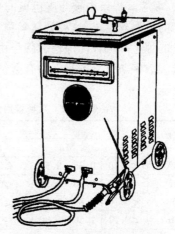

图 8 - 15　BX3 - 300 型交流电弧焊机

(2) 直流电焊机。

1) 发电机式直流电焊机。它是一台特殊的能满足电弧特性要求的发电机,由交流电动机带动而发电。这种电焊机工作稳定,但结构较复杂,噪声大,目前已很少使用。

2) 整流式直流电焊机。它是由大功率硅整流元件组成的整流器将经变压器降压并符合电弧特性要求的交流电整流成直流以供电弧焊接使用。这种直流电焊机的特点是没有旋转部分,结构简单、维修容易、噪声小,也是目前常用的直流焊接电源。

以直流电源工作时,电弧稳定,易于获得优良的接头。因此,尽管交流电焊机具有结构简单、价廉、工作噪声小、维修方便等特点,但在焊接重要结构及采用低氢型焊条焊接时,仍需要使用直流电焊机。

3)逆变式直流弧焊机。逆变焊机的工作原理是将380V的交流工频电压经整流器转变成直流电压,再经逆变器将直流电压变成具有较高频率(一般为2～50 kHz)的交流电压。然后经变压器降压后再整流而输出符合焊接要求的直流电压。其过程示意如下:

$$AC—DC—AC—DC$$

由于变压器的工作电压一定时,其频率(f)与铁芯截面(s)和线圈匝数(N)的乘积成反比。故随着 f 的提高,变压器的重量和尺寸可大大减小,铜铁耗亦减小,从而提高了焊机的效率。故逆变焊机具有高效节能、体积小重量轻和具有优良的弧焊工艺性、调节方便等特点。

逆变焊机是 20 世纪 70 年代发展起来的,目前国内推广使用的具体型号有 ZX7 – 250、ZX7 – 315、ZX7 – 400 等。

2. 手工电弧焊焊条

手工电弧焊时,焊条既作为电极起导电作用,又作为填充材料填充到焊缝中而将焊件连接起来。因此,根据所焊金属材料、焊接结构的要求以及焊接工艺特点等,正确选用相应牌号的焊条,是保证焊接工艺过程顺利进行、获得优良焊接质量的重要环节。

手工电弧焊时所用的焊条,是由焊芯(焊丝)和药皮所组成。我国手工电弧焊焊条按用途分为结构钢焊条、不锈钢焊条等十大类。通常焊条直径是指焊丝直径,并不包括药皮厚度在内。

(1)焊条的组成及作用。

1)焊芯。焊条中被药皮包覆的金属芯称为焊芯。为了保证焊缝的质量,焊芯必须由专门生产的金属丝制成,这种金属丝称为焊丝,其化学成分控制严格。表 8 – 2 列出了几种常用焊丝的牌号和成分。焊丝的牌号由"焊"字汉语拼音字首"H"与一组数字及化学元素符号组成。数字与符号的意义与合金结构钢牌号中数字、符号的意义相同。

表 8 – 2　　几种常用焊丝的牌号和成分(GB/T14957 – 1994)

牌　号	$W_{Me} \times 100$							用　途
	C	Mn	Si	Cr	Ni	S	P	
H08A	≤0.10	0.30～0.55	≤0.03	≤0.20	≤0.30	≤0.030	≤0.030	一般焊接结构
H08E	≤0.10	0.30～0.55	≤0.03	≤0.20	≤0.30	≤0.020	≤0.020	重要焊接结构
H08MnA	≤0.10	0.80～1.10	≤0.07	≤0.20	≤0.30	≤0.030	≤0.030	埋弧焊焊丝
H10Mn2	≤0.12	1.50～1.90	≤0.07	≤0.20	≤0.30	≤0.035	≤0.035	
H08Mn2SiA	≤0.11	1.80～2.10	0.65～0.95	≤0.20	≤0.30	≤0.030	≤0.030	CO_2 焊焊丝

由上表可知,焊丝的成分特点为低碳、低硫磷,以保证焊缝金属具有良好的塑、韧性,减少产生焊接裂纹的倾向;具有一定量合金元素,以改善焊缝金属的力学性能,并且弥补焊接过程中合金元素的烧损。但是,使用光焊丝焊接的焊缝金属的力学性能远不如焊芯本身的力学性能。表 8 – 3 列出了光焊丝与其焊缝金属的化学成分与力学性能。可以看出,焊缝金属中氧、氮含量显著增加,碳、锰含量却减少了,从而使焊缝的塑性、韧性急剧下降,这是因为焊接时氧、氮侵入熔池所致。

表 8 - 3　光焊丝与其焊缝金属的成分与性能

项　目	WMe × l00					力学性能		
	C	Si	Mn	N	O	σ_b/MPa	$\delta \times 100$	A_k/J
光焊丝	≤0.10	≤0.03	0.30~0.55	≤0.03	≤0.02	330	33	64~96
焊缝金属	0.02~0.05	—	0.1~0.2	0.08~0.23	0.15~0.30	300	4~8	4~12

2）药皮。即在焊丝表面涂压上一层涂药。药皮由一些矿物、有机物和铁合金等细粉末组成，采用水玻璃作粘结剂，按一定比例配制，经混合搅匀后涂压于焊丝表面。药皮的厚度一般为 0.5~1.5mm 左右。药皮应当具有稳定电弧、造气、造渣以形成机械保护的作用，还应当具有改善焊缝金属化学成分的作用。通过控制药皮的成分能够有效地提高焊缝的质量，使焊接工作顺利进行。

（2）焊条的分类和编号。

焊条种类繁多，常用碳钢焊条 GB/T5117—1995 的型号是根据熔敷金属的抗拉强度、药皮类型、焊接位置和焊接电流种类划分。用字母"E"表示焊条；用前两位数字表示熔敷金属抗拉强度的最小值；第三位数字表示焊条的焊接位置，焊接位置是指熔焊时焊件接缝所处的空间位置，"0"及"1"表示焊条适用于全位置焊接（平、立、横、仰），"2"表示焊条适用于平焊及平角焊，"4"表示焊条适用于向下立焊；第三和第四位数字组合表示焊接电流种类及药皮类型。这里说的熔敷金属是指完全由填充金属熔化后所形成的焊缝金属。例如 E4303、E5015、E5016，"43"、"50"分别表示熔敷金属抗拉强度的最小值为 420 MPa（43 kgf/mm²）、490 Mpa；"03"为钛钙型药皮，交流或直流正、反接；"15"为低氢钠型药皮，直流反接；"16"为低氢钾型药皮，交流或直流反接。

焊条牌号是焊条行业统一的焊条代号。焊条牌号一般用一个大写拼音字母和三个数字表示，如 J422、J507 等。拼音字母表示焊条的大类，如"J"表示结构钢焊条（碳钢焊条和普通低合金钢焊条），"A"表示奥氏体不锈钢焊条，"Z"表示铸铁焊条等；前两位数字表示各大类中若干小类，如结构钢焊条前两位数字表示焊缝金属抗拉强度等级，单位为 kgf/mm²，抗拉强度等级有 42、50、55、60、70、75、85 等；最后一个数字表示药皮类型和电流种类，见表 8 - 4，其中 1 至 5 为酸性焊条，6 和 7 为碱性焊条。其他焊条牌号表示方法，见国家机械工业委员会编的《焊接材料产品样本》（1987 年）。J422（结 422）符合国标 E4303，J507（结 507）符合国标 E5015，J506（结 506）符合国标 E5016。

表 8 - 4　钢焊条药皮类型和电源种类编号

编号	1	2	3	4	5	6	7	8
药皮类型电源种类	钛型交、直流	钛钙型交、直流	钛铁矿型交、直流	氧化铁型交、直流	纤维素型交、直流	低氢钾型交、直流	低氢钠型交、直流	石墨型交、直流

焊条根据其药皮中所含氧化物的性质可分为酸性焊条与碱性焊条。

酸性焊条是指药皮中含有多量酸性氧化物（SiO_2、TiO_2、MnO 等）的焊条。E4303 焊条为典型的酸性焊条。焊接时有碳 - 氧反应，生成大量的 CO 气体，使熔池沸腾，有利于气体逸出，焊缝中不易形成气孔。另外，酸性焊条药皮中的稳弧剂多，电弧燃烧稳定，交、直流电源均可使用,工艺性能好。但酸性药皮中含氢物质多,使焊缝金属的氢含量提高,焊接接头开裂倾向性较大。

碱性焊条是指药皮中含有多量碱性氧化物的焊条。E5015 是典型的碱性焊条。碱性焊条药皮中含有较多的 $CaCO_3$,焊接时分解为 CaO 和 CO_2,可形成良好的气体保护和渣保护;药皮中含有萤石(CaF_2)等去氢物质,使焊缝中氢含量低,产生裂纹的倾向小。但是,碱性焊条药皮中的稳弧剂少,萤石有阻碍气体被电离的作用,故焊条的工艺性能差。碱性焊条氧化性小,焊接时无明显碳 - 氧反应,对水、油、铁锈的敏感性大,焊缝中容易产生气孔。因此,使用碱性焊条焊接时,一般要求采用直流反接,并且要严格地清理焊件表面。另外,焊接时产生的有毒烟尘较多,使用时应注意通风。

(3)焊条的选用原则。

焊接低碳钢或低合金钢时,一般应使焊缝金属与母材等强度;焊接耐热钢、不锈钢时,应使焊缝金属的化学成分与焊件的化学成分相近;焊接形状复杂和刚度大的结构及焊接承受冲击载荷、交变载荷的结构时,应选用抗裂性能好的碱性焊条;焊接难以在焊前清理的焊件时,应选用抗气孔性能好的酸性焊条。使用酸性焊条比碱性焊条经济,在满足使用性能要求的前提下应优先选用酸性焊条。

3. 手工电弧焊工艺

进行手工电弧焊时需要考虑以下几个方面的主要工艺问题:

(1)接头形式及准备工作。

1)接头形式。

焊接接头是指焊接结构中,各焊接元件相互连接的地方。根据产品结构特点的要求,接头的基本形式有对接、搭接、角接、T 形接等四种(如图 8 - 16 所示)。

对接　　　角接　　　搭接　　　T形接

图 8 - 16　各种接头形式

2)接头的准备工作。

为了保证焊接质量和焊缝尺寸,焊接前应做好焊接接头的准备工作。

接头的准备工作包括:坡口、间隙、钝边等。做好这些准备工作,可使焊接时便于焊透,又可避免烧穿,从而保证焊缝质量及焊缝尺寸。接头的几何形状基本上由所焊焊件的厚度决定。

对接接头的各种坡口形式如图 8 - 17 所示。其中,不开坡口主要用于薄板,在板厚为 2 ~ 3 mm 时单面焊即可焊透;板厚较厚或要求较高时则需要双面焊。V 形坡口用于中等厚度及对焊接质量要求较高的场合,为了保证根部焊透,一般都要双面焊,通常反

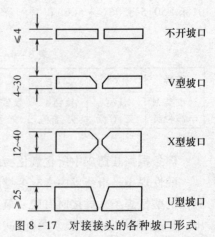

图 8 - 17　对接接头的各种坡口形式

面焊缝尺寸小于正面。由于两面焊缝尺寸大小不同,焊后收缩也不对称,因此 V 形对焊坡口焊接后,可能产生角变形。

对于厚板对接焊常采用 X 形坡口,其特点是两面焊缝尺寸相近,可以减少角变形。

此外,厚板对接还可用 U 形坡口,其主要特点是焊条消耗量较 X 坡口少。但敲渣不方便,当出现焊接缺陷时,铲修较困难。

（2）焊接规范的选择。

手工电弧焊时,焊接规范主要是指焊接电压、焊接电流、焊接速度等。焊接电压实际反映的是电弧长度。此外,根据实际生产情况,还要确定电源的种类（直流或交流）、焊接的层数（单层或多层焊）等。

1）焊条直径的选择。

根据焊件材料选用适当牌号的焊条,并确定焊条的直径。焊条直径可依据所焊构件的厚度来选择,并综合考虑接头形式、焊缝在空间的位置（如平焊、仰焊等）以及对焊缝质量的要求等各方面因素。一般情况下,可按工件厚度参考表 8 - 5 来决定。

表 8 - 5　焊条直径选择的参考数值

焊件厚度（mm）	2	3	4 ~ 5	6 ~ 12	13 以上
焊条直径（mm）	2	2.5 ~ 3	3 ~ 4	4 ~ 5	5 ~ 6

此外,在焊接厚板结构时,坡口形式多为 V 形或 X 形,并需要采用多层焊,在这种情况下,焊第一层时不能采用大直径焊条,以使焊条能伸入跟部,避免焊不透。在立焊和仰焊时,由于重力的作用,熔化金属易于下滴,也不宜用大直径焊条。立焊和仰焊时一般采用 3 ~ 4mm 直径的焊条。

2）焊接电流的选择。

焊接电流大小主要是根据焊条直径、焊条种类、焊件厚度、焊缝在空间的位置等来选择的。有时还要考虑到所焊金属材料的性质（如导热性等）以及焊件变形等问题。

焊接电流选择恰当与否,直接影响焊缝质量、焊接过程的稳定性及生产率。

焊接电流太小,则焊接速度慢,生产率低,且容易出现夹渣、气孔和未焊透等缺陷。操作时表现为电弧燃烧不稳定,容易短路和断弧,焊缝中钢液与熔渣不易区分,焊缝熔合、成型不良等。

焊接电流太大,首先是熔深增大,如操作不慎则容易烧穿。此外焊缝附近热影响区增加,焊接应力与变形也增大。同时焊接过程中金属和熔渣飞溅厉害,易于出现气孔、裂纹等缺陷。在操作时表现为电弧发出明显的爆裂声并产生过多的飞溅物,焊条不待烧完就被加热到发红,熔渣不能紧紧覆盖焊缝表面,焊缝表面粗糙,焊接质量也不好。焊接电流参数值可参考表 8 - 6 选则。

表 8 - 6　焊接电流参考数值

焊条直径（mm）	1.6	2.0	2.5	3.2	4.0	5.0	5.8
焊接电流（A）	25 ~ 40	40 ~ 65	50 ~ 80	100 ~ 130	190 ~ 210	200 ~ 270	260 ~ 300

上述焊接电流的选择是指平焊而言。在焊接立焊缝和横焊缝时,电流大小应比平焊时

减小 10% ~ 15%,仰焊时则要减小 15% ~ 20%。

8.2.2　其他熔化焊方法

1. 埋弧自动焊

埋弧自动焊(submerged‐arc welding 缩写 SAW)又称焊剂层下电弧焊,焊接时以连续送进的焊丝代替手工电弧焊时所用的焊条,以颗粒状的焊剂代替焊条的药皮。焊接过程中电弧引燃、焊丝送进的动作是通过埋弧焊机焊接小车上的一些机构自动进行的,焊接小车则在专门的导轨上沿所焊焊缝移动,从而完成焊接所需的各种动作。埋弧焊自动焊的焊接过程如图 8 – 18 所示。焊丝末端与工件之间产生电弧以后,电弧的热量使焊丝、工件和电弧周围的焊剂熔化,其中部分在高温下气化。焊剂及金属的蒸汽将电弧周围已熔化的焊剂(即熔渣)排开,形成一个封闭空间,使电弧和熔池与外界空气隔绝。电弧在封闭空间内燃烧时,焊丝与被焊金属不断熔化,形成熔池。随着电弧的前移,熔池金属冷却凝固后,形成焊缝。同时,比较轻的熔渣浮在熔池表面,冷却后凝固成渣壳。

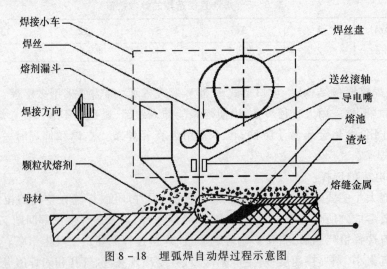

图 8 – 18　埋弧焊自动焊过程示意图

（1）埋弧自动焊设备。

埋弧自动焊装置包括电弧焊变压器、控制箱和焊接小车三个主要部分,其装置情况如图 8 – 19 所示。焊接小车上装有控制盘、焊丝盘和焊剂斗。焊剂斗用来储存和输送焊剂。控制盘上各种旋钮用以调节电压、电流、送丝速度等。焊丝盘上盘绕着焊丝,焊丝由两旋转的滚轮夹紧并经导电嘴输送到焊接处。焊接小车是由装在其上的电动机带动,并以要求的速度沿焊接方向在导轨上移动。

常用埋弧自动焊焊机型号有 MZ – 1000 和 MZl – 1000 两种。"MZ"表示埋弧焊机,"1000"表示额定电流为 1000A。焊接电源可以配交流弧焊电源 BX2 – 1000 或整流弧焊电源。

（2）焊接材料。

埋弧焊的焊接材料有焊丝和焊剂。

埋弧焊的焊丝,除了作为电极和填充金属外,还有渗合金、脱氧、去硫等冶金处理作用。

埋弧焊焊剂有熔炼焊剂和非熔炼焊剂两类,非熔炼焊剂又有烧结焊剂和粘结焊剂两种。熔炼焊剂主要起保护作用;非熔炼焊剂除了保护作用外,还可以起渗合金、脱氧、去硫等冶金处理作用。我国目前使用的绝大多数焊剂是熔炼焊剂。焊剂容易吸潮,使用前一定要烘干。

埋弧焊通过焊丝和焊剂合理匹配来保证焊缝金属的化学成分和性能。常用的焊剂和焊丝牌号如表 8 - 7 所示。

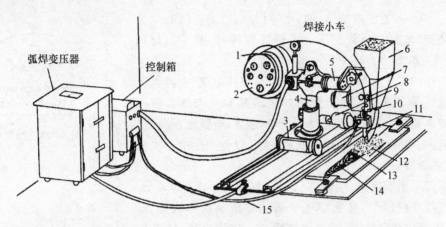

1—焊丝盘;2—操纵盘;3—车架;4—立柱;5—横梁;6—焊剂漏斗;7—送丝电动机;8—送丝滚轮;9—小车电动机;10—机头;11—导电嘴;12—焊剂;13—渣壳;14—焊缝;15—焊接电缆

图 8 - 19　埋弧自动焊装置示意图

表 8 - 7　熔炼焊剂牌号

焊剂牌号	焊剂类型	使 用 说 明	电流种类
HJ430 (焊剂 430) HJ431 (焊剂 431)	高锰高硅低氟	配合 H 08A 或 H08MnA 焊接 Q235、20 和 09Mn 2 等 配合 H 08MnA 或 H10Mn 2 焊接 16Mn、15MnV 等 配合 H 08MnMo 焊接 15MnVN 等	交流或直流反接
HJ350 (焊剂 350)	中锰中硅中氟	配合 H 08Mn 2Mo 焊接 18MnMoNb、14MnMoV 等	交流或直流反接
HJ250 (焊剂 250)	低锰中硅中氟	配合 H 08Mn 2Mo 焊接 18MnMoNb、14MnMoV 等	直流反接
HJ251 (焊剂 251)		配合 H12CrMo、H15CrMO 焊接 12CrMO、15CrMo	直流反接
HJ260 (焊剂 260)	低锰高硅中氟	配合 H12CrMo、H15CrMO 焊接 12CrMO、15CrMo 配合不锈钢焊丝焊接不锈钢	直流反接

(3) 埋弧自动焊工艺。

埋弧自动焊的焊接电流大、熔深大,因此,板厚在 24 mm 以下的工件可以采用 I 形坡口单面焊或双面焊。但一般板厚 10mm 就开坡口,常用坡口有 V 形坡口、X 形坡口、U 形坡口和组合坡口。埋弧焊对接一般能采用双面焊的均采用双面焊,以便易于焊透,减少焊接变形。在不能采用双面焊时,采用单面焊工艺,如图 8 - 20(b)、(c)、(d)所示。

埋弧自动焊对下料和坡口加工要求较严,要保证组装间隙均匀,且焊前要清除坡口及其

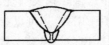

(a) 双面焊　　　　(b) 采用打底焊　　　(c) 采用垫板　　　(d) 采用锁底坡口

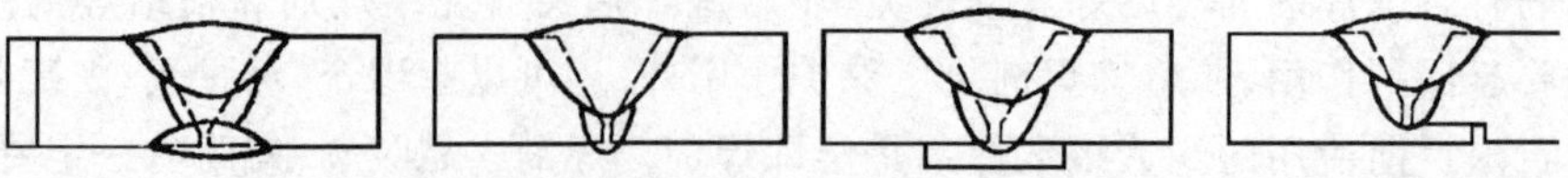

图 8 - 20　对接接头焊接工艺举例

两侧 50 ~ 60 mm 范围内的锈、油、水等污物,以防止气孔。为了防止烧穿,埋弧自动焊的第一道焊缝焊接时,常采用焊剂垫,如图 8 - 21 所示。

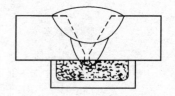

图 8 - 21　焊剂垫

埋弧焊的工艺参数主要有焊丝直径、焊接电流、电弧电压和焊接速度等。这些工艺参数对焊接质量和生产率影响很大。一般电流越大,熔深就越大,生产率越高;电弧电压高,焊缝熔宽就大,可获得合适的焊缝成型系数,以免产生中心线偏析,引起热裂纹。

埋弧焊采用滚轮架,使筒体(工件)转动,就可以焊环形焊缝。焊接环缝时,为防止熔池金属和熔渣从筒体表面流失,保证焊缝成型良好,焊丝要偏离中心一定的距离,如图 8 - 22 所示,一般偏离约为 20 ~ 40 mm。不同直径的筒体应根据焊缝成型情况确定偏离距离 a。直径小于 250 mm 的环缝,一般不用埋弧焊。

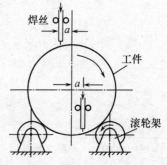

图 8 - 22　环缝自动焊示意图

(4) 埋弧自动焊的特点和应用。

埋弧焊生产的主要特点是的埋弧、自动和大电流。与手弧焊相比,其主要优点是:

1) 生产率高、成本低。埋弧焊的常用电流比手弧焊高 6 ~ 8 倍,且节省了换条时间,故生产率比一般手弧焊高 5 ~ 10 倍。另外,焊接过程中没有焊条头,20 ~ 25 mm 以下厚度的工件可不开坡口,金属飞溅少,且电弧热得到充分利用,从而节省了金属材料与电能。

2) 焊接质量好。电弧保护严密,焊接规范自动控制,移动均匀,故焊接质量高而稳定,焊缝形状也美观。

3) 劳动条件好。无电弧光,烟雾也少,对焊工技术要求也不高,工人劳动强度低。

埋弧焊的缺点是需添置较贵的设备,对接头、装配、校正的要求也较严格,且灵活性差。常用于 3 mm 以上中、厚件,一般为平焊位置,以长直焊缝和大直径环形焊缝为宜,不能焊空间位置的焊缝和不规则的焊缝。

目前埋弧焊在造船、锅炉、车辆、大桥钢梁和容器制造等工业生产中获得了广泛应用。

2. 气体保护电弧焊

用外加气体作为电弧介质并保护电弧和焊接区的电弧焊,称气体保护电弧焊(简称气体保护焊)。保护气体通常有惰性气体(氩气、氦气)和二氧化碳。

(1) 氩弧焊。

使用氩气作为保护气体的气体保护焊,称为氩弧焊(argon arc welding)。氩气是惰性气体,不溶于液态金属,也不与金属发生化学反应,是一种较理想的保护气体。氩气的电离电势高,因此引弧比较困难,但氩气热导率小且是单原子气体,不会因气体分解而消耗能量降低电弧温度。因此,氩弧一旦引燃,电弧就很稳定。按电极的不同,氩弧焊又分钨极氩弧焊和熔化极氩弧焊两种,如图 8-23 所示。

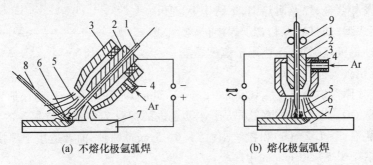

(a) 不熔化极氩弧焊　　　　　　　(b) 熔化极氩弧焊

1—焊丝或电极;2—导电嘴;3—喷嘴;4—进气管;5—氩气流;6—电弧;7—工件;8—填充焊丝;9—送丝辊轮

图 8-23　氩弧焊示意图

钨极氩弧焊又称不熔化极氩弧焊,以高熔点的铈钨棒为电极,焊接时钨极不熔化。因钨极温度很高,故发射电子能力强,所需阴极电压小。当采用直流反接时,由于钨极发热量大,钨棒烧损严重,焊缝易产生夹钨。因此,钨极氩弧焊一般不采用直流反接。在焊接铝、镁及其合金时,为了除去工件表面上有碍焊接的氧化膜,应采用交流电源,当电流处于负半周时,具有"阴极破碎"作用,同时可利用钨极电流处于负半周时的冷却作用,减少钨极烧损。

钨极氩弧焊需加填充金属,填充金属可以是焊丝,也可在焊接接头中附加填充金属条或采用卷边接头等,如图 8-24 所示。填充金属可采用与母材同种的金属,有时需要增加一些合金元素,在熔池中进行冶金处理,以防止气孔等。

钨极氩弧焊虽焊接质量优良,但由于钨极载流能力有限,焊接电流不能太大,所以焊接速度不高,而且一般只适用于焊接厚度 0.5~4 mm 的薄板。

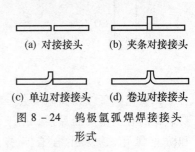

(a) 对接接头　　　(b) 夹条对接接头

(c) 单边对接接头　　(d) 卷边对接接头

图 8-24　钨极氩弧焊焊接接头形式

熔化极氩弧焊用连续送进的焊丝作电极,熔化后作填充金属,可采用较大的电流,熔滴通常呈现出很细颗粒的"喷射过渡",生产率比钨极氩弧焊高几倍,适宜于焊接厚度为 3~25mm 的中厚板。熔化极氩弧焊的焊丝和钨极氩弧焊的焊丝成分一样。熔化极氩弧焊为了使电弧稳定,通常采用直流反接,这对于易氧化合金的工件正好有"阴极破碎"作用。

氩弧焊主要特点如下:

1) 保护效果好,焊缝金属纯净,焊接质量优良,焊缝成型美观,适用于焊接各类合金钢、易氧化的有色金属及稀有金属,如锆、钽、钼等。

2) 电弧在氩气流的压缩下燃烧,热量集中,所以焊接速度快、热影响区小,焊后变形也较小。

3) 电弧稳定,特别是小电流时也很稳定。因此,容易控制熔池温度及单面焊双面成型。为了更容易保证工件背面均匀焊透和焊缝成型,现在普遍采用图 8-25 所示的脉冲电流来焊接,这种焊接方法叫脉冲氩弧焊。

4)明弧可见,便于观察和操作,可全位置焊接,焊后无渣,便于机械化和自动化。

但氩气成本高,设备较复杂,主要适用于焊接铝、铜、镁、钛及其合金,以及耐热钢、不锈钢等,适用于单面焊双面成型,如打底焊和管子焊接;钨极氩弧焊,尤其是脉冲钨极氩弧焊,还适用于薄板焊接。

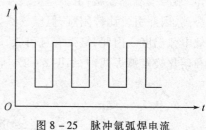

图 8 – 25　脉冲氩弧焊电流

(2)二氧化碳气体保护焊。

二氧化碳气体保护焊(CO_2 gas shielded arc welding)是利用 CO_2 作为保护气体的一种电弧焊方法,简称 CO_2 焊。这种焊接方法用连续送进的焊丝为电极。按焊丝的直径不同,可分为细丝(直径 0.5 ~ 1.2 mm)和粗丝(直径 1.6 ~ 5 mm)两种,前者适用于焊接 0.8 ~ 4 mm 的薄板,后者适于焊 5 ~ 30 mm 的中厚板。

图 8 – 26 所示为二氧化碳气体保护焊装置示意图。焊接时,焊丝由送丝机构自动送进,二氧化碳气体除去水分后,经喷嘴沿焊丝周围以一定流量喷出。电弧引然后,焊丝末端、电弧及熔池被 CO_2 气体所包围,可防止空气对金属的有害作用。

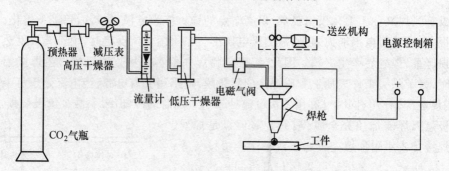

图 8 – 26　二氧化碳气体保护焊装置示意图

二氧化碳气体在高温下会分解出一氧化碳和原子氧,具有一定的氧化作用,故不能用于易氧化的有色金属的焊接。用于碳钢、低合金钢和不锈钢等焊接时,为补偿合金元素的烧损和防止气孔,应采用含有足够脱氧元素的合金钢焊丝,如 H08MnSiA、H04Mn2SiTiA、H10MnSiMo 等。由于二氧化碳气流对电弧冷却作用较强,为保证电弧稳定燃烧,均用直流电源。为防止金属飞溅,宜用反接法。

二氧化碳气体保护焊的主要特点是:

1)成本低。CO_2 气体价廉,焊丝又是整圈光焊丝,故成本仅为埋弧焊和手弧焊的 40% 左右。

2)质量好。电弧在气流压缩下燃烧,热量集中、热影响区小,变形和产生裂纹的倾向也较小,适宜于薄板焊接。

3)生产率高。焊丝自动送进,电流密度大,故焊接速度快。生产率比手工弧焊高 1 ~ 3 倍。

4)适应性强。明弧可见,易于观察与控制。操作灵活,适合于全位置焊接。

其缺点在于用较大电流焊接时,飞溅较大、烟雾较多、弧光强烈、焊缝表面不够美观,如控制或操作不当,易产生气孔,且设备较复杂。

　　CO_2 焊适用于低碳钢和强度级别不高的低合金结构钢的焊接,主要用于薄板焊接。单件小批量生产或短的、不规则的焊缝采用半自动 CO_2 焊(自动送丝,手工移动电弧)。成批生产的长直焊缝和环缝,可采用 CO_2 自动焊。强度级别高的低合金结构钢宜用 Ar 和 CO_2 混合气体保护焊。

　　3. 电渣焊

　　电渣焊(electroslag welding)是利用电流通过熔融的熔渣时所产生的电阻热来熔化焊丝和焊件的焊接方法。

　　埋弧自动焊在焊接中等厚度板材和长焊缝时显示出很大的优越性,但在焊接厚板(如板厚大于 40 mm)时,接头处需开坡口并采用多层多道焊,因而影响了生产率。在重型机械制造中会遇到更厚板的焊接,以及采用铸 – 焊、锻 – 焊结构制造某些大型机件等情况,这些厚板及大型铸、锻件的焊接,可采用电渣焊方法(图 8 –27),焊接装置如图 8 –27(b) 所示。

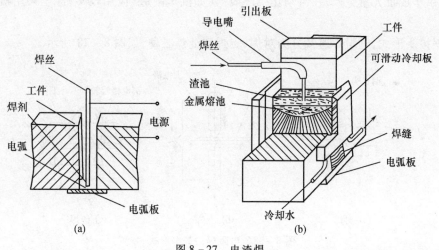

图 8 – 27　电渣焊

　　电渣焊过程可分为三个阶段:

　　(1) 建立渣池。如图 8 –27(a)所示,在装配好的两焊件间隙中放入铁屑和少量焊剂,先使电极(焊丝)与引弧板之间产生电弧,利用电弧热熔化焊剂。随后继续添加焊剂,当熔融的焊剂达到一定的高度时,焊丝浸在熔融的渣池中电弧熄灭。这时电渣过程开始,电流由焊丝经渣池流向工件。

　　(2) 正常焊接过程。渣池建立后,由于熔渣具有一定的导电性,焊接电流从焊丝经渣池、工件形成一回路。但渣池本身也具有一定的电阻,在电流作用下产生大量的电阻热,可将渣池加热达 1700～2000℃,从而将焊丝和工件边缘熔化。液态金属的比重比熔渣大,故下沉形成金属熔池,它被冷却滑块强迫冷却,凝固成焊缝。而渣池浮在上部,并继续不断地加热熔化焊丝及工件的边缘。这样随着渣池、熔池不断上升而形成整个焊缝。为保证电渣过程顺利进行,应经常测定渣池深度,均匀地添加焊剂。

　　(3) 焊缝的收尾。在接近焊完时应逐渐减小送丝速度,最好断续几次送丝,以填满尾部缩孔,防止产生裂纹。

由于电渣焊是连续加热,焊缝是一次形成的,渣池上升速度不快,焊缝冷却速度也较慢,因此焊缝结晶粗大,焊后需进行热处理以改善其结晶组织,保证接头的机械性能。

8.3　其他焊接方法

本节主要介绍压力焊和钎焊中常用的焊接方法。

8.3.1　电阻焊

电阻焊(resistance welding)是利用电流通过焊件及其接触面产生的电阻热,把焊件加热到塑性或局部熔化状态,再在压力作用下形成接头的一种焊接方法。

电阻焊生产率高,焊接变形小,易于实现自动化。但电阻焊设备复杂,设备投资大。所以,它适用于成批大量生产,在自动化生产线上(如汽车制造)应用较多,甚至采用机器人进行焊接。

根据接头形式,电阻焊通常分为对焊、点焊和缝焊三种,如图 8 - 28 所示。

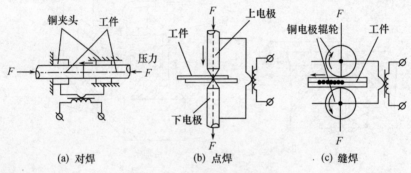

(a) 对焊　　　　　(b) 点焊　　　　　(c) 缝焊

图 8 - 28　电阻焊的基本形式

1. 对焊

对焊(butt welding)可用于焊接各种型材、带钢、管子甚至较大的如汽车曲轴等零件。根据工艺过程不同,对焊有两种不同的形式。

(1) 电阻对焊。

电阻对焊(butt resistance welding)时,将工件夹紧于铜质夹钳中加以初压力,使两焊件接头部分端面紧密接触,然后通电加热。由于焊件接触处电阻最大而散热最慢,该处及附近金属被加热至塑性及半熔化状态。此时突然增大压力进行顶锻,焊件便在压力下形成牢固的接头,如图 8 - 29(a)所示。

(2) 闪光对焊。

闪光对焊(flash - butt welding 缩写 FBW)是将焊件在钳口中夹紧后,先接通电源,再使焊件缓慢地靠拢接触,因端面个别点的接触而产生火花并被加热,其接触面被加热到熔化状态,附近被加热到塑性状态。然后突然加速送进焊件并在压力下压紧形成接头。这时熔化的金属被全部挤出结合面之外。其过程如图 8 - 29(b)所示。

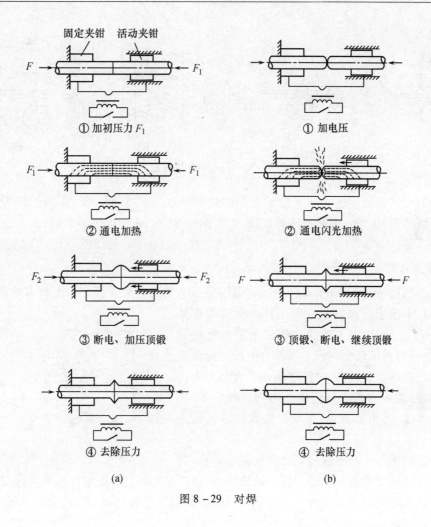

①加初压力 F_1

②通电加热

③断电、加压顶锻

④去除压力

(a)

①加电压

②通电闪光加热

③顶锻、断电、继续顶锻

④去除压力

(b)

图 8-29　对焊

2. 点焊

点焊(spot welding)是利用电流通过圆柱形电极和搭接的两焊件时产生电阻热,将焊件加热并局部熔化,形成一个熔核(其周围为塑性状态),然后在压力作用下熔核结晶,形成一个焊点。点焊的焊接过程如图 8-30 所示。焊接第二点时,有一部分电流会流经已焊好的焊点,这叫点焊分流现象。分流会使焊接电流发生变化,影响点焊质量,故两焊点之间应有一定距离。一般焊件厚度越大,材料导电性越强,点焊最小点距就越大。这是因为工件电阻越小,分流现象越严重所致。

点焊的主要工艺参数是电极压力、焊接电流和通电时间。电极压力过大,接触电阻下降、热量减少,可造成焊点强度不足;电极压力过小,则板间接触不良,热源虽强,但不稳定,甚至出现飞溅、烧穿等缺陷。如焊接电流不足,则熔深过小,甚至造成未熔化;如电流过大,则熔深过大,并有金属飞溅,甚至引起烧穿。通电时间对点焊质量的影响,与电流相似。

影响焊点质量的主要因素除了点焊工艺参数外,焊件表面状态影响也很大。点焊前必须清理焊件表面的氧化膜、油污等杂质,以免焊件间接触电阻过大而影响点焊质量和电极寿命。

点焊主要用于薄板冲压件搭接,如汽车驾驶室、车厢等薄板与型钢构架的连接、蒙皮结

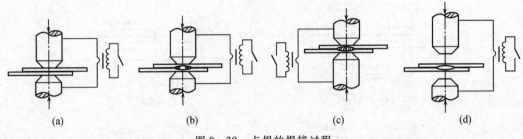

图 8 - 30　点焊的焊接过程

构、金属网、交叉钢筋等接头。适合于点焊的最大厚度为 2.5 ~ 3 mm,小型构件可达 5 ~ 6 mm,特殊情况为 10 mm,钢筋和棒料直径达 25 mm。此外,还可焊接不锈钢、铜合金、钛合金和铝镁合金等。

3. 多点凸焊

多点凸焊(projection welding)是一次加压和通电完成两个或两个以上焊点的凸焊。原理如图 8 - 31 所示。在其中一个工件上的要焊接处凸出一个凸点,然后将工件放在焊机大平面电极之间,像点焊那样加压通电。因为工件与电极之间的接触面积比凸点端面大得多,电路电阻几乎全集中在凸点处,故热量集中。当凸点金属加热到塑性状态时,压力使凸点变平,形成焊点,迫使工件紧密地连接在一起。

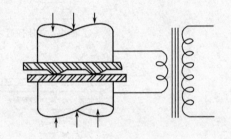

图 8 - 31　多点凸焊原理

电极之间有几个凸点就能同时形成几个焊点,其数目只受焊机所能提供的电流和压力的限制,许多点焊机通过改变电极就可进行多点凸焊。

由于凸点是用冲床在工件上形成的,因此,可以和其他板料成型工序同时形成,几乎无需增加什么成本。

4. 缝焊

缝焊(seam welding)又称滚焊,其焊接过程与点焊相似,但所用电极是两只旋转的导电滚轮。焊件在滚轮带动下前进。通常是滚轮连续地旋转,电流是间歇地接通,因此在两焊件间形成一个个彼此重叠(约 50% 以上重叠)的焊核,而形成一连续的焊缝,其过程见图8 - 28 (c)。缝焊时由于很大的分流通过已焊合部位,故缝焊电流一般要比点焊增加 15% ~ 40%。

缝焊主要用于焊接要求密封的薄壁容器,如汽车油箱、水箱、消音器等,焊件的厚度一般不超过 3 mm。

8.3.2　钎焊

钎焊是将熔点比被焊金属熔点低的焊料(钎料)与焊件一起加热,当加热到高于钎料熔点、低于母材熔点的温度,利用液态钎料润湿母材并填充被焊处的间隙,依靠液态钎料和固态被焊金属间的相互扩散而实现金属连接的焊接方法。钎焊也是常用的焊接方法之一。

钎焊的特点是焊接时焊件不熔化,一般说来焊后接头附近母材的组织和性能变化不大,应力和变形较小,接头平整光滑。由于这些特点,钎焊可焊黑色、有色金属,也适合于性能相差较远的异种金属的焊接。

钎焊过程中,一般需使用熔剂。其作用是清除液态钎料和焊件表面的氧化膜,改善钎料的湿润性,使钎料易于在焊接接头处铺展,并保护焊接过程免于氧化。

根据钎料熔点和接头强度不同,钎焊可分为软钎焊和硬钎焊两种。

1. 软钎焊

软钎焊(soldering)所用钎料熔点低于 450℃,接头强度低于 70 MPa(7 kgf/mm^2)。常用的钎料是锡铅钎料、锌锡钎料、锌镉钎料等。熔剂采用松香、氯化锌、磷酸等。软钎焊适用于受力不大、工作温度不高的工件的焊接,如仪表、电路板、电器元件及导线等件的钎焊。焊接时常用烙铁加热。

2. 硬钎焊

硬钎焊(brazing)所用钎料熔点高于 450℃,接头强度可达 500 MPa(50 kgf/mm^2)。常用的钎料有铜基钎料、银基钎料、铝基钎料等。硬钎焊时所用熔剂通常都含有硼酸、硼砂,有的还加入某些氟化物。用铝基钎料时,熔剂中含有多量的氟化物和氯化物。由于硬钎料的熔点较高,钎焊时常用的加热方法有火焰加热、炉内加热、高频感应加热、盐溶加热和接触加热等。

由于钎焊接头的承载能力与接头处的接触面积有关,故其接头常用搭接形式。常用的接头形式如图 8–32 所示。

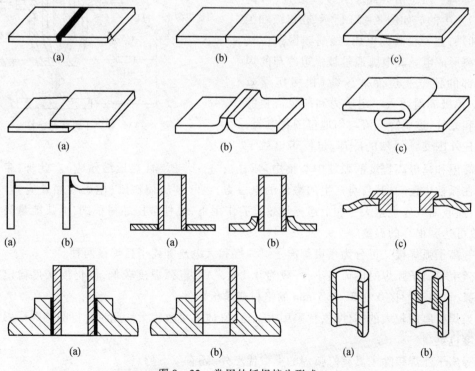

图 8–32 常用的钎焊接头形式

钎焊时,焊前对被焊处的清洁和装配工作要求较高,残余熔剂有腐蚀作用,焊后必须仔细清洗。

8.3.3　焊接新工艺技术简介

随着现代工业技术的飞速发展,为满足新材料和结构的焊接需要,新的焊接工艺方法和技术应运而生。这里仅对部分新的焊接工艺方法及技术作简单介绍。

1. 等离子弧焊接与切割

等离子弧焊接(plasma arc welding)与切割是利用高温的等离子弧作为热源进行焊接和切割的。等离子弧与一般电弧不同。一般电弧是利用两电极之间的气体电离而导电的,为了提高其弧柱温度,可以增大电弧电压和电流。但随着电压和电流的增大,其弧柱直径也增大,通过弧柱的电流密度仍被限制在一定的数值之内,其电离程度也不可能很高,故一般电弧的最高温度区也只能在 6000 ~ 8000 K 左右。如果设法将电弧的弧柱进一步强迫压缩,减小其直径,则电弧弧柱的电流密度将大大提高,从而提高了电弧的温度。这种被强迫压缩、电弧能量高度集中、弧柱内气体完全电离为电子和离子的电弧称为等离子弧,其温度可高达16000 K 以上。

等离子弧不仅温度高、能量高度集中,而且电弧导电性好,故非常有利焊接与切割一些难熔金属或非金属材料。

等离子弧是由等离子弧发生装置(等离子枪)产生的。如图 8 - 33 所示,在钨极和工件之间加上一较高的电压,经高频振荡使气体电离形成电弧。电弧通过被强迫冷却的焊枪端部的狭窄通道而被压缩(机械压缩效应)。钨极周围通入一定压力和一定流量的氩气和氮气,这些冷气流均匀地包围着电弧,使弧柱外围受到强烈的冷却,迫使带电粒子

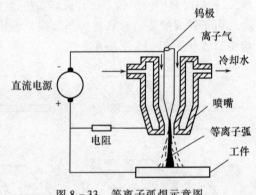

图 8 - 33　等离子弧焊示意图

流往高温和高电离程度的弧柱中心集中,弧柱被进一步压缩(热压缩效应)。此外,带电粒子流在弧柱中运动,其自身产生的磁场的电磁力,也起到压缩作用(电磁收缩效应)。电流愈大,此收缩效应也愈大。在上述三种效应的作用下,弧柱被压缩得很细,电弧能量高度集中,故可达到很高的温度。

等离子弧焊接又可分为微束等离子弧焊接和大电流等离子弧焊接两种。

微束等离子弧焊时电流很小,一般为 0.1 ~ 3 A。电弧温度较低,但仍能获得稳定的等离子弧,可用于焊接 0.025 ~ 2.5 mm 的箔材或薄板构件。

当焊接厚度较大的构件时,常采用大电流,气体流量也较大。此时获得的等离子弧挺直而温度也更高。

等离子弧焊接除了具有氩弧焊的类似优点外,还有以下特点:

(1) 弧柱能量密度大、温度高、穿透力强。厚度为 10 ~ 12 mm 的板材焊接时可不开坡口,一次焊透,双面成型。焊接应力、变形小,热影响区窄,接头的机械性能高。

(2) 电流小到 0.1 A 时,电弧仍然稳定燃烧,并保持良好的挺直度,可用于焊接极薄的

构件。

等离子弧焊接除了能焊接常用的金属材料外，还可以焊接钨、钼、钛、锆等金属。

等离子切割是利用等离子弧的高温及其气流的冲力将金属熔化并吹走的。它除了能切割各种金属外还可用于切割岩石等高熔点的非金属材料。

2. 真空电子束焊接

真空电子束焊接（vacuum electron beam welding）是 20 世纪 50 年代发展起来的一种先进的焊接方法。在真空室内，从炽热阴极发射的电子，被高压静电场加速，并经磁场聚焦成能量高度集中的电子束，电子束以极高的速度轰击焊件表面，电子的动能转变为热能而使焊件熔化。真空电子束焊接时，工件置于真空室内的工作台上，工作台可按焊接要求作相应的移动。

电子束焊接的特点是：电子束能量密度高，焊缝深而窄，焊件热影响区及焊接变形极小；焊接质量高、速度快。大多数的金属都可以用电子束焊接，包括熔点、导热性等性能相差很大的异种金属和合金的焊接。大功率焊接时，可单面焊透 200mm 厚的钢板，但亦可以以很小的功率焊接微小的焊件。

由于设备结构复杂、造价高，多般用于特殊要求的小型构件的焊接。

3. 激光焊接与切割

（1）激光焊接。

激光焊接（laser welding）是利用经聚焦后能量密度极高的激光束作为热源来进行焊接的。与电子束焊接相似，激光焊因其能量密度高，光束斑点小（几十至几百微米），故焊缝窄，热影响区和焊接变形极小，但其穿透能力不及电子束。激光焊不需要在真空中进行，而且可在大气中远距离传射到焊件上。

激光焊可用于焊接铝、铜、银、不锈钢、钽、镍、锆、铌以及一些难熔金属材料。

（2）激光切割。

激光光束能切割各种金属材料和非金属材料，如氧气切割难以切割的不锈钢、钛、铝、铜、锆及其合金等金属材料；木材、纸、布、塑料、橡胶、岩石、混凝土等非金属材料。

激光切割机理有三种：

1）激光蒸发切割。当激光光束射到金属材料表面时，沿激光光束轨迹的金属材料立即被加热到沸点以上，产生金属蒸气而急剧气化，并以蒸气的形式由切割口逸散掉。激光蒸发切割多用于极薄金属材料的切割。

2）激光熔化吹气切割。当激光光束射到材料表面时，材料被迅速加热到熔化，并借助喷射惰性气体，如氩、氦、氮等气体，将熔化的金属或其他材料从切缝中吹走。这种激光切割多用于纸、布、塑料、橡皮及岩石混凝土等非金属材料的切割，也可用于切割不锈钢及易氧化的钛、铝及其合金等金属材料。

3）激光反应气体切割。金属材料被激光迅速加热到熔点以上，通过在其上喷射纯氧或压缩空气，熔融金属立即与氧气产生激烈的氧化作用，放出大量热量，又加热了下一层金属，并继续氧化，从而实现切割的目的。这种激光切割多用于金属材料的切割，如碳钢、钛钢和热处理钢等易氧化的金属材料。氧气不仅给金属助燃，而且提高了切割速度和效率，使切口狭小，热影响区小，提高了切割质量和精度。借助氧的作用还可以切割较厚的工件。

4．计算机在焊接上的应用

利用计算机对焊接生产过程的参数进行采集、存储并打印成报表；对焊接瞬态过程的参数进行检测与数据处理，以便于研究焊接瞬态过程；对焊机输出的焊接参数进行控制等是目前计算机在焊接中应用的最主要方向。

计算机图像处理可用于 X 光底片上焊缝缺陷的识别，其另一个用途是识别电弧和焊缝熔池的形态与位置。

计算机软件技术在焊接中的应用越来越受到人们的重视。目前，计算机模拟技术用于焊接热过程、焊接冶金过程、焊接应力和变形等的模拟；数据库技术被用于建立焊工档案管理数据库、焊接符号检索数据库、焊接材料检索数据库等；计算机辅助设计(CAD)、计算机辅助制造(CAM)、柔性制造系统(FMS)及计算机集成制造系统(CIMS)属计算机在自动化生产中的高级形式。在世界焊接领域中，CAD/CAM 的应用正处于不断开发阶段，焊接的柔性制造系统也已经出现。

5．焊接机器人和智能化

焊接机器人是焊接柔性自动化的新方式。焊接机器人的主要优点是稳定和提高焊接质量，保证其均一性；提高生产率，可 24 小时连续生产；可在有害环境下长期工作，改善了工人劳动条件，降低了对工人操作技术的要求，可实现小批量产品焊接自动化；为焊接柔性生产线提供技术基础。

汽车车身、家用电器框架等薄壁结构多采用点焊方法制造，用机器人进行点焊，能获得较高质量和生产率。

为提高焊接过程的自动化程度，除了控制电弧对焊缝的自动跟踪外，还应适时控制焊接质量，为此需要在焊接过程中检测焊接坡口的状况，如熔宽、熔深和背面焊道成型等，以便能适时地调整焊接参数，保证良好的焊接质量，这就是智能化焊接。智能化焊接的第一个发展重点是视觉系统，它的关键技术是传感器技术。虽然目前智能化还处在初级阶段，但有着广阔前景，是一个重要的发展方向。

有关焊接工程的专家系统，近年来国外已开始研究，并已推出或准备推出某些商品化焊接专家系统。焊接专家系统是具有相当于专家的知识和经验水平，以及具有解决焊接专门问题能力的计算机软件系统。在此基础上发展起来的焊接质量计算机综合管理系统在焊接中也得到了应用，其内容包括对产品的初始试验资料和数据的分析、产品质量检验、销售监督等，其软件包括数据库、专家系统等。

8.4　常用金属材料的焊接

8.4.1　金属的焊接性能

1．金属焊接性能的概念

金属材料的焊接性能(又称可焊性)，是指被焊金属在采用一定的焊接方法、焊接材料、工艺参数及结构型式的条件下，获得优质焊接接头的难易程度。它包括两个方面：一是工艺可焊性,主要是指焊接接头产生工艺缺陷的倾向,尤其是出现各种裂缝的可能性;二是使用可焊性,主要是指焊接接头在使用中的可靠性,包括焊接接头的机械性能及其他特殊性能(如耐热、耐蚀性能等)。金属材料这两方面的可焊性可通过估算和试验方法来确定。

金属材料的可焊性不是一成不变的,同一种金属材料,采用不同的焊接方法、焊接材料与焊接工艺(包括预热和热处理等),其可焊性可能有很大差别。随着焊接技术的发展,金属焊接性能也会改变。例如化学活泼性极强的钛的焊接是比较困难的,曾一度认为钛的焊接性很差,但从氩弧焊应用比较成熟以后,钛及其合金的焊接结构已在航空等工业部门广泛应用。

根据目前的焊接技术水平,工业上应用的绝大多数金属材料都是可焊的,只是焊接时的难易程度不同而已。当采用新材料(指本单位以前未应用过的材料)制造焊接结构时,了解及评价新材料的可焊性,是产品设计、施工准备及正确制定焊接工艺的重要依据。

2. 估算钢材可焊性的方法

实际焊接结构所用的金属材料绝大多数是钢材。影响钢材可焊性的主要因素是化学成分。各种化学元素加入钢中以后,对焊缝组织性能、夹杂物的分布、以及对焊接热影响区的淬硬程度等影响不同,产生裂缝的倾向也各异。在各种元素中,碳的影响最明显,其他元素的影响可折合成碳的影响。因此可用碳当量方法来估算被焊钢材的可焊性。

通过大量的实践,国际焊接学会推荐碳钢及低合金结构钢的碳当量经验公式为:

$$C_E = C + \frac{Mn}{6} + \frac{Cr + Mo + V}{5} + \frac{Ni + Cu}{15} (\%)$$

式中 C、Mn、Cr、Mo、V、Ni、Cu 为钢中该元素含量的百分数。碳当量越高,钢的焊接能性越差。

经验表明:当 $C_E < 0.4\%$ 时,钢材焊接时冷裂倾向不大,焊接性能良好。焊接时一般不需预热,但对厚大工件或在低温下焊接时应考虑预热。

当 $C_E = 0.4\% \sim 0.6\%$ 时,钢材焊接时冷裂倾向明显,焊接性能较差。焊接时一般需要焊前预热,焊后缓冷和采取其他工艺措施来防止裂纹。

当 $C_E > 0.6\%$ 时,钢材焊接时冷裂倾向严重,焊接性能差。焊前需要采取较高的温度预热,焊时要采取减少焊接应力和防止开裂的工艺措施,焊后要进行适当的热处理,才能保证焊接接头质量。

8.4.2　常用金属材料的焊接特点

焊接结构所用金属材料的种类繁多,对于重要的焊接结构必须对其所用金属材料的焊接性能进行详细的考察,才能进行合理的设计,制订正确的焊接工艺,确保焊接结构的质量。以下对常用的一些金属材料的焊接特点作一简单的介绍。

1. 碳素钢和低合金结构钢的焊接

(1) 碳素钢的焊接。

1) 低碳钢的焊接。低碳钢的焊接性能优良。一般情况下用任何一种焊接方法和最普通的焊接工艺都能获得优良的焊接接头。但在低温环境下进行焊接或厚大工件的焊接时应将焊件预热到 100 ~ 150℃,某些重要结构件焊后还应进行退火处理,对电渣焊后的焊件应进行正火处理以细化热影响区的晶粒。

2) 中碳钢的焊接。随着含碳量的增加,中碳钢的焊接性能下降,焊缝中易产生热裂,热影响区易产生淬硬组织甚至产生冷裂。导致热裂纹产生的因素有焊缝金属的化学成分(形成低熔点共晶体聚于晶界处)、焊缝横截面形状(焊缝熔宽与熔深的比值越大,则热裂倾向越小)、焊件残余应力;冷裂纹一般是在焊后相当低的温度下(大约在钢 Ms 点附近)时产生,有时甚至放置相当长的时间才产生。产生冷裂纹的必要条件为:焊接接头处产生淬硬组织,焊接接头内含氢量较多,焊接残余内应力较大等。

中碳钢焊件通常采用手弧焊和气焊。焊接时将焊件适当预热(150~250℃),选用合理的焊接工艺,尽可能选用低氢型焊条,焊条使用前烘干,焊接坡口尽量开成 U 形,焊后尽可能缓冷等,以防止焊接缺陷的产生。

3) 高碳钢的补焊。高碳钢的含碳量大于 0.6%,其焊接性能差,通常仅用手弧焊和气焊对其进行补焊。补焊是为修补工件的缺陷而进行的焊接。为防止焊缝裂纹,应合理选用焊条,焊前应进行退火处理。采用结构钢焊条时,焊前必须预热(一般为 250~350℃以上),焊后应缓冷并进行去应力退火。

(2) 低合金结构钢的焊接。

低合金结构钢由于其优良的性能,广泛用来制造压力容器、锅炉、桥梁、船舶、车辆、起重设备等。它在我国一般按屈服强度分等级,且常用手弧焊和埋弧焊焊接,相应的焊接材料见表 8-8。

表 8-8　低合金结构钢焊接材料的选用

强度等级 kgf/mm²(MPa)	钢号示例	碳当量	手弧焊 焊条牌号	埋弧自动焊		预热温度
				焊丝牌号	焊剂牌号	
30(294)	09Mn2	0.36	J422,J427	H08,H08MnA	431	一般不预热
35(343)	16Mn	0.39	J502,J503 J506,J507	H08,H08MnA H10Mn2,H10MnSi	431	一般不预热
40(392)	15MnV 15MnTi	0.40	J506,J507 J556,J557	H08MnA, H08Mn2Si H10Mn2,H10MnSi	431	≥100℃
45(441)	15MnVN	0.43	J556,J557 J606,J607	H08MnMoA	431 350	≥100℃

强度级别较低的低合金结构钢(σ_s < 392 MPa),合金元素少,碳当量低(C_E < 0.4%),焊接性好,一般不需预热。当板较厚或环境温度较低时,才预热(100~150℃)。

强度级别较高的低合金结构钢(σ_s ≥ 392 MPa),淬硬、冷裂倾向增加,焊接性能较差。一般焊前要预热(150~250℃),并对焊件和焊接材料进行严格清理和烘干,应选用低氢型焊条,采用合理焊接顺序。

2. 铸铁的补焊

铸铁的焊接性能差,其焊接过程会产生以下几个问题:

(1) 焊接接头易产生白口及淬硬组织 焊接过程中碳和硅等石墨化元素会大量烧损,且焊后冷却速度很快,不利于石墨化,易出现白口及淬硬组织。

　　(2) 开裂倾向大。由于铸铁是脆性材料,抗拉强度低、塑性差,当焊接应力超过铸铁的抗拉强度时,会在热影响区或焊缝中产生裂纹。

　　(3) 焊缝中易产生气孔和夹渣。铸铁中含较多的碳和硅,它们在焊接时被烧损并形成 CO 气体和硅酸盐熔渣,极易在焊缝中形成气孔和夹渣缺陷。

　　由于铸铁的焊接性能差,一般铸铁不宜作焊接结构件,在铸铁件出现局部损坏时往往进行补焊修复。铸铁的补焊有热焊法和冷焊法。热焊法是焊前将焊件整体或局部预热到 650 ~700℃,然后用电弧焊或气焊补焊,施焊过程中铸件温度不应低于 400℃,焊后缓冷或再将焊件加热到 600 ~650℃进行去应力退火;冷焊法是焊前不将焊件预热或仅预热到 400℃以下,然后用电弧焊或气焊补焊。

　　热焊法能有效地防止产生白口组织和裂纹,焊缝便于机加工,但需配置加热设备,且劳动条件差,手弧焊时采用碳、硅含量较低的 EZC 型灰铸铁焊条和 EZCQ 铁基球墨铸铁焊条;冷焊法易出现白口组织、裂纹和气孔,但成本较低,冷焊时常用低碳钢焊条 E5016(J506)、高钒铸铁焊条 EZV(Z116)、纯镍铸铁焊条 EZNi(Z308)、镍铜铸铁焊条 EZNiCu(Z508)等。

　　3. 常用有色金属及其合金的焊接

　　(1) 铜及铜合金的焊接。

　　铜及铜合金的焊接性能比低碳钢差,在焊接时常出现下列情况:

　　1) 铜及其合金的导热性好,热容量大,使母材和填充金属不能很好地熔合,易产生焊不透现象。

　　2) 铜及其合金的线膨胀系数大,凝固时收缩率大,因此其焊接变形较大。如果焊件的刚度大,限制焊件的变形,则焊接应力就大,易产生裂纹。

　　3) 液态铜溶氢能力强,凝固时其溶解度急剧下降,氢来不及逸出液面,易生成气孔。

　　4) 铜在高温时极易氧化,生成氧化亚铜(Cu_2O),它与铜易形成低熔点的共晶体,分布在晶界上,易引起热裂纹。

　　5) 铜合金中的许多合金元素(锌、锡、铅、铝及锰等)比铜更易氧化和蒸发,从而降低焊缝的力学性能,并易产生热裂、气孔和夹渣等缺陷。

　　铜及铜合金通常采用氩弧焊、气焊和钎焊进行焊接,焊前需预热,焊后进行热处理。黄铜气焊时应用轻微氧化焰加热,使熔池表面生成高熔点的氧化锌薄膜,可防锌的继续蒸发。若用含硅焊丝,则熔池表面可生成氧化硅薄膜,亦可阻止锌的蒸发并能防止氢的溶入。

　　为保证铜及其合金的焊接质量,常采取如下措施:

　　① 严格控制母材和填充金属中的有害成分,对重要的铜结构,必须选用脱氧铜做母材。

　　② 清除焊件、焊丝等表面上的油、锈和水分,以减少氢的来源。

　　③ 焊前预热以弥补热传导损失,并改善应力分布状况;焊后进行再结晶退火,以细化晶粒、破坏晶界上的低熔点共晶体。

　　(2) 铝及铝合金的焊接。

　　铝及其合金焊接时有如下特点:

　　1) 易氧化。在焊接过程中,铝及其合金极易生成熔点高(约 2050℃)、密度大($3.85\ g/cm^3$)的氧化铝,阻碍了金属之间的良好结合,并易造成夹渣。解决办法是:焊前清除工件坡口和焊丝表面的氧化物,焊接过程中采用氩气保护;在气焊时,采用熔剂,并在焊接过程中不断用焊丝挑破熔池表面的氧化膜。

2）易形成气孔。液态铝的溶氢能力强,凝固时其溶氢能力将大大下降,易形成氢气孔。

3）易产生热裂纹。铝及铝合金的线膨胀系数约为钢的两倍,凝固时的体积收缩率约6.5%左右,因此,焊接某些铝合金时,往往由于过大的内应力而在脆性温度区间内产生热裂纹。

4）铝在高温时强度和塑性很低。焊接时常由于不能支持熔池金属而引起焊缝塌陷或烧穿,因此,常需要采用垫板。

铝及铝合金的焊接常用氩弧焊、气焊等,一般采用通用焊丝 HS311。

8.5　焊接件结构工艺设计

焊接结构的工艺设计,要根据结构的使用要求,包括一定的形状、工作条件和技术要求等,考虑结构焊接工艺的要求,力求焊接质量良好,焊接工艺简便,生产率高,成本低廉。进行焊接结构的工艺设计时,一般要考虑三个方面的内容,即焊接结构材料的选择、焊缝布置和焊接接头及坡口型式设计等。

8.5.1　焊接件材料的选择

选材是焊接结构设计中的重要环节。焊接结构件的选材除应满足载荷、环境等工作条件外,还应满足下列要求:

1. 工艺性能要求

工艺性能包括金属的焊接性能、切削性能和冷、热加工工艺性能等。焊接结构应首选 CE≤0.4% 的碳钢和低合金结构钢等焊接性能好的材料。强度级别较高的低合金结构钢焊接性稍差,但只要工艺得当,仍可获得较理想的焊接接头。需消除应力的焊接结构还需考虑热处理性能。

2. 体积与重量要求

对体积和重量有所要求的焊接结构,如车、船、起重设备等,应选择强度与重量之比较大的材料,以达到缩小体积、减轻重量的目的。选用低合金高强度钢代替普通低碳钢,可大大降低焊接结构件的自重。

3. 经济性

一般说来,强度等级较低的钢材,其价格较低,焊接性较好,但在重载情况下会导致产品尺寸和重量增大。强度等级较高的钢材,虽价格较高,但却可以节省用料,减小产品尺寸和重量。另外,选材时还应考虑材料强度级别不同,导致材料加工、焊接难易程度的不同而对制造费用产生的影响。

4. 优先选用型材和管材

焊接结构应尽量选用型材和管材,以减少焊缝数量,简化焊接工艺,并有利于增加结构的强度和刚度。对于形状比较复杂的结构,则可考虑采用铸－焊、锻－焊或冲－焊结构。

另外,焊接结构有时用两种或两种以上的异质钢材或异种金属构成。对于异质钢材,若金属组织相同,则焊接时困难不大;若金属组织不同,则焊接性能就较差。对于异种金属若化学成分和物理性能相近,则焊接时困难较小;若成分和性能差别很大,则要焊在一起往往有困难,需通过焊接性能试验确定。

8.5.2　焊接方法的选择

　　焊接方法的选择,应根据材料可焊性、工件厚度、生产率要求、各种焊接方法的适用范围和现场设备条件等综合考虑决定。例如:低碳钢用各种焊接方法其可焊性都良好,如工件板厚为中等厚度(10～20 mm),则采用手弧焊、埋弧焊、气体保护焊均可施焊,但氩弧焊成本较高,一般情况下不需要采用氩弧焊。如工件为长直焊缝或圆周焊缝,生产批量也较大,可选用埋弧自动焊;如工件为单件生产或焊缝短且处于不同的空间位置,则采用手工电弧焊最为方便;如果工件为薄板轻型结构,无密封要求,则采用点焊生产率较高;如要求密封性,则可考虑采用缝焊;如工件为 35 mm 以上厚板重要结构,条件允许时应采用电渣焊;如果是焊接合金钢、不锈钢等重要工件,则应采用氩弧焊以保证焊接质量;如结构材料为铝合金,由于铝合金可焊性不好,最好采用氩弧焊以保证接头质量;如铝合金焊件为单件生产,现场没有氩弧焊设备,也可以考虑采用气焊;若要焊接稀有金属或高熔点金属的特殊构件,则需要考虑采用等离子弧焊接、真空电子束焊接或脉冲氩弧焊;如果是微型箔件,则应选用微束等离子弧焊接或脉冲激光点焊。

　　各种焊接方法的特点见表 8 - 9。

表 8 - 9　各种焊接方法特点比较

焊接方法	热影响区大小	变形大小	生产率	可焊空间位置	适用板厚*（mm）	设备费用**
气焊	大	大	低	全	0.5～3	低
手工电弧焊	较小	较小	较低	全	可焊 1 以上 常用 3～20	较低
埋弧自动焊	小	小	高	平	可焊 3 以上 常用 6～60	较高
氩弧焊	小	小	较高	全	0.5～25	较高
CO_2 保护焊	小	小	较高	全	0.8～30	较低～较高
电渣焊	大	大	高	立	可焊 25～1000 以上 常用 35～450	较高
等离子焊	小	小	高	全	可焊 0.025 以上 常用 1～12	高
电子束焊	极小	极小	高	平	5～60	高
点焊	小	小	高	全	可焊 10 以下 常用 0.5～3	较低～较高
缝焊	小	小	高	平	3 以下	较高

＊　主要指一般钢材;
＊＊低＜5000 元,较低 5000～10000 元,较高 10000～20000 元,高＞20000 元

8.5.3　焊缝布置

　　焊接结构的焊接工艺是否简便及焊接接头是否可靠与焊缝的布置密切相关。

1. 便于操作

　　焊缝的布置应考虑便于操作。图 8 - 34 所示焊接结构应考虑必要的操作空间,保证焊条能伸到焊接部位;点焊和缝焊时,要求电极能伸到待焊位置,如图 8 - 35 所示。应避免在

不大的容器内施焊;应尽量避免仰焊缝,减少立焊缝。

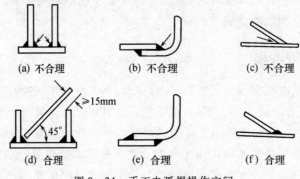

图 8 - 34　手工电弧焊操作空间

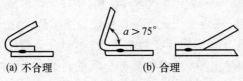

图 8 - 35　点焊或缝焊的焊缝设置

2. 避开应力最大或应力集中部位

焊接接头是焊接结构的薄弱环节,应避开最大应力或应力集中的部位。图 8 - 36(a)所示为简支梁焊接结构,不应该把焊缝设计在梁的中部;图 8 - 36(b)所示改进的焊缝布置方案比较合理。

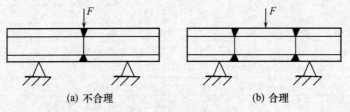

图 8 - 36　避开最大应力部位

图 8 - 37(a)所示平板封头的压力容器将焊缝布置在应力集中的拐角处,图 8 - 37(b)所示无折边封头将焊缝布置在有应力集中的接头处,所以图(a)、(b)都是不合理的。图 8 - 37(c)所示采用碟形封头(或椭圆形封头、球形封头)使焊缝避开了焊接结构的应力集中部位。

3. 避免密集与汇交

多次焊接工件上同一部位可能造成焊接应力集中和焊接缺陷集中,降低焊接结构使用过程中的可靠性。因此,布置焊缝时应力求避免密集与汇交。图 8 - 38(a)、(b)、(c)所示拼焊结构焊缝布置密集;图 8 - 38(d)、(e)、(f)所示改进的焊缝错开方案增加了焊接结构的使用可靠性。

压力容器的焊缝汇交见图 8 - 39(a)所示,易在汇交处形成焊接缺陷;改进方案见图 8 -

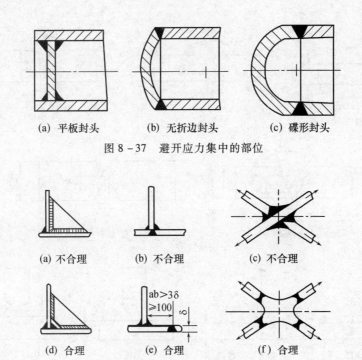

(a) 平板封头　　　(b) 无折边封头　　　(c) 碟形封头

图 8 – 37　避开应力集中的部位

(a) 不合理　　　(b) 不合理　　　(c) 不合理

(d) 合理　　　(e) 合理　　　(f) 合理

图 8 – 38　避免焊缝密集

39(b),焊缝交错布置使产品的使用可靠性增加。

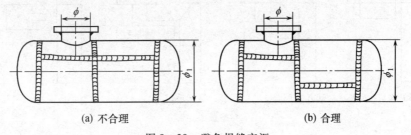

(a) 不合理　　　　　　　　　　(b) 合理

图 8 – 39　避免焊缝交汇

4. 避开加工部位

焊缝应避开已加工部位。这不但要避开已机械加工过的表面,更主要的是避开冷作硬化部位。

8.5.4　接头形式

焊接结构常用的接头形式有对接接头、角接接头、T 形接头和搭接接头等,如图 8 – 40 所示。焊接接头主要根据焊接结构形式、焊件厚度、焊缝强度要求及施工条件等情况来选择。

为使厚度较大的焊件能够焊透,常将金属材料边缘加工成一定形状的坡口(图 8 – 40 所示),坡口除保证焊透外,还具有调整焊缝成分的作用。

对接接头受力较均匀,应优先选用;搭接接头因两工件不在同一平面,受力时会产生附加弯矩,应尽量不用。

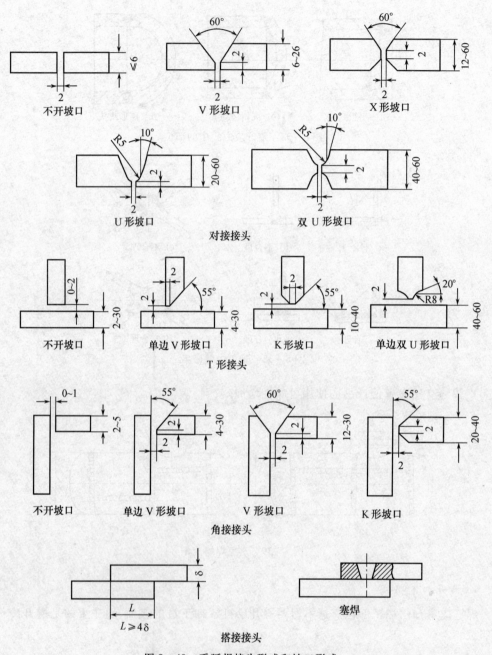

图 8-40　手弧焊接头形式和坡口形式

　　设计焊接结构件最好采用等厚度的金属材料,否则,由于接头两侧的材料厚度相差较大,接头处会造成应力集中,且因接头两侧受热不匀,易产生焊不透等缺陷。对于不同厚度金属材料的重要受力接头,允许的厚度差见表 8-10。如果允许厚度差($\delta_1-\delta$)超过表 8-10中的规定值,或者双面超过 $2(\delta_1-\delta)$ 时,应加工出单面或双面斜边的过渡形式,如图 8-41所示。

表 8 - 10　不同厚度金属对接时允许的厚度差

较薄板的厚度 δ(mm)	2 ~ 5	6 ~ 8	9 ~ 11	≥12
允许厚度差($\delta_1 - \delta$)(mm)	1	2	3	4

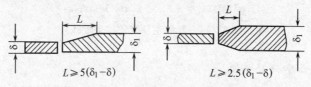

$$L \geqslant 5(\delta_1 - \delta) \qquad L \geqslant 2.5(\delta_1 - \delta)$$

图 8 - 41　不同厚度板的对接

8.5.5　焊接件结构工艺设计示例

以液化石油气瓶体的生产为例分析其焊接结构工艺设计过程。

结构名称:液化石油气瓶体(图 8 - 42)

主要组成:瓶体、瓶嘴

材料名称:20 钢(或 16 Mn)

瓶体壁厚:3 mm

生产类型:大量生产

1. 确定焊缝位置

瓶体焊缝布置有两个方案可供选择,如图 8 - 43 所示。

方案 a 共有三条焊缝,其中包括二条环形焊缝和一条轴向焊缝。方案 b 只有一条环形焊缝。方案 a)的优点是上、下封头的拉深变形小,容易成型;缺点是焊缝多,焊接工作量大,同时,因为筒体上的轴向焊缝处于拉应力最高的位置(径向拉应力为轴向拉应力的两倍),破坏的可能性

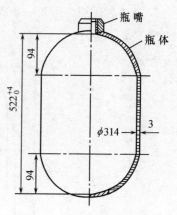

图 8 - 42　液化石油气瓶体

很大。方案 b 只在中部有一环缝,完全避免了方案 a 的缺点,因此选用方案 b。

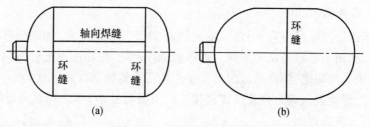

图 8 - 43　瓶体焊缝布置方案

2. 设计焊接接头

连接瓶体与瓶嘴的焊缝,采用不开坡口的角焊缝即可。而瓶体主环缝的接头形式,宜采用衬环对接或缩口对接,如图 8 - 44 所示。这样便于上、下封头定位装配。为确保焊透,尽管焊件厚度不大,仍应开 V 形坡口。

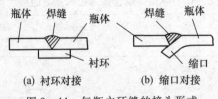

图 8 - 44　气瓶主环缝的接头形式

3. 选择焊接方法和焊接材料

瓶体的焊接采用生产率高、焊接质量稳定的埋弧自动焊。焊接材料可用焊丝 H08A、H08MnA 或 H10Mn2A，并配合 HJ431。

瓶嘴的焊接因焊缝直径小，用手弧焊焊接。构件材料选用 20 钢时，焊条可用 E4303（J422）；构件材料为 16Mn 钢时，焊条可取 E5015（J507）。

4. 瓶体装配图

瓶体装配图如图 8 - 45 所示。

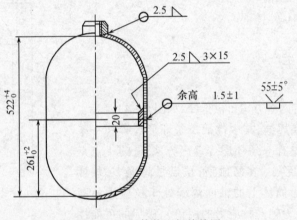

图 8 - 45　瓶体装配焊接筒图

5. 主要工艺措施

（1）上、下封头拉深成型后，因开口端变形大，冷变形强化严重，加上板材纤维组织的影响，在残余应力作用下很容易发生裂纹。为防止裂纹产生，拉深后应进行再结晶退火。

（2）为减少焊接缺陷，焊件接缝附近必须严格清除铁锈、油污。

（3）为去除焊接残余应力并改善焊接接头的组织与性能，瓶体焊后应进行整体正火处理，至少要进行去应力退火。

6. 主要工艺过程

落料→拉深→再结晶退火→（冲孔）→除锈→装焊衬环、瓶嘴→装配上、下封头→除锈→焊主环缝→正火→水压试验→气密试验

思　考　题

1. 什么叫焊接热影响区？低碳钢焊接热影响区的组织与性能如何？
2. 焊接接头中机械性能差的薄弱区域在哪里？为什么？
3. 生焊接应力与变形的原因是什么？焊接变形的基本形式有哪几种？
4. 如何防止焊接变形？矫正焊接变形的方法有哪几种？
5. 减少焊接应力的工艺措施有哪些？消除焊接残余应力有什么方法？
6. 结构钢焊条如何选用？试给下列钢材选用焊条（写出牌号），并说明理由。

　　Q235、20、45、Q345（16Mn）

7. 硬钎焊和软钎焊各有何特点？
8. 何谓金属的焊接性？钢材的焊接性主要取决于什么因素？试比较下列钢的焊接性。

　　Q235、T8、45、Q345（16Mn）

9. 何谓焊件的结构工艺性？保证焊件结构工艺性良好的一般原则有哪些？
10. 如何选择焊接方法？下列情况应选用什么焊接方法？简述理由。
（1）低碳钢桁架结构，如厂房屋架；
（2）厚度 20mm 的 Q345（16Mn）钢板拼成大型工字梁；
（3）纯铝低压容器；
（4）低碳钢薄板（厚 1mm）皮带罩；
（5）供水管道维修。
11. 钢板拼焊工字梁的结构与尺寸如下图所示。材料为 Q235 钢，成批生产，现有钢板的最大长度为
2500mm。试确定：
（1）腹板、翼板的接缝位置；
（2）各条焊缝的焊接方法和焊接材料；
（3）各条焊缝的接头和坡口形式（画简图）；
（4）各焊缝的焊接顺序。

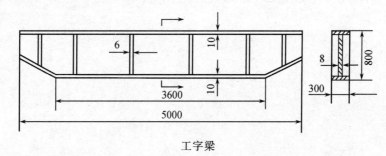

工字梁

12. 钢制压力容器结构如下图所示。本体由筒体和封头组成，材料为 Q345，钢板尺寸为 1200 × 6000
× 8mm，大、小保护罩材料 Q235F，接管材料为 Q235，外径 65mm，壁厚 10mm，高约 60mm。工作压力为 20 个
大气压，工作温度为 −40 ~ 60℃，大批生产。要求：
（1）画出焊缝布置；
（2）选择各条焊缝的焊接方法和焊接材料；
（3）画出各条焊缝的接头形式和坡口简图；
（4）确定装配和焊接顺序。

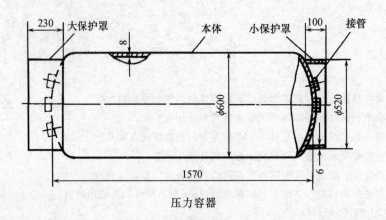

压力容器

13. 如下图所示的焊缝布置是否合理？不合理则加以改正。

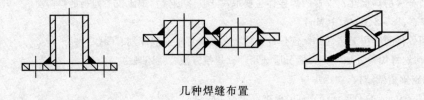

几种焊缝布置

14. 如下图所示焊接结构有何缺点？应如何改进？

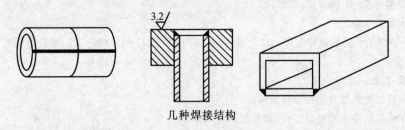

几种焊接结构

15. 你所了解的焊接新技术有哪些？请举例说明它们各自有何应用？

第9章 机械零件材料及成型方法选用

9.1 选材的一般原则

在机械零件产品的设计与制造过程中,如何合理地选择和使用金属材料是一项十分重要的工作。不仅要考虑材料的性能能够适应零件的工作条件,使零件经久耐用,而且要求材料有较好的加工工艺性能和经济性,以便提高零件的生产率,降低成本,减少消耗等。本节仅就一般结构零件的选材原则作一简要介绍。

9.1.1 零件失效的类型、原因及分析方法

1. 零件失效的类型、原因

各种机械零件都具有一定的功能,当它不能按要求的效率完成预定的功能时,则称该零件已失效。零件失效具体表现为:零件完全破坏,不能继续工作;严重损伤不能再安全工作;虽仍能安全工作,但不能完成规定的功能。以上三种情况中只要有一种情况发生,即可认为零件已经失效。特别是没有明显征兆的失效,可能会造成严重的事故。因此,对零件的失效进行分析,找出失效的原因,提出防止或推迟失效的措施就显得尤为重要。

根据零件损坏的特点、所受载荷的类型及外在条件,零件的失效可归纳为下列三种类型:①变形失效(弹性变形失效或塑性变形失效);②断裂失效(塑性断裂、低应力脆性断裂、疲劳断裂、蠕变断裂);③表面损伤失效(磨损、表面疲劳、腐蚀)。引起失效的具体原因大体可以分为①设计(工况条件估计不确切;结构外形不合理;计算错误);②材料(选材不当或材质低劣);③加工(毛坯有缺陷;冷加工缺陷;热加工缺陷);④安装使用(安装不良、维护不善、过载使用、操作失误)等四个方面。

2. 零件失效分析方法

分析零件失效的原因往往是相当复杂的。例如一根轴断裂,就要分析是属于哪一种断裂,原因是什么?是设计有误,还是材料选用或加工工艺不当等。又如一个零件磨损,应分析是属于哪一种磨损,是材料问题还是使用问题?因此,失效分析是一个涉及面很广的复杂问题,分析零件失效必须要有一个科学的方法。它的工作程序大体为:

(1) 应尽可能仔细地收集失效零件的残体,拍照留据,确定重点分析的对象和部位。并在零件失效的发源部位切取样品。

(2) 应详细整理失效零件的有关资料,如设计资料、加工工艺文件及使用记录等。

(3) 将所选样品进行宏观及微观的断口分析,以及必要的金相剖面分析,确定失效的发源地及失效的方式。

(4) 测定样品的必要数据,包括设计所依据的性能指标及与失效有关的性能数据,材料

的组织及化学成分是否符合要求,分析在失效零件上收集到的腐蚀产物的成分、磨屑的成分等。必要时还要进行无损探伤、断裂力学分析等,考查有无裂纹或其他缺陷。

综合各方面的分析资料做出判断,确定失效的原因,提出改进措施、写出分析报告。

零件失效的原因是多方面的。就材料而言,通过对零件工作条件和失效形式的分析,确定零件对使用性能的要求,将使用性能具体转化为相应的力学性能指标,根据这些指标来选用材料。

9.1.2　材料的选用

选用材料,应考虑的一般原则是:使用性能原则;工艺性能原则;经济性原则。

1. 使用性能与选材

在设计零件并进行选材时,应根据零件的工作条件和损坏形式找出所选材料的主要机械性能指标,这是保证零件经久耐用的先决条件。

如汽车、拖拉机或柴油机上的连杆螺栓,在工作时整个截面不仅承受均匀分布的拉应力,而且拉应力是周期变动的,其损坏形式除了由于强度不足引起过量塑性变形而失效外,多数情况下是由于疲劳破坏而造成断裂。因此对连杆螺栓材料的机械性能除了要求有高的屈服极限和强度极限外,还要求有高的疲劳强度。由于是整个截面均匀受力,因此也需考虑材料的淬透性。表9-1列举了一些零件的工作条件、主要损坏形式及主要机械性能指标。

表9-1　一些零件的工作条件、主要损坏形式及主要机械性能指标

零件名称	工作条件	失效形式	主要性能指标
钢丝绳	静拉应力,偶有冲击	脆性断裂、磨损	抗拉强度、HRC
连杆螺栓	交变拉应力	塑性变形、疲劳断裂	屈服极限、疲劳强度
传动轴	交变弯、扭应力、轴颈摩擦	疲劳断裂、磨损	疲劳强度、HRC
齿轮	交变弯曲应力、交变接触应力、冲击载荷、齿面摩擦	轮齿折断、接触疲劳、齿面磨损、塑性变形	抗弯强度、疲劳强度、HRC
弹簧	交变应力、振动	塑性变形、疲劳断裂	弹性极限、疲劳强度、屈强比
滚动轴承	交变压应力、滚动摩擦	磨损、接触疲劳	抗压强度、疲劳强度、HRC
机座	压应力、复杂应力、振动	过量弹性变形、疲劳断裂	弹性模量、疲劳强度

由上表可见,零件实际受力条件是较复杂的,而且还应考虑到短时过载、润滑不良、材料内部缺陷等影响因素,因此机械性能指标成为选材的主要依据。机械性能指标可分为设计指标和安全指标两类。前者有屈服强度 σ_s、抗拉强度 σ_b、疲劳强度 σ_{-1}、弹性模量 E 及断裂韧性 K_{IC} 等,用于设计计算;后者有伸长率 δ、断面收缩率 Ψ、冲击韧性值 α_K(或冲击功 A_K)等,不直接用于计算,作为安全储备,其作用是增加零件的抗过载能力和安全性。生产上还习惯在图纸上标注硬度值来说明对机械性能的要求,这是因为硬度值和许多机械性能指标间存在一定的对应关系,如低碳钢的 $\sigma_b \approx 3.6\,HBS$(σ_b 单位为 MPa),并且不需破坏零件或制作专门试样就可测定硬度,测定方法简便、迅速。尽管这种传统的硬度标注方法为生产所

接受,并成功地应用于许多机械产品的设计和制造中,但仍应指出这种方法的局限性。对同样硬度的材料,由于处理状态不同,其他机械性能相应不同。例如,45#钢经正火处理,σ_s = 355 MPa,经调质处理到同样硬度,σ_s = 490 MPa。故在标注硬度值的同时,应注明材料的处理状态,对重要零件则应标注更严格的技术要求。

在特殊环境中使用的材料,必须考虑它们的物理、化学性能。例如,在酸、碱等介质中工作的化工容器,为防止腐蚀失效,应选择耐蚀性高的不锈钢等材料;长期在高温条件下工作的汽轮机、锅炉等零件,为防止蠕变断裂,应选择耐热性高的耐热钢、高温合金等材料;内燃机活塞在气缸内承受高温、高压作用,除要求高温强度外,还要求材料密度小,以减小往复运动的惯性力,热膨胀系数小,不致因高温膨胀而卡死在气缸内,故大都采用铸造铝合金制造。

此外,选材时还应注意材料的“尺寸效应”。材料化学成分和热处理状态相同,由于零件截面尺寸不同,会产生机械性能差异。一般而言,随着零件截面尺寸增加,机械性能降低。因钢材的尺寸效应与淬透性有关,钢的淬透性愈低,零件的截面尺寸愈大,则尺寸效应愈明显。

2. 工艺性能与选材

在选材中,材料的工艺性能常处于次要地位,但在某些特殊情况下,工艺性能也可成为选材考虑的主要依据。如切削加工中,大批量生产时,为保证材料的切削加工性,而选用易切削钢便是一个例子。当某一可选材料的性能很理想,但极难加工或加工成本很高时,选用该材料就没有意义了。因此,选材时必须考虑材料的工艺性能。

高分子材料的成型工艺比较简单,切削加工性尚好,但它的导热性较差,在切削过程中不易散热,易使工件温度急剧升高,可能使热固性塑料变焦,使热塑性塑料变软。

陶瓷材料压制、烧结成型后,硬度极高,除了可用碳化硅或金刚石砂轮磨削外,几乎不能进行任何其他加工。

金属材料制造零件的基本方法有:铸造、压力加工、焊接和切削加工。热处理是作为改善材料的切削加工性能和赋予零件使用性能而安排在有关工序之间的工艺。如果零件的毛坯用铸造成型,应选用铸造性能较好的共晶或接近共晶成分的合金。若是锻造成型,最好选用在一定温度范围内呈固熔体的合金,因其可锻性好。如果是焊接成型,最适宜的材料是低碳钢或低碳合金钢,其焊接性能良好。为了便于切削加工,一般希望钢铁材料的硬度控制在170 ~ 230 HBS 之间,以达到改善切削加工性的目的。不同材料的热处理性能是不同的,碳钢的淬透性差,加热时晶粒容易长大,淬火时容易产生变形甚至开裂。所以制造高强度、大截面、形状复杂的零件,都需要选用合金钢。

总之,选材时应当尽量使材料与加工方法相适应,选材与选择加工方法应同时进行。

3. 经济性与选材

用最少的成本,生产出所需的产品,是指导生产的基本法则。选材的经济性不仅要考虑材料的价格,还应顾及到加工制造费用、维修保养费用和零件的使用寿命等。加工制造费用在零件成本中占据相当比例,采用制造工艺复杂的廉价材料未必比工艺性能好的较贵材料经济。恰当选择强化方法,提高廉价材料的使用价值,往往可获得较明显的经济效益。总之,在评价材料经济性时,必须具有全面的系统工程观点。

此外,在选材时,还应该从我国的国情和生产实际情况出发,如采用我国资源丰富的合金钢系列的钢种,用 Mn、Si、B、Mo、V 等元素的合金钢代替 Cr、Ni 等元素的合金钢,所选材料的牌号应按照国家新标准,尽量压缩材料规格和品种,便于采购和管理。选材应有利于推广新材料、新工艺,能满足组织现代化生产的需要。

9.1.3　选材的一般程序

　　每种零件都有多种材料可供选择,要根据选材的三原则全面衡量,从中选择最佳材料,这不仅需要材料科学和工程技术知识,还须有经济观点和实践经验。选择的材料要适应加工要求,而加工过程又会改变材料的性质,从而使选材过程变得更加复杂。选材的任务贯穿于产品开发、设计,制造等各个阶段,在使用过程中还要及时采用新材料、新工艺,对产品不断改进。所以,选材是一个不断反复、完善的连续过程,选材的一般程序(如图 9 - 1 所示)可归纳为:

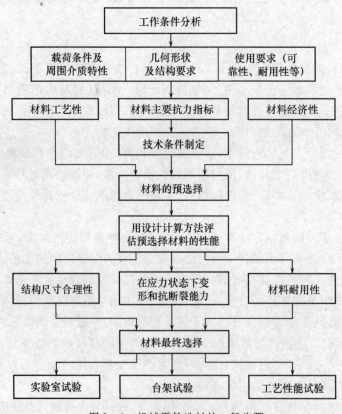

图 9 - 1　机械零件选材的一般步骤

　　1. 分析零件工作条件

　　选择零件的材料,首先要根据产品的用途和零件在产品中的功能,对零件的工作条件进行具体分析。零件的工作条件包括:

　　(1) 受力状态。可分为拉伸、压缩、弯曲、扭转、剪切及其联合作用。

　　(2) 载荷性质。可分为静载荷、交变载荷和冲击载荷(又有大能量一次冲击和小能量多次冲击之分)。

（3）工作温度。可分为高温、室温、低温和交变温度。

（4）周围介质。可分为空气、水蒸气、海水、酸、碱、盐、润滑剂、砂石等。

分析零件工作条件旨在了解对材料的使用性能要求，结合该种零件的失效方式，找出其主要性能指标。

2. 材料预选择

根据上面提出的主要性能指标，再结合材料的工艺性能，就可着手对材料进行预选择。由于可供选择的材料品种较多，除了金属材料，还有高分子材料（工程塑料、合成橡胶等）、陶瓷材料和复合材料。为便于对材料的初步筛选，可将对材料的要求分为硬要求和软要求两类。硬要求是必须满足的要求，如主要性能指标、可成型性（锻造成型的零件不能选择铸铁）等；软要求是应该尽量满足的要求，如非主要性能指标、材料的经济性、外观等。材料的预选择主要按照硬要求，筛选掉不符合硬要求的材料。材料的预选择在很大程度上要凭借实践经验，通过与同类产品零件类比，粗略估算或按材料手册选用。材料的预选择不局限于选择一种材料，可选择多种材料方案，以便比较。

3. 材料终选择

材料终选择的任务是在初选择的材料中，进行综合评价，为特定用途选取一种最佳材料。若在材料预选择中已筛选掉不符合硬要求的材料，那么材料终选择必须在确保硬要求的前提下，寻求能更好地满足软要求的材料。材料终选择前需要进行一系列工作，如确定最佳材料的衡量准则和各种性能的相对重要性、对候选材料进行利弊分析等。材料终选择已不能完全依靠定性判断，应该采用定量的评价方法（价值工程分析法、加权性质分析法、最低成本分析法等）。在选材中，若发现所有材料都无法满足零件的要求，则应该考虑修改原设计，重新调整零件的使用要求，或在条件允许的情况下研制新材料。

4. 验证选材的可靠性

必要时应对选择的最佳材料进行实验室试验、台架试验和工艺试验，以取得确切可靠的数据资料。由于零件设计和材料选择往往是交叉进行的，在零件结构尺寸完全确定和取得上述试验数据后，尚需进行强度或其他性能指标的精确验算。只有通过试验验算，进行小批量生产后，才能投入大批量生产。在选材问题上，必须持慎重的科学态度。

9.2　典型零件的选材及改性方法示例

9.2.1　齿轮类零件的选材及改性方法

1. 齿轮的工作条件及性能要求

齿轮是机械工业、汽车、拖拉机中应用最广的零件之一，主要用于功率的传递和速度的调节，其工作时的受力状况如下：

（1）由于传递扭矩，齿根承受较大的交变弯曲应力。

（2）齿面相互滑动和滚动，承受较大的接触应力，并发生强烈的摩擦。

（3）由于换档、启动或啮合不良，齿部承受一定的冲击。

根据齿轮的工作特点，其主要失效形式有以下几种：

（1）轮齿折断。有两类断裂形式，一类为疲劳断裂：主要发生在齿根，常常一齿断裂引起数齿、甚至更多的齿断裂；另一类是过载断裂：主要是冲击载荷过大造成的断齿。

（2）齿面磨损。由于齿面接触区摩擦，使齿厚变小，齿隙增大。

（3）齿面的剥落。在交变接触应力作用下，齿面产生微裂纹并逐渐发展，引起点状剥落。

据此，要求齿轮用材应具有如下性能：

（1）高的弯曲疲劳强度和接触疲劳强度。

（2）高的硬度和耐磨性。

（3）轮齿心部要有足够的强度和韧性。

2. 齿轮零件的选材

根据工作条件，表 9 - 2 列出了一般齿轮的选材和热处理方法，但表中仅列出了一些典型牌号。

表 9 - 2　齿轮的选材和热处理方法

序号	工作条件	选用材料	热处理方法	硬度
1	尺寸较小、低速、主要传递运动、润滑条件差、要求一定的耐磨性，如仪表中齿轮	尼龙或铜合金		
2	中等尺寸、低速、主要传递运动、润滑条件差、工作平稳，如机床中的挂轮	HT200 或 45	正火	170 ~ 230 HBS170 ~ 200HBS
3	中等尺寸、中速、中等载荷、要求一定耐磨性，如机床变速箱中的次要齿轮	45	调质 + 表面淬火 + 低温回火	心部:200 ~ 250 HBS 齿面:45 ~ 50HRC
4	齿轮断面较大、中速、中等载荷、耐磨性好，如机床变速箱、走刀箱中的齿轮	40Cr	调质 + 表面淬火 + 低温回火	心部:230 ~ 280 HBS 齿面:48 ~ 53HRC
5	中等尺寸、高速、受冲击、中等载荷、耐磨性高，如机床变速箱齿轮或汽车、拖拉机的传动齿轮	20Cr	渗碳 + 淬火 + 低温回火	齿面:56 ~ 62HRC
6	中等或较大尺寸、高速、重载、受冲击、要求高耐磨性，如汽车中的驱动齿轮和变速箱齿轮	20CrMnTi	渗碳 + 淬火 + 低温回火	齿面:58 ~ 63HRC

由于陶瓷脆性大，不能承受冲击，不宜用来制造齿轮。常用齿轮的材料为：锻钢，主要为调质钢和渗碳钢，这是齿轮制造中应用最广泛的一类材料；铸钢，主要用于尺寸较大、形状较复杂的齿轮（如 ZG270 - 500、ZG310 - 570）；铸铁，主要适用于轻载、低速、不受冲击和较难进行润滑的齿轮；铜合金，主要用于仪器仪表等要求有一定耐蚀性的轻载齿轮（即主要用于传递运动）；非金属材料（如塑料、尼龙、聚碳酸酯等），主要用于受力不大、润滑条件较差和有一定耐蚀性要求的小型齿轮。

3．典型齿轮选材举例

（1）机床齿轮。

C6132 车床传动齿轮（图 9 - 2 所示），工作时受力不大，转速中等，工作较平稳，无强烈冲击，强度和韧性要求均不高，一般用中碳钢（如 45 钢）经调质后心部有足够的强韧性，能承受较大的弯曲应力和冲击载荷。表面采用高频淬火强化，硬度可达 52HRC 左右，提高了耐磨性，且因在表面造成一定压应力，也提高了抗疲劳破坏的能力。它的工艺路线为：

下料→锻造→正火→粗加工→调质→精加工→高频淬火、低温回火→精磨。

（2）汽车齿轮。

图 9 - 3 所示为 JN—150 汽车变速齿轮，其工作条件比机床齿轮差，特别是主传动系统中的齿轮。它们承受较大的应力和较频繁的冲击，因此对材料要求较高。由于弯曲与接触应力都

很大，所以重要齿轮都须渗碳、淬火、低温回火处理，以提高耐磨性和疲劳抗力。为保证心部有足够的强度及韧性，材料的淬透性要求较高，心部硬度应在 35 ~ 45 HRC 之间。另外，汽车生产的特点是批量大，因此在选用钢材时，在满足力学性能的前提下，对工艺性能必须予以足够的重视。

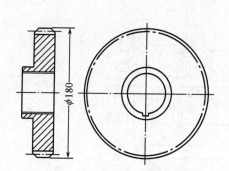

图 9 - 2　C6132 车床传动齿轮

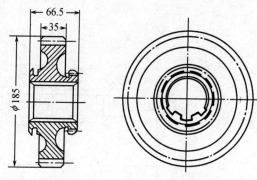

图 9 - 3　JN—150 汽车变速齿轮

20CrMnTi 钢在渗碳、淬火、低温回火后，具有较好的力学性能，表面硬度可达 58 ~ 62 HRC，心部硬度达 30 ~ 45 HRC。正火态切削加工工艺性和热处理工艺性均较好。为进一步提高齿轮的耐用性，渗碳、淬火、回火后，还可采用喷丸处理，增大表面压应力。渗碳齿轮的工艺路线为：

下料→锻造→正火→切削加工→渗碳、淬火及低温回火→喷丸→磨削加工

9.2.2　轴类零件的选材及改性方法

在机床、汽车、拖拉机等制造工业中，轴类零件是另一类用量很大且占有相当重要地位的结构件。

轴类零件的主要作用是支承传动零件并传递运动和动力，它们在工作时受多种应力的作用，因此从选材角度看，材料应具有较高的综合机械性能。局部承受摩擦的部位如车床主轴的花键、曲轴轴颈等处，要求有一定的硬度，以提高其抗磨损能力。

要求以综合机械性能为主的一类结构零件的选材，还需根据其应力状态和负荷种类考

虑材料的淬透性和抗疲劳性能。实践证明,受交变应力的轴类零件、连杆螺栓等结构件,其损坏形式多数是由于疲劳裂纹引起的。

下面以车床主轴、汽车半轴、内燃机曲轴等典型零件为例进行分析。

1. 机床主轴

在选择机床主轴的材料和热处理工艺时,必须考虑以下几点:

① 受力的大小。不同类型的机床,工作条件有很大差别,如高速机床和精密机床主轴的工作条件与重型机床主轴的工作条件相比,无论在弯曲或扭转疲劳特性方面差别都很大。

② 轴承类型。如在滑动轴承上工作时,轴颈需要有高的耐磨性。

③ 主轴的形状及其可能引起的热处理缺陷。结构形状复杂的主轴在热处理时易变形甚至开裂,因此在选材上应给予重视。

(1) 机床主轴的工作条件和性能要求。

C6140 车床主轴如图 9 - 4 所示。该主轴的工作条件如下:

1) 承受交变的弯曲应力与扭转应力,有时受到冲击载荷的作用。

2) 主轴大端内锥孔和锥度外圆经常与卡盘、顶针有相对摩擦。

3) 花键部分经常有磕碰或相对滑动。

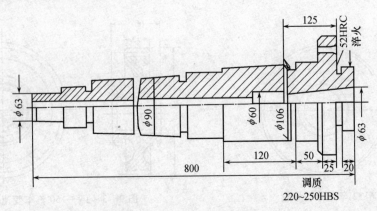

图 9 - 4　C6140 车床主轴如

总之,该主轴是在滚动轴承中运转,承受中等负荷,转速中等,有装配精度要求,且受到一定的冲击力作用。

热处理技术条件如下:

整体调质硬度达 200 ~ 230 HBS;内锥孔和外圆锥面处硬度为 45 ~ 50 HRC;花键部分的硬度为 48 ~ 53 HRC。

(2) 主轴用钢及热处理改性。

C6140 车床属于中速、中负荷、在滚动轴承中工作的机床,因此选用 45# 钢。整体调质以获得高的综合机械性能和疲劳强度;内锥孔和外圆锥面处采用盐浴局部淬火和回火,以便提高耐磨性和保证装配精度;花键部分高频淬火、低温回火,以确保强度和硬度要求。机床主轴工艺路线如下:

锻造→正火→粗加工→调质→精加工→表面淬火及低温回火→磨削加工

若这类机床主轴承受载荷较大时,可用 40Cr 钢制造。当承受较大的冲击载荷和疲劳载荷时,则可采用合金渗碳钢制造,其热处理工艺也发生相应的变化。

2．汽车半轴

汽车半轴是驱动车轮转动的直接驱动件。半轴材料与其工作条件有关,中型载重汽车目前选用 40Cr 钢,而重型载重汽车则选用性能更高的 40CrMnMo 钢。

（1）汽车半轴的工作条件和性能要求。

图 9-5 所示为跃进-130 型载重汽车(载重量为 2500 kg)的半轴简图。半轴在工作时承受冲击、反复弯曲疲劳和扭转应力的作用,要求材料有足够的抗弯强度、疲劳强度和较好的韧性。

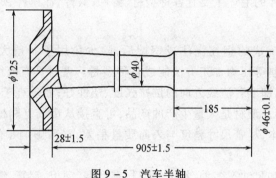

图 9-5　汽车半轴

热处理技术条件：

硬度：杆部 37~44HRC；

　　　　盘部外圆：24~34HRC。

（2）材料选用及热处理改性。

根据技术条件要求,可选用 40Cr 钢。热处理为：正火,消除锻造应力,改善切削加工性；调质,使半轴具有较高的综合机械性能。其制造工艺路线如下：

下料→锻造→正火→切削加工→调质→钻孔→磨削

3．内燃机曲轴

（1）工作条件及性能要求。

曲轴是内燃机中形状复杂而又重要的零件之一。它在工作时受到内燃机周期性变化着的气体压力、曲柄连杆机构的惯性力、扭转和弯曲应力以及冲击力等的作用。在高速内燃机中曲轴还受到扭转振动的影响,会造成很大的应力。

因此,对曲轴的性能要求为：高强度,一定的冲击韧性和弯曲、扭转疲劳强度,轴颈处要求有高的硬度和耐磨性。

（2）内燃机曲轴材料的选择。

一般以静力强度和冲击韧性作为曲轴的设计指标,并考虑疲劳强度。

内燃机曲轴材料的选择主要取决于内燃机的使用情况、功率大小、转速高低以及轴瓦材料等因素。一般选材规律如下：

1）低速内燃机曲轴采用正火状态的碳素钢或球墨铸铁。

2）中速内燃机曲轴采用调质状态的碳素钢或合金钢如 45、40Cr、45Mn2、50Mn2 等,或球墨铸铁。

3）高速内燃机曲轴采用高强度的合金钢如 35CrMo、42CrMo、18Cr2 Ni4 WA 等。

9.3　毛坯成型方法选用原则

9.3.1　毛坯的种类

在机械制造中零件的毛坯主要有各种型材、铸件、锻件、冲压件、焊接件等多种。

1. 型材

用各种炼钢炉冶炼成的钢在浇注成钢锭后,除少量用于制造大型锻件外,约85% ~ 95% 的钢锭是通过轧制等压力加工方法制成各种型材。型材具有流线(或纤维)组织,使其力学性能具有方向性,即顺着流线方向的抗拉强度、塑性好;而垂直于流线方向的抗拉强度、塑性低,但抗剪强度高。型材是大量生产的产品,可直接从市场上购得,价格便宜,可简化制造工艺和降低制造成本,尽管尺寸精度与表面质量稍差,在不影响零件性能的情况下,一般优先选用型材。

型材的断面形状和尺寸有多种,常见的型材有型钢、钢板、钢管、钢丝、钢带等。

（1）型钢。

型钢一般采用热轧和冷轧方法生产。一般冷轧产品的尺寸精确、表面质量好、力学性能高,但价格比热轧产品贵。

用普通质量钢制成的称为普通型钢,用优质钢或高级优质钢制成的称为优质型钢。型钢的种类有圆钢、方钢、六角钢、等边角钢、不等边角钢、工字钢和槽钢等多种,其形状和表示方法见表 9 - 3。

表 9 - 3　常用型钢的规格表示方法

名称	断面形状	规格表示方法	名称	断面形状	规格表示方法
圆钢	d	直径 例:$\phi25$	工字钢	h d b	高度×腿宽×腰宽 (或号数) 例:$160 \times 88 \times 6$ (或 16 号)
方钢	a	边长 或边长×边长 或边长^2 例:38 或 38×38 或 38^2	槽钢	h d b	高度×腿宽×腰宽 (或号数) 例:$80 \times 43 \times 5$ (或 8 号)

（续表）

名称	断面形状	规格表示方法	名称	断面形状	规格表示方法
扁钢		边厚×边宽 例:8×25	等边 角钢		边度×边宽×边厚 (或号数) 例:50×50×6 (或 5 号)
六角钢 八角钢		对边离 (内切圆直径) 例:20	不等边 角钢		长边×短边×边厚 (或号数) 例:100×63×8 (或 10/6.3 号)

（2）钢板。

钢板的规格以厚度×宽度×长度表示。根据钢板的厚薄和表面状况,钢板分为厚钢板、薄钢板、镀锌薄钢板、酸洗薄钢板和花纹钢板等。

厚钢板是指厚度为 4.5~60 mm 的钢板。习惯上常将厚度不大于 20 mm 的钢板称为中板,厚度为 20~60 mm 的钢板称为厚板。厚钢板一般用热轧方法生产。

薄钢板有厚度为 0.35~4.0 mm 的热轧薄钢板和厚度为 0.2~4.0 mm 的冷轧薄钢板。薄钢板表面经过镀锌或酸洗后称为镀锌薄钢板或酸洗薄钢板。镀锌薄钢板有较好的抗腐蚀能力;酸洗薄钢板有较好的表面质量。这两种薄钢板的厚度约为 0.25~2 mm。

花纹钢板由于表面呈菱形或扁豆形的凸棱,有较好的防滑能力。可用于制造扶梯、踏脚板、平台、船舶甲板等。

（3）钢带。

钢带(亦称带钢)是厚度较薄、宽度较窄、长度很长的钢板。一般成卷供应,其规格以厚度×宽度表示。

热轧普通钢带的厚度为 2~6 mm、宽度为 50~300 mm;冷轧普通钢带的厚度为 0.05~3 mm、宽度为 5~200 mm;低碳钢冷轧钢带的厚度为 0.05~3.60 mm、宽度为 4~300 mm。

优质碳素结构钢、弹簧钢、工具钢和不锈钢亦可通过冷轧制成钢带。

（4）钢管。

钢管分为无缝钢管(包括热轧、冷轧、冷拔、挤压管等,其规格的表示方法有:外径×壁厚)和焊接钢管(包括直缝焊管和螺旋缝焊管等,其规格表示方法:一种用公称口径,即内径或外径的近似值,通常小于实际内径;另一种用外径或外径×壁厚)两类;按断面形状可分为圆管、异形管(如矩形、椭圆形、半圆形、六角形等)和变断面管(如阶梯形、锥形、周期断面管等)等。

（5）钢丝。

圆形钢丝一般是由圆盘料拉制而成,其规格用直径(毫米)表示。实际工作中也常用线号表示规格,线号越大线径越细。圆钢丝的直径在 0.16~8 mm 范围。

低碳钢丝俗称"铁丝",一般为普通质量钢。低碳钢丝有一般用途的低碳钢丝、镀锌低碳钢丝和架空通讯用镀锌低碳钢丝。除此外,还有优质碳素结构钢钢丝、弹簧钢丝;冷顶锻用钢丝、不锈钢丝和焊条钢丝等。

2. 铸件

用铸造方法获得的零件毛坯称为铸件。几乎所有的金属材料都可进行铸造,其中铸铁应用最广,而且铸铁也只能用铸造的方法来生产毛坯,常用于铸造的碳钢为低、中碳钢。铸造既可生产几克到 200 余吨的铸件,也可生产形状简单到复杂的各种铸件,特别是内腔复杂的毛坯常用铸造方法生产,使铸件形状和尺寸与零件较接近,可节省金属材料和切削加工的工时,一些特种铸造方法成为少屑和无屑加工的重要方法之一。同时铸造所用的设备简单,原材料来源广泛,价格低廉。因此,在一般情况下铸件的生产成本较低,是优先选用的毛坯。

但是铸件的组织较粗大,内部易产生气孔、缩松、偏析等缺陷,这些都影响铸件的力学性能,使铸件的力学性能比相同材料的锻件低,特别是冲击韧性差,所以一些重要零件和承受冲击载荷的零件不宜用铸件作零件的毛坯。但是随着科学技术的不断发展,一些传统锻造毛坯(如曲轴、连杆、齿轮等)也逐渐被球墨铸铁等所取代。

3. 锻件

锻件是固态金属材料在外力作用下通过塑性变形而获得的。由于塑性变形的结果,使锻件内部的组织较细且致密,没有铸造组织中的缺陷,所以锻件比相同材料铸件的力学性能高。尤其塑性变形后使型材中纤维组织重新分布,符合零件受力的要求,更能发挥材料的潜力。锻件常用于强度高、耐冲击、抗疲劳等重要零件的毛坯。

与铸造相比,锻造方法难于获得形状较复杂(特别内腔)的毛坯,且锻件成本一般比铸件要贵,金属材料的利用率亦较低。

自由锻造适用于单件、小批生产、形状简单和大型零件的毛坯,其缺点是精度不高、表面不光洁、加工余量大、消耗金属多。模锻件的形状可比自由锻件复杂,且尺寸较准确,表面较光洁,可减少切削加工成本,但模锻锤和锻模价格高,所以模锻适用于中小件的成批或大量生产。

4. 冲压件

冲压可制造形状复杂的薄壁零件,冲压件的表面质量好,形状和尺寸精度高(取决于冲模质量),一般可满足互换性的要求,故一般不必再经切削加工便可直接使用。冲压生产易于实现机械化与自动化,所以生产率较高,产品的合格率和材料利用率高,故冲压件的制造成本低。但冲压件只适用大批量生产,因为模具制造的工艺复杂、成本高、周期较长,只有在大批量生产中才能显示其优越性。

5. 焊接件

焊接件是借助于金属原子间的扩散和结合的作用,把分离的金属制成永久性的结构件。焊接件的尺寸、形状一般不受限制,可以小拼大,结构轻便,材料利用率高,生产周期短,主要用于制造各种金属结构件,也用于制造零件的毛坯和修复零件,特别适用于制造单件、大型、形状复杂的零件或毛坯,不需要重型与专用设备,产品改型方便。焊接件接头的力学性能与母材基本接近。焊接件可以采用钢板或型钢焊接,或采用铸—焊、锻—焊或冲—焊联合工艺制成。但是焊接过程是一个不均匀加热和冷却的过程,焊接构件内容易产生内应力和变形,接头的热影响区力学性能有所下降。

9.3.2 毛坯选择的原则

毛坯种类选择时,在保证零件使用要求的前提下,力求毛坯的质量好、成本低和制造周期短,即适用性原则和经济性原则。

1. 适用性原则

适用性原则就是满足零件的使用要求。零件的使用要求体现在对其形状、尺寸、加工精度、表面粗糙度等外部质量,和对其化学成分、金属组织、机械性能、物理性能和化学性能等内部质量的要求上。即使同一类零件,由于使用要求不同,从选择材料到选择毛坯类型和加工方法,可以完全不同。例如,机床的主轴和手柄,都是轴类零件,但主轴是机床的关键零件,尺寸、形状和加工精度要求很高,受力复杂,在长期使用过程中只允许发生很微小的变形。因此,要选用45#钢或40Cr钢等具有良好综合机械性能的材料,经过锻造制坯及严格的切削加工和热处理制成;而机床手柄则采用低碳钢圆棒料或普通灰铸铁件为毛坯,经简单的切削加工即可完成,不需要热处理。再如,燃气轮机上的叶片和风扇叶片,虽然同是具有空间几何曲面形状的叶片,但前者要求采用优质合金钢,经过精密锻造和严格的切削加工及热处理,并且,需要经过严格的检验,其制造尺寸的微小偏差,将会影响工作效率,而某些内部缺陷则可能造成严重的后果;而一般的风扇叶片,采用低碳钢薄板冲压成型就基本完成了。

2. 经济性原则

一个零件的制造成本包括其本身的材料费以及所消耗的燃料、动力费用、工资和工资附加费、各项折旧费及其他辅助性费用等分摊到该零件上的份额。因此,在选择毛坯的类型及其具体的制造方法时,应在满足零件使用要求的前提下,把几个可供选择的方案从经济上进行分析比较,从中选择成本低廉的。这里,首先要把满足使用要求和降低制造成本统一起来。脱离使用要求,对零件材质和加工质量提出过高的要求,会造成无谓的浪费;相反,一台包含有不合格零件组装的机器,虽然制造成本有所降低,但其后果或者是达不到原设计的工作要求,或者是大大缩短使用寿命,甚至造成严重的生产事故,这是不能允许的。其次,考虑经济性,不能只从选材和选择毛坯成型方法的角度考虑,而应从降低整体的生产成本考虑。例如,手工造型的铸件和自由锻造的锻件,毛坯的制造费用一般较低,但原材料消耗和切削加工费用都比机器造型的铸件和模锻的锻件高,零件的整体生产成本不一定合算。此外,某些单件或小批量生产的零件,采用焊接件代替铸件或锻件,有时可能成本较低。

3. 毛坯选择时应考虑的其他因素

(1) 材料的工艺性对毛坯选择的影响。

由于材料加工工艺性不同,毛坯的成型方法也各异。如铸铁、铸造铝合金、铸造铜合金等铸造性能好的材料,一般只适用于铸造方法生产毛坯(铸件);用塑性成型方法(锻造、冲压)生产毛坯,就要求材料具有良好的塑性;又如选用焊接生产毛坯时,一般要用低碳钢或低碳合金钢作为零件的材料,因其含碳量低,合金元素少,材料的可焊接性较好。

(2) 零件的结构、形状与尺寸大小对毛坯生产方法选择的影响。

毛坯的结构特征,如形状的复杂程度、体积和尺寸大小,壁和壁间的联接形式,壁的厚薄等都影响着毛坯生产方法的选择。铸造生产的毛坯形状可较复杂(特别是内腔形状复杂和壁厚较薄的箱体),焊接也可拼焊出形状复杂的坯件,其质量较铸件好、重量较轻,但对批量较大时生产率低。锻压方法一般只能生产形状较简单的毛坯,否则形状复杂零件经锻件毛坯简化后,使机械加工的余量增多,这不仅增加机械加工的工作量,还浪费很多材料。

(3) 零件性能的可靠性对毛坯选择的影响。

铸件内易形成各种缺陷,如晶粒粗大(特别在大断面处)、缩孔、缩松、气孔、偏析和夹杂等,废品率也较高,所以铸件的力学性能,特别是冲击韧性不如同样材料的锻件,故一般受动载荷的零件,不宜采用铸件作毛坯。对强度、冲击韧性、疲劳强度等要求高的重要零件,大多采用锻件作毛坯。由于焊接结构件主要采用轧制型材焊接而成,故焊接件的性能也较好。

(4) 零件生产的批量对毛坯选择的影响。

一般当零件的产量较大时,宜采用高精度和高生产率的毛坯制造方法,以减少切削加工节省金属材料和降低生产成本,如冲压、模锻、压力铸造、金属型铸造等。相反,在零件产量较小时,宜采用砂型铸造和自由锻造等方法生产毛坯。有时单件产品,特别是形状复杂、尺寸较大的零件(如箱体、支架等),用焊接方法生产坯料,其周期短成本低。

9.3.3　选择毛坯的依据

1. 零件的类别、用途和工作条件及其形状、尺寸和设计技术要求

根据这些就可以知道是什么样的零件,在什么条件下工作,对其外部和内部的质量有哪些要求。其中工作条件是指零件工作时的运动、受力情况、工作温度和接触的介质等。根据这些就可基本确定选用什么材料和何种类型的毛坯。例如,汽车和拖拉机曲轴,它们是具有空间弯曲轴线的形状复杂的轴类零件,在常温下工作,承受交变的弯曲和冲击载荷,应具有良好的综合机械性能,参照已有的生产经验和资料,这类零件选用40、45等中碳钢或40Cr、35CrMo等中碳低合金高强钢的锻钢毛坯或 QT600－2、QT700－2 等牌号的球墨铸铁毛坯。再如,机床床身,这类零件是各类机床的主体,它要支承和连接机床的各个部件,它本身是非运动的零件,以承受压应力和弯曲应力为主,同时,为保证工作的稳定性,应有较好的刚度和减振性,机床床身一般都是形状复杂,并带有内腔的零件。在大多数情况下,机床床身应选用 HTl50 或 HT200 铸铁件为毛坯,少数重型机械,如轧钢机、大型锻压机械的机身,可选用中碳铸钢件或合金铸钢件,个别特大型的还可采用铸钢—焊接联合结构。

2. 零件的生产批量

生产批量对于选定毛坯的制造方法影响很大。一般的规律是,单件、小批量生产时,铸件选用手工砂型铸造方法,锻件采用自由锻或胎模锻锻造方法,焊接件则以手工或半自动的焊接方法为主,薄板零件则采用钣金钳工成型的方法;在批量生产的条件下,则分别采用机器造型、模锻、埋弧自动焊或自动、半自动的气体保护焊以及板料冲压的方法制造毛坯。

在一定的条件下,生产批量也可影响毛坯的类型。如上述的机床床身,一般情况下都采用铸件为毛坯,但在单件生产的条件下,由于其形状复杂,制型、制芯等工作耗费材料和工时很多,经济上往往并不合算。若采用焊接件,则可能大大降低生产成本,缩短生产周期,但焊接件的减振、耐磨性能不如铸铁件。

3. 生产条件

制定生产方案时必须与有关企业部门的具体生产条件相结合,才能兼顾适用性和经济性的原则。生产条件是指一个特定的企业部门(例如一个工厂)的设备条件、工程技术人员

与工人的数量、技术水平以及管理水平等。在一般的情况下,应充分利用本企业的现有条件完成生产任务。当生产条件不能满足产品生产的要求时,有三个可供选择的途径:第一,在本厂现有的条件下,适当改变毛坯的生产方式或对设备条件进行适当的技术改造,以采用合理的生产方式;第二,扩建厂房,更新设备,这样做有利于提高企业的生产能力和技术水平,但往往需要较多的投资;第三,与厂外进行协作。究竟采取何种方式,需要结合生产任务的要求、产品的市场需求状况及远景,本企业的发展规划和外企业的协作条件等,进行综合的技术经济分析,从中选定经济合理的方案。例如,一个规模不大的机械工厂,承接了每年生产 2000 台左右某机床附件的生产任务,该产品由 10 多个小型锻件、几个铸件及一些标准件组成,总重量约 150 kg。这些锻件如能采用锤上模锻的方法生产最为理想,但该厂无模锻锤,经过技术经济分析,认为采用胎膜锻,对于这些小型锻件和这样的生产批量以及本厂的技术水平,都是切实可行和经济合理的,而把有限的资金用于对铸造生产进行技术改造,增置了相应型号的造型机,使铸件生产全部采用机器造型,并实现了型砂处理和铸件清理的半机械化,不仅使该产品铸件的质量得到保证,也使该厂铸造生产的能力大大提高,除完成该产品的铸件生产外,还有能力承接其他铸件的成批生产任务。

9.4　典型机械零件毛坯成型方法选用示例

常用的机械零件按其形状特征和用途的不同可分为:轴杆类零件、盘套类零件和箱体类零件等三大类。下面分别介绍各类零件毛坯的一般制造方法。

9.4.1　轴杆类零件

轴杆类零件一般为回转体零件,其长度大于直径。轴是机器设备中最基本的,也是十分关键的零件。轴的主要作用是支承传动零件(如齿轮、带轮、凸轮等)、传递运动和动力。按其结构形状可分为光滑轴、阶梯轴、空心轴、曲轴和杆件等;按承载不同可分为转轴(承受弯矩和扭矩——如机床主轴)、传动轴(承受转矩——如车床的光杆)、心轴(主要承受弯矩——如自行车和汽车的前轴)等。轴杆类零件除承受上述载荷外,还要承受冲击和摩擦的作用。所以轴杆类零件要求具有优良的综合力学性能、抗疲劳性能和耐磨性等。

属于这类零件的有各种传动轴、机床主轴、丝杠、光杠、曲轴、偏心轴、凸轮轴、齿轮轴、连杆、拨叉、锤杆、摇臂以及螺栓、销子等,如图 9-6 所示。

轴杆类零件的毛坯,常选用圆钢和锻件。光滑轴的毛坯一般选用圆钢;阶梯轴的毛坯应根据阶梯直径之比,选用圆钢或锻件;当零件的力学性能要求较高时,常选用锻件作毛坯。对中、低速内燃机和柴油机的曲轴、连杆、凸轮轴等零件的毛坯,可选用高强度的球墨铸铁、合金铸铁等材料的铸件,以降低制造成本。单件或小批量生产的轴用自由锻件作毛坯;成批生产的中小型轴常选用模锻件为毛坯;对大型复杂的轴类件,可选用锻—焊结构件或铸—焊结构件作为毛坯。例:图 9-7 所示是焊接的汽车排气阀,合金耐热钢的阀帽与普通碳素钢的阀杆接成一体,节约了合金耐热钢材料。图 9-8 所示为我国 20 世纪 60 年代初期制造的 120000 kN 水压机立柱,采用铸—焊结构的实例。该立柱每根净重 80 t,在当时的生产技术条件下,采用整体铸造或锻造均是不可能的,而采用 ZG270-500(ZG35)分段铸造,粗加工

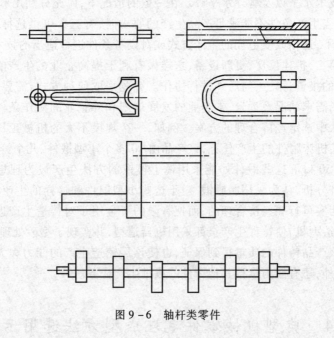

图 9 - 6　轴杆类零件

后拼焊(电渣焊)成整体毛坯。

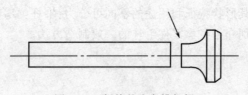

图 9 - 7　焊接的汽车排气阀

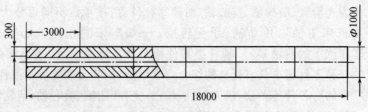

图 9 - 8　铸—焊结构的水压机毛坯

9.4.2　盘套类零件

　　盘套类零件一般是轴向尺寸小于径向尺寸,或者两个方向尺寸相差不大。属于这类零件的有齿轮、飞轮、带轮、法兰盘、联轴器、手轮、刀架等。由于这些零件在机械设备中的作用、要求和工作条件差异很大,因而零件用材也不相同,毛坯的生产方法也各异。

　　对带轮、飞轮、手轮、垫块等一类受力不大(且主要承受压力)、结构复杂的零件,常选用灰铸铁制造,故用铸造方法生产的铸铁件作为毛坯;对单件大型零件亦可用低碳钢焊接而成。对法兰盘、套环、垫圈等零件,根据受力大小、形状和尺寸,可选用铸铁、钢、有色合金等制造,分别用铸件、锻件或型材下料后作毛坯。

　　齿轮是典型的轮盘类零件,其材料的选用前面已分析过。齿轮毛坯的材料应根据其受力的性质与大小、材料种类、结构形状、尺寸大小、生产批量等来进行选择。一般中小型传力齿轮常用锻件为毛坯;当生产批量较大时用热轧或精密模锻件作毛坯,以提高性能、减少切削加工;直径较小的齿轮也可直接用圆钢作毛坯;结构复杂、尺寸较大的齿轮亦可采用铸钢件或球墨铸铁件;对于单件大型齿轮,可用焊接件作毛坯;尺寸较小、厚度薄、产量大的传动齿轮可用冲压方法直接生产零件;对一般非传力的低速齿轮,可用灰口铸铁件作毛坯。

9.4.3　箱体类零件

　　箱体类零件一般结构较复杂,具有不规则的外形与内腔,壁厚也不均匀,如各种设备的机身、机座、机架、工作台、齿轮箱、轴承座、泵体等。其工作条件差异较大,但一般以承压为主,并要求有较好刚性和减震性,且同时受压、弯、冲击作用。对工作台和导轨等要求有较高的耐磨性。

　　对于一般承受压力为主的箱体类零件,常选用灰铸铁作为材料,因为灰铸铁可以制造形状复杂的毛坯,对单件小批量生产可用焊接件。为减少箱体类零件重量,还可选用铝合金铸件(如航空发动机箱体等)。对于尺寸较大的支架,可采用铸 – 焊或锻 – 焊组合件作毛坯。

思　考　题

　　1. 机械零件有哪些失效形式? 失效的基本原因有哪些? 它们要求材料的主要性能指标分别是什么?

　　2. 选材应遵循哪些原则? 分析说明如何根据机械零件的服役条件选择零件用钢的含碳量及组织状态?

　　3. 简述钢件的材料与热处理选用方法。

　　4. 坐标镗床主轴要求表面硬度 900HV 以上,其余硬度为 28 – 32HRC,且精度极高,试选择材料与热处理工艺。

　　5. 简述钢件最终热处理工序位置的安排。

　　6. 零件毛坯选择有哪些基本原则? 零件毛坯选择的依据有哪些?

　　7. 按形状特征和用途不同,常用机械零件有哪些主要类型? 简述各类零件常用毛坯类型及生产方法。

　　8. 汽车、拖拉机变速箱齿轮常用渗碳钢来制造,而机床变速箱齿轮又多采用调质钢制造,原因何在?

　　9. 某工厂用 T10 钢制造的钻头对一批铸件进行钻 Φ10 深孔,在正常切削条件下,钻几个孔后钻头很快磨损。据检验钻头材料、热处理工艺、金相组织及硬度均合格。试问失效原因? 并提出解决办法。

　　10. 生产中某些机器零件常选用工具钢制造。试举例说明哪些机器零件可选用工具钢制造,并可得到满意的效果? 分析其原因。

　　11. 确定下列工具的材料及最终热处理:

　　　　(1) M6 手用丝锥;(2) Φ10 麻花钻头。

　　12. 切削工具中的铣刀、钻头,由于需重磨刃口并保证高硬度,因而要求淬透层深;而板牙、丝锥一般不需要重磨刃口,但要防止螺距变形,所以要求淬透层浅。试问在选材和热处理方法上如何予以保证?

　　13. 指出下列工件在选材与制定热处理技术条件中的错误,说明理由及改正意见:

工件及要求	材　料	热处理技术条件
表面耐磨的凸轮	45 钢	淬火、回火;60HRC
直径 30mm,要求良好综合力学性能的传动轴	40Cr	调质;40～45HRC
弹簧(丝径 φ15mm)	45 钢	淬火、回火;55～66HRC
板牙(M12)	9SiCr	淬火、回火;55～66HRC
转速低、表面耐磨性及心部强度要求不高的齿轮	45 钢	渗碳淬火;58～62HRC
钳工凿子	T12A	淬火、回火;55～66HRC
传动轴(直径 100mm)	45 钢	调质;40～45HRC
塞规(用于大批量生产,检验零件内孔)	T7A 或 T8	淬火、回火;55～66HRC

14. 指出下列工件各应采用所给材料中哪一种材料?并选定其热处理方法。

工件:车辆缓冲弹簧、发动机排气阀门弹簧、自来水管弯头、机床床身、发动机连杆螺栓、机用大钻头、车床尾、架顶针、螺丝刀、镗床镗杆、自行车车架、车床丝杠螺母、电风扇机壳、普通机床地脚螺栓、高速粗车铸铁的车刀。

材料:38CrMoAl、40Cr、45、Q235、T7、T10、50CrVA、16Mn、W18Cr4V、KTH300－06、60Si2Mn、ZL102、ZCuSnl0P1、YGl5、HT200。

参 考 文 献

[1]　司乃钧,许德珠主编.热加工工艺基础.北京：高等教育出版社,2001

[2]　朱张校主编.工程材料.北京：清华大学出版社,2001

[3]　张鲁阳主编.工程材料.武汉：华中理工大学出版社,1990

[4]　郑明新主编.工程材料.北京：清华大学出版社,1991

[5]　邓文英主编.金属工艺学.北京：高等教育出版社,2000

[6]　骆志斌主编.金属工艺学.北京：高等教育出版社,2000

[7]　戴枝荣主编.工程材料及机械制造基础.北京：高等教育出版社,1992

[8]　相瑜才,孙维连主编.工程材料及机械制造基础.北京：机械工业出版社,1998

[9]　吴宗泽主编.机械结构设计.北京：机械工业出版社,1998

[10]　盛晓敏,邓朝晖主编.先进制造技术.北京：机械工业出版社,2000